河合塾
SERIES

文系の数学
重要事項完全習得編

堀尾 豊孝／著

河合出版

勉強を始める皆さんへ

　予備校で授業をしていると，文系の受験生から，
　　「文系って数学はどれくらいやればいいのですか？」
　　「英語は大丈夫だけど数学が苦手で困っています」
　　「数学は何から手をつけてよいのか分からないのですが…」
という相談を毎日のように受けます．
　皆さんも同じことを相談したいと思っているかも知れませんね．しかし，もう大丈夫です．この本がその悩みを解消してくれます．

　この本は，

文系で数学を必要とする受験生が<u>最初に</u>やるべき１冊

になっています．もう少し詳しく言うと，この本で勉強すれば，

- 文系で数学を必要とするすべての受験生がマスターしなければならない基本事項を整理できる
- 文系の数学入試で数多く見られる典型的な問題，すなわち，落とせない問題を中心に配置しているので，標準レベルの問題に対応できる数学力が確実に身につく

ということです．出題の少ない特殊な問題や難問は一切入っていませんので，この本をやり遂げた段階で，**文系の数学入試に向けての基本が固まり，落としてはいけない問題を確実にとっていく力がつきます．**

　この本で扱っている問題が理解できて定着していれば，その段階で，標準程度の数学力はついていると思ってよいでしょう．そして，この本でガッチリと基礎を固めたら，難関大学の発展的な問題や融合問題に挑戦していくこともできるでしょう．

　なお，この本は文系で数学を必要とする受験生に向けてのものですが，理系で基礎力に自信のない人にもおすすめします．この本で基本を作り上げてから，その次のレベルにステップアップしていけばよいでしょう．

　それでは，次のページから，この本で勉強していくときの注意点を書いておきます．

この本の効果的な使い方
（力をより伸ばすために必ず読んでください）

まず，この本の構成を紹介しておきます．1つのテーマに対して，

問題文／解答／解説講義／文系数学の必勝ポイント

の順に書かれていて，巻末には120題の演習問題が用意されています．

1つのテーマ，問題に対して，次の3Stepで取り組みましょう．

■First Step：「問題」を解いてみる

- 公式などの基本事項が曖昧であれば，問題を解く前に教科書の該当部分を読み直し，ある程度の内容を確認してから解いてみましょう．
- 文系の私立大学では穴埋め形式やマーク形式の入試も目立ちますが，この本では，内容はそのままで，穴埋めでない形式に問題文の表現を変更しています．また，理系の大学の問題であっても，標準的で文系の数学の勉強にふさわしい問題は入れてあります．
- 本番の入試が穴埋め形式であっても，普段の勉強のときには途中のプロセスを書いた方が考え方を習得しやすくなります．計算式を列挙するような解答ではなく，日本語を入れた解答を作ってみましょう．
- すぐに解答を見るのではなく，必ず"考える"ということをしてください．その上で「自分はどこでつまってしまったのか？　何が分かっていなかったのか？」を明確にしておくことが大切です．

■Second Step：「解答」を確認して，「解説講義」を読む

- 自分の答案の流れと，「解答」を比べて正しく解けているかを確認します．
- 最終的な答え（数値など）が合っているからといって，「解答」を読まないという勉強はしてはいけません．仮に正解していても，「解答」を読んで確認することに意味があるのです．
- さらに，「解説講義」は必ず読んでください！　単なる解答の補足ではなく，そのテーマの本質的な説明，陥りやすいミス，注意してほしいことなどが，紙面の許す限り書き込まれています．長いところもありますが，飛ばさずにしっかりと読んでください．

■Third Step：その問題の重要事項を「文系数学の必勝ポイント」でまとめる

・「文系数学の必勝ポイント」では，そのテーマ，問題を通して習得すべき重要事項を簡潔にまとめています．この"まとめ"の作業をすることで，似た問題が次に出されたときに正解できるようになっていくわけです．

・「文系数学の必勝ポイント」を確認したら，一旦，そのテーマは終了です．問題の右上部分にチェックボックス（2つ並んだ正方形のこと）があるので，大丈夫なら◎，もう一度やった方がよければ△，などのように印をつけておいて自分の理解度が分かるようにしておきましょう．そして，理解不十分な問題は何度かやり直しをして，入試までにできるようにしていきましょう．

　以上の3Stepで勉強を進めていき，区切りのよいところで，巻末の演習問題に挑戦してみましょう．演習問題はやや手応えのある問題も少しずつ入っていますが，詳細な別冊解答が準備されています．120題というボリュームですが，これをやり遂げることは入試に向けての大きな自信となっていくでしょう．

　文系の人にとって数学は楽しくない科目かもしれません．しかし，第1志望の大学に行くためには数学を避けては通れない人もいるでしょう．文系の人に「数学を好きになってください」とは言いませんが，数学が原因で夢をあきらめるような寂しいことにはなってほしくありません．数学はコツコツとがんばって勉強していけば，次第に力が伸びていく科目です．粘り強い努力を積み重ね，その手で「合格」を勝ち取ってください．この本が君の努力を合格につなげてくれるでしょう．さあ，早速はじめましょう！

目次

■ 数学 I

数と式
1. 因数分解 …… 10
2. 対称式 …… 11
3. 二重根号・小数部分 …… 12
4. 比例式 …… 13
5. 絶対値の取り扱い …… 14
6. 2つの絶対値を含む式 …… 15

2次関数
7. 2次関数の決定 …… 16
8. グラフの移動 …… 17
9. 2次関数の最大最小問題 …… 18
10. 置きかえの利用 …… 19
11. 2変数の最大最小 …… 20
12. 軸が動く2次関数の最大最小 …… 21
13. 解の公式と判別式 …… 23
14. 2次不等式 …… 24
15. すべての x に対して不等式が成り立つ条件 …… 26
16. $p \leq x \leq q$ において不等式が成り立つ条件 …… 27
17. 2次方程式の解の配置問題 …… 28

三角比
18. 三角比の相互関係 …… 30
19. 余弦定理・正弦定理・面積公式・内接円の半径 …… 31
20. 角の二等分線 …… 33
21. 三角形の成立条件 …… 35
22. $\sin A : \sin B : \sin C = a : b : c$ …… 36
23. 円に内接する四角形 …… 37
24. 立体の計量 …… 38

データの分析
25. 最頻値・中央値 …… 40
26. 四分位数・箱ひげ図 …… 41
27. 分散・標準偏差 …… 43
28. 相関係数 …… 45

■ 数学A

集合と論理
29. 集合 …… 46
30. 命題 …… 47
31. 必要条件・十分条件 …… 48
32. 包含関係の利用 …… 49

場合の数・確率
33. 順列と組合せ …… 50
34. 順列(両端指定・隣り合う・隣り合わない) …… 52
35. 円順列 …… 53
36. 同じものを含む順列 …… 54

	37.	図形の作成……………………………………55
	38.	分配数に指定のあるグループ分け………56
	39.	分配数に指定のないグループ分け………57
	40.	確率の基本…………………………………59
	41.	余事象………………………………………60
	42.	最大数の確率………………………………61
	43.	ジャンケンの確率…………………………62
	44.	反復試行の確率……………………………63
	45.	優勝者決定の確率…………………………64
	46.	条件つき確率………………………………65
図形の性質	47.	三角形の外心と内心………………………66
	48.	メネラウスの定理・チェバの定理………67
	49.	面積比………………………………………68
	50.	方べきの定理………………………………69
整数の性質	51.	倍数の判定…………………………………70
	52.	約数の個数…………………………………71
	53.	最大公約数・最小公倍数…………………72
	54.	ユークリッドの互除法……………………73
	55.	不定方程式の整数解(1)……………………74
	56.	不定方程式の整数解(2)……………………75
	57.	整数のグループ分け………………………77
	58.	$N!$に含まれる因数の個数（何回割れるか）……79
	59.	n 進法………………………………………80

■ **数学 II**

式と証明	60.	二項定理……………………………………81
	61.	分数式の計算………………………………82
	62.	恒等式の未定係数の決定…………………83
	63.	等式の証明・条件式の利用………………84
	64.	不等式の証明………………………………85
	65.	相加平均と相乗平均の大小関係…………86
	66.	複素数の計算………………………………87
	67.	複素数の相等………………………………88
	68.	解と係数の関係……………………………89
	69.	解から方程式をつくる……………………90
	70.	整式の除法…………………………………91
	71.	剰余の定理…………………………………92
	72.	余りの問題…………………………………93
	73.	高次方程式…………………………………94
	74.	3次方程式の解と係数の関係……………95
	75.	共役な解・3次方程式の解と係数の関係……96

図形と式	76.	1の虚数立方根 ω ……………………97
	77.	分点の公式 ……………………………98
	78.	2直線の位置関係 ……………………99
	79.	線対称 …………………………………100
	80.	点と直線の距離の公式 ………………101
	81.	円の方程式 ……………………………102
	82.	円と直線の位置関係 …………………104
	83.	原点が中心の円の接線 ………………106
	84.	定点を通る図形 ………………………107
	85.	軌跡(1) …………………………………108
	86.	軌跡(2) …………………………………109
	87.	領域の図示 ……………………………110
	88.	領域と最大最小 ………………………111
三角関数	89.	単位円の使い方 ………………………113
	90.	$\sin\theta+\cos\theta$ と $\sin\theta\cos\theta$ の値 …………114
	91.	加法定理 ………………………………115
	92.	2倍角の公式 …………………………116
	93.	合成(1) …………………………………118
	94.	合成(2) …………………………………119
	95.	三角関数の最大最小(1) ～倍角戻し～ ……120
	96.	三角関数の最大最小(2) ～$\cos x=t$ とおく～ ……121
	97.	三角関数の最大最小(3) ～$\sin\theta+\cos\theta$ と $\sin\theta\cos\theta$ の式～ ……122
指数・対数	98.	指数法則 ………………………………123
	99.	指数の大小関係 ………………………125
	100.	指数方程式・不等式 …………………126
	101.	指数関数の最大最小 …………………128
	102.	$2^x+2^{-x}=t$ とおく ……………………129
	103.	対数の計算 ……………………………130
	104.	対数方程式 ……………………………131
	105.	対数不等式 ……………………………133
	106.	置きかえをする対数方程式・不等式 …134
	107.	対数関数の最大最小 …………………135
	108.	桁数・小数首位 ………………………136
微分・積分	109.	導関数の定義 …………………………138
	110.	接線 ……………………………………139
	111.	3次関数の極値の存在条件 …………140
	112.	極値の条件を使う ……………………141
	113.	図形と最大最小 ………………………142
	114.	方程式への応用 ………………………143
	115.	不等式への応用 ………………………144
	116.	不定積分 ………………………………145

	117.	定積分の計算……………………………145
	118.	絶対値を含む関数の積分………………147
	119.	積分方程式（定積分で定められる関数）……149
	120.	面積（1）　～面積の計算～……………151
	121.	面積（2）　～6分の1公式の利用～……152
	122.	面積（3）　～面積の最小値～…………153
	123.	面積（4）　～放物線と接線～…………154
	124.	面積（5）　～微分・積分のまとめ～……155

■ **数学B**

ベクトル
- 125. ベクトルの和・差・定数倍……………156
- 126. 同一直線上の3点………………………158
- 127. 2直線の交点のベクトル………………159
- 128. ベクトルの内積と大きさ（1）…………161
- 129. ベクトルの内積と大きさ（2）…………162
- 130. 三角形の面積……………………………164
- 131. 直交条件（直線に垂線を下ろす）………165
- 132. 外接円の問題……………………………166
- 133. 直線のベクトル方程式…………………167
- 134. 同一平面上の4点………………………168
- 135. 平面と直線の交点………………………169
- 136. 平面に下ろした垂線……………………170

数列
- 137. 等差数列…………………………………172
- 138. 等比数列…………………………………173
- 139. 等差中項・等比中項……………………174
- 140. 数列の和（1）　～シグマの公式を使った計算～……175
- 141. 数列の和（2）　～部分分数分解～……177
- 142. 数列の和（3）　～等差×等比の形の数列の和～……178
- 143. 階差数列…………………………………179
- 144. 和と一般項の関係………………………180
- 145. 群数列……………………………………181
- 146. 2項間漸化式（1）　～基本形 $a_{n+1}=pa_n+q$ ～……182
- 147. 2項間漸化式（2）　～指数型～………183
- 148. 2項間漸化式（3）　～逆数型～………184
- 149. 2項間漸化式（4）　～整式型～………185
- 150. S_n と a_n の関係式……………………186
- 151. 数学的帰納法（等式）…………………187
- 152. 数学的帰納法（不等式）………………188

■ **演習問題** ……………………………………190

■ **別冊**
　演習問題 解答・解説

I 数と式

1 因数分解

次の式を因数分解せよ．
(1) $2x^3+4x^2y-6xy^2$
(2) $x^2+ax-x+a-2$
(3) $3x^2+5xy-2y^2-x+5y-2$
(4) $(x+1)(x+2)(x+3)(x+4)-24$

(徳島大／京都産業大／東海大／京都産業大)

解答

(1) $2x^3+4x^2y-6xy^2=2x(x^2+2xy-3y^2)=\boldsymbol{2x(x+3y)(x-y)}$

(2) 次数の低い文字 a について整理すると，
$$x^2+ax-x+a-2=(x+1)a+(x^2-x-2)$$
$$=(x+1)a+(x+1)(x-2)$$
$$=\boldsymbol{(x+1)(a+x-2)}$$

☜ x は2次で a は1次であるから，次数の低い a について整理する

(3) x について整理すると，
$$3x^2+5xy-2y^2-x+5y-2=3x^2+(5y-1)x-2y^2+5y-2$$
$$=3x^2+(5y-1)x-(2y^2-5y+2)$$
$$=3x^2+(5y-1)x-(y-2)(2y-1)$$
$$=\{3x-(y-2)\}\{x+(2y-1)\}$$
$$=\boldsymbol{(3x-y+2)(x+2y-1)}$$

(4) $(x+1)(x+2)(x+3)(x+4)-24$
$$=(x^2+5x+4)(x^2+5x+6)-24$$
$$=(t+4)(t+6)-24 \quad (x^2+5x=t \text{ とおいた})$$
$$=t^2+10t$$
$$=t(t+10)$$
$$=(x^2+5x)(x^2+5x+10)=\boldsymbol{x(x+5)(x^2+5x+10)}$$

☜ 共通の x^2+5x が得られる組合せを考えて展開する

解説講義

文系の入試では，因数分解が小問集合で出題されることがある．因数分解をするときには，次のことに注意するとよい．
① 共通因数がある場合は，まず共通因数をくくり出す
② 複数の文字を含む式では，次数の低い文字について整理する
③ 同じものが出てきたら置きかえをしてみる（同じものが得られそうな組合せを考える）

文系数学の必勝ポイント

因数分解
共通因数はある？／次数の低い文字はどれ？／置きかえは使えそうか？ ということをチェックする

2 対称式

(1) $x+y=5$, $xy=-3$ のとき，x^2+y^2, $\dfrac{x}{y}+\dfrac{y}{x}$ の値をそれぞれ求めよ．

(2) $a+b+c=9$, $a^2+b^2+c^2=35$, $abc=15$ のとき，$ab+bc+ca$, $\dfrac{1}{a}+\dfrac{1}{b}+\dfrac{1}{c}$ の値をそれぞれ求めよ．

(名城大)

解答

(1) $x^2+y^2=(x+y)^2-2xy=5^2-2\cdot(-3)=\mathbf{31}$

$\dfrac{x}{y}+\dfrac{y}{x}=\dfrac{x^2+y^2}{xy}=\mathbf{-\dfrac{31}{3}}$

(2) $(a+b+c)^2=a^2+b^2+c^2+2ab+2bc+2ca$

であるから，条件より，

$81=35+2(ab+bc+ca)$

$-2(ab+bc+ca)=-46$

$ab+bc+ca=\mathbf{23}$

また，$\dfrac{1}{a}+\dfrac{1}{b}+\dfrac{1}{c}=\dfrac{bc+ca+ab}{abc}=\mathbf{\dfrac{23}{15}}$

※ 通分はスムーズにできるようにしよう．これは，
$\dfrac{x}{y}+\dfrac{y}{x}=\dfrac{x^2}{xy}+\dfrac{y^2}{xy}=\dfrac{x^2+y^2}{xy}$
と考えている

解説講義

x, y からなる式で，

$$x^2+y^2,\ x^3+5xy+y^3,\ \dfrac{1}{x}+\dfrac{1}{y},\ (x-y)^2$$

のように，x と y を互いに入れかえても，その式が変わらない（つまり，見た目は変わるのだがそれを整理すれば元の式と同じになる）ようなものを**対称式**という．対称式は $x+y$ と xy (これらを基本対称式という) を用いて表すことができる．文系では，数学Ⅱの範囲を含めて，

$$x^2+y^2=(x+y)^2-2xy,\ (x-y)^2=(x+y)^2-4xy,\ x^3+y^3=(x+y)^3-3xy(x+y)$$

の3つに特に注意しておこう．

$x^2+y^2=(x+y)^2-2xy$ はとてもよく使う式なので暗記しておくとよいが，その場で出すことも容易である．まさか，中学校で習った展開公式：$(x+y)^2=x^2+2xy+y^2$ を忘れてはいないだろう．これを変形したものが，$x^2+y^2=(x+y)^2-2xy$ である．したがって，暗記に頼らなくても，理解していればその場で導くことができる．

(2)は文字が1つ増えただけである．「展開が背景にあるんだなぁ」と理解できていれば，上の解答のように $(a+b+c)^2$ の展開公式を用いることで解決できる．ただ，$(a+b+c)^2$ の展開公式は忘れてしまっている人も少なくない．本問を通してもう一度思い出しておこう．

文系数学の必勝ポイント

対称式

① $x^2+y^2=(x+y)^2-2xy$ 　　② $(x-y)^2=(x+y)^2-4xy$

③ $x^3+y^3=(x+y)^3-3xy(x+y)$ [数学Ⅱ]

I 数と式

3 二重根号・小数部分

$\sqrt{19+8\sqrt{3}}$ の整数部分を x,小数部分を y とするとき,次の値を求めよ.
(1) x　　(2) xy　　(3) x^2-xy+y^2　　　　　　　　　　　(松山大)

解答

(1) $A=\sqrt{19+8\sqrt{3}}$ とすると
$$A=\sqrt{19+2\sqrt{48}}$$
$$=\sqrt{(16+3)+2\sqrt{16\cdot 3}}$$
$$=\sqrt{(\sqrt{16}+\sqrt{3})^2}=\sqrt{16}+\sqrt{3}=4+\sqrt{3}$$

◆ 二重根号を外すときには,$\sqrt{●+2\sqrt{▲}}$ の形を作って考える

※ $19=16+3$, $48=16×3$ である

ここで,$\sqrt{1}<\sqrt{3}<\sqrt{4}$ すなわち $1<\sqrt{3}<2$ であるから,
$$5<4+\sqrt{3}<6$$

◆ $\sqrt{2}≒1.4$,$\sqrt{3}≒1.7$,$\sqrt{5}≒2.2$ であることは知っておいて損はない

である.したがって,$5<A<6$ となるから,A の整数部分 x は,$x=5$

(2) $A=\sqrt{19+8\sqrt{3}}=4+\sqrt{3}$ は,整数部分 x が 5 であるから,小数部分 y は,
$$y=A-x=(4+\sqrt{3})-5=-1+\sqrt{3}$$
よって,
$$xy=5(-1+\sqrt{3})=\mathbf{-5+5\sqrt{3}}$$

(3) $x+y=5+(-1+\sqrt{3})=4+\sqrt{3}$ である.$x^2+y^2=(x+y)^2-2xy$ に注意すると,
$$x^2-xy+y^2=(x+y)^2-3xy=(4+\sqrt{3})^2-3(-5+5\sqrt{3})=\mathbf{34-7\sqrt{3}}$$

解説講義

二重根号を外すコツは,外したい式を 2 つの数 a,b を用いて $\sqrt{(a+b)±2\sqrt{ab}}$,すなわち $\sqrt{和±2\sqrt{積}}$ の形に変形することである.このように変形できれば,
$$\sqrt{(a+b)±2\sqrt{ab}}=\sqrt{(\sqrt{a}±\sqrt{b})^2}=\sqrt{a}±\sqrt{b}\ (ただし,a>b とする.複号同順)$$
というように,無事に二重根号を外すことができる.

整数部分,小数部分に関する問題も確実に得点したい.たとえば,5.287 の整数部分は 5 で小数部分は 0.287 であり,5.287=5+0.287 が成り立っている.この場合の小数部分 0.287 は,5.287−5 で求めることができる.整数部分はその数がいくつくらいかを考えるとすぐに分かってしまう場合がほとんどであるから,先に整数部分が確定したら,小数部分は,
$$(小数部分)=(その数)-(整数部分)$$
という要領で求めればよい.

文系数学の必勝ポイント

二重根号の外し方
　$\sqrt{(a+b)±2\sqrt{ab}}$ となる a,b を見つけて,$\sqrt{(a+b)±2\sqrt{ab}}=\sqrt{a}±\sqrt{b}$ と外す
小数部分
　整数部分を先に求めて,(小数部分)=(その数)−(整数部分)で計算する

4 比例式

実数 x, y, z が, $x+y=\dfrac{y+z}{2}=\dfrac{z+x}{3}$ ($\neq 0$) を満たすとき, $\dfrac{xy+yz+zx}{x^2+y^2+z^2}$ の値を求めよ. (法政大)

解答

$x+y=\dfrac{y+z}{2}=\dfrac{z+x}{3}=k$ とすると,

$\begin{cases} x+y=k & \cdots ① \\ y+z=2k & \cdots ② \\ z+x=3k & \cdots ③ \end{cases}$

☞「$=k$」とおくところがポイント

☞ 対称性を生かして左のように解くとよい.
一応, 次のように解くことも可能ではある.
①より, $y=k-x$ であり, ②に代入すると,
$z=2k-y$
$=2k-(k-x)$
$=k+x.$
これを③に代入すると,
$(k+x)+x=3k$
となり, $x=k$ が得られる. さらに,
$y=k-x=k-k=0$
$z=k+x=k+k=2k$
となる

となる. ①+②+③より,
$2(x+y+z)=6k$
$x+y+z=3k$ $\cdots ④$

①を④に代入すると,
$k+z=3k$
$\therefore z=2k$

②を④に代入すると,
$x+2k=3k \qquad \therefore x=k$

③を④に代入すると,
$y+3k=3k \qquad \therefore y=0$

したがって,
$\dfrac{xy+yz+zx}{x^2+y^2+z^2}=\dfrac{0+0+2k^2}{k^2+0+4k^2}=\dfrac{2k^2}{5k^2}=\dfrac{2}{5}$

解説講義

本問の条件式のような, $\dfrac{b}{a}=\dfrac{d}{c}$ という形の式を**比例式**という. 比例式は $ad=bc$ のように変形しても, うまく活用することはできない. 上の解答のように,「$=k$」とおいて k を使って考えるところがポイントである.

本問の条件式「$x+y=\dfrac{y+z}{2}=\dfrac{z+x}{3}$」は, 「$(x+y):(y+z):(z+x)=1:2:3$」…(*) のように書かれることもある. この場合も,「$x+y=k, y+z=2k, z+x=3k$」と k を使っておいてみる. (この場合, $x+y=1$, $y+z=2$, $z+x=3$ としてはいけない. (*) は, $x+y=10$, $y+z=20$, $z+x=30$ であっても成り立つからである.)

文系数学の必勝ポイント

比例式

比例式は「$=k$」とおいて考える

5 絶対値の取り扱い

(1) 方程式 $|x-1|-2x=10$ を解け.
(2) 不等式 $|2x-6|-x-2<0$ を満たす x の範囲を求めよ. (東北学院大／名城大)

解答

(1)
$$|x-1|-2x=10 \quad \cdots ①$$

(i) $x-1 \geqq 0$ すなわち $x \geqq 1$ のとき, ①より,
$$x-1-2x=10$$
$$x=-11$$
これは $x \geqq 1$ を満たさないので不適

(ii) $x-1<0$ すなわち $x<1$ のとき, ①より,
$$-(x-1)-2x=10$$
$$x=-3 \text{ (これは } x<1 \text{ を満たす)}$$

(i), (ii)より, 方程式①の解は,
$$x=-3$$

(2)
$$|2x-6|-x-2<0 \quad \cdots ②$$

(i) $2x-6 \geqq 0$ すなわち $x \geqq 3$ のとき, ②より,
$$2x-6-x-2<0$$
$$x<8$$
$x \geqq 3$ も考えて,
$$3 \leqq x < 8 \quad \cdots ③$$

(ii) $2x-6<0$ すなわち $x<3$ のとき, ②より,
$$-(2x-6)-x-2<0$$
$$x>\frac{4}{3}$$
$x<3$ も考えて,
$$\frac{4}{3}<x<3 \quad \cdots ④$$

(i), (ii)より, 不等式②を満たす x の範囲は, ③または④であるから, これをまとめて,
$$\frac{4}{3}<x<8$$

解説講義

絶対値は数直線上における原点からの距離であるから, 3の絶対値も-3の絶対値もともに3である. つまり, $|3|=3$, $|-3|=3$, である. (絶対値はもともと距離であるから, 絶対値は0以上である)

絶対値を含む問題では, まず絶対値を外すことを考える. "絶対値の中身"が正であれば $|3|=3$ のようにそのまま絶対値を外しても構わないが, "絶対値の中身"が負の場合にそのまま外すと, $|-3|=-3$ という間違った式になってしまう. "絶対値の中身"が負の場合はマイナスを1つ取り付けて, $|-3|=-(-3)=3$ と扱わなければならない. **絶対値は, 中身の正負に注目して外すことがポイント**であり, 場合分けをして1つずつ丁寧に解答していくことが大切である.

文系数学の必勝ポイント

絶対値の取り扱い
絶対値は中身の正負で場合分け！ $|A|=\begin{cases} A & (A \geqq 0 \text{ のとき}) \\ -A & (A<0 \text{ のとき}) \end{cases}$

Ⅰ 数と式

6 2つの絶対値を含む式

方程式 $|2x-1|+|x-2|=2$ を解け． (関西大)

解答

$$|2x-1|+|x-2|=2 \quad \cdots ①$$

(ⅰ) $x\geqq 2$ のとき，①より，
$$(2x-1)+(x-2)=2$$
$$x=\frac{5}{3}$$
これは $x\geqq 2$ を満たさないので不適

(ⅱ) $\frac{1}{2}\leqq x<2$ のとき，①より，
$$(2x-1)-(x-2)=2$$
$$x=1 \text{ (これは } \frac{1}{2}\leqq x<2 \text{ を満たす)}$$

(ⅲ) $x<\frac{1}{2}$ のとき，①より，
$$-(2x-1)-(x-2)=2$$
$$x=\frac{1}{3} \text{ (これは } x<\frac{1}{2} \text{ を満たす)}$$

(ⅰ)，(ⅱ)，(ⅲ)より，方程式①の解は，
$$x=1, \ \frac{1}{3}$$

☜ $2x-1\geqq 0$ となる x の範囲は，$x\geqq\frac{1}{2}$．
$x-2\geqq 0$ となる x の範囲は，$x\geqq 2$．
これらを数直線上に表すと，次のようになる．

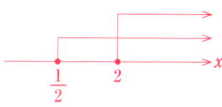

上の数直線から，絶対値の中身について，
(ⅰ) $x\geqq 2$ のとき，両方とも0以上
(ⅱ) $\frac{1}{2}\leqq x<2$ のとき，
　　$2x-1$ は0以上だが，$x-2$ は負
(ⅲ) $x<\frac{1}{2}$ のとき，両方とも負
と分かる

解説講義

本問は絶対値が2つあるので，両方とも中身が正，片方だけ中身が正，両方とも中身が負という3つの場合が起こる．頭の中で考えていると混乱してしまうので，表や数直線などを使って状況を整理するとよい．

文系数学の必勝ポイント

2つ以上の絶対値の取り扱い
　中身が正になる範囲を数直線上に描いて状況を整理するとよい

One Point コラム

絶対値は中身の正負で場合分けを行うことが基本であるが，
$$|X|=c, \ |X|<c, \ |X|>c \ (\text{ただし，} c \text{ は正の定数})$$
という形のものは，（ピッタリとこの形になっているかを確認しよう）
$$|X|=c \iff X=\pm c$$
$$|X|<c \iff -c<X<c$$
$$|X|>c \iff X<-c, \ c<X$$
と処理することができる．

I 2次関数

7 2次関数の決定

グラフが次の条件を満たすような2次関数の式を求めよ.
(1) 頂点が(1, −2)で, 点(3, 2)を通る.
(2) 3点(−1, 0), (1, −6), (3, 4)を通る.

(福岡大)

解答

(1) 求める2次関数は, 頂点が(1, −2)であるから,
$$y = a(x-1)^2 - 2 \quad (a \neq 0) \quad \cdots ①$$
とおける. ①は点(3, 2)を通るから,
$$2 = a(3-1)^2 - 2$$
$$2 = 4a - 2$$
$$a = 1$$
したがって, ①より, $\boldsymbol{y = (x-1)^2 - 2}$

(2) 求める2次関数を
$$y = ax^2 + bx + c \quad (a \neq 0) \quad \cdots ②$$
とおくと, 3点(−1, 0), (1, −6), (3, 4)を通るから,
$$\begin{cases} 0 = a - b + c & \cdots ③ \\ -6 = a + b + c & \cdots ④ \\ 4 = 9a + 3b + c & \cdots ⑤ \end{cases}$$
③, ④, ⑤を解くと, $a = 2$, $b = -3$, $c = -5$ となるから, ②より,
$$\boldsymbol{y = 2x^2 - 3x - 5}$$

別 ③−④より,
　　$6 = -2b$ となり, $b = -3$.
このとき, ③, ⑤は,
$$\begin{cases} a + c = -3 \\ 9a + c = 13 \end{cases}$$
となるから,
　　$a = 2$, $c = -5$

解説講義

$y = ax^2$ を平行移動した放物線で, 頂点が (p, q) であるものは,
$$y = a(x-p)^2 + q$$
である. このとき, $x = p$ が軸の方程式である. 2次関数を扱うときには, 頂点や軸が重要な役割を果たすことが多いので, この形の式をきちんと使えるようにしなければならない.

(2)は通る3点の座標しか与えられておらず, この条件から頂点や軸の情報をつかむことはできない. そのような場合は, $y = ax^2 + bx + c$ とおいた方が扱いやすくなる. 2つの式の使い分けをできるようにしておこう.

文系数学の必勝ポイント

2次関数(放物線)の式
① 頂点が (p, q), 軸が $x = p$ である放物線は, $y = a(x-p)^2 + q$ である
② 頂点や軸の情報がない場合は, $y = ax^2 + bx + c$ の形も使ってみる

8 グラフの移動

(1) 2次関数 $y=(x+1)^2+k$ のグラフを x 軸方向に p, y 軸方向に -3 だけ平行移動すると, 2次関数 $y=x^2-6x+8$ のグラフになる. p, k の値をそれぞれ求めよ.

(2) 放物線 $y=-2x^2+4x-4$ を x 軸に関して対称移動し, さらに x 軸方向に 8, y 軸方向に 4 だけ平行移動して得られる放物線の式を求めよ.

(南山大／慶應義塾大)

解答

(1) $y=(x+1)^2+k$ …① の頂点は $(-1, k)$ である.

$y=x^2-6x+8=(x-3)^2-1$ …② の頂点は, $(3, -1)$ である.

①のグラフを x 軸方向に p, y 軸方向に -3 だけ平行移動した後の頂点は, $(-1+p, k-3)$ である.

これが②の頂点である $(3, -1)$ になることから,

$$-1+p=3,\quad k-3=-1 \quad \therefore p=4,\ k=2$$

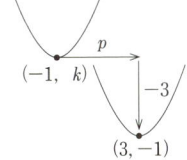

(2) $y=-2x^2+4x-4$ より,

$$y=-2(x-1)^2-2$$

となるから, この放物線の頂点は $(1, -2)$ である.

これを x 軸に関して対称移動した後の頂点は $(1, 2)$ である. さらに, x 軸方向に 8, y 軸方向に 4 だけ平行移動した後の頂点は,

$$(1+8,\ 2+4)\ \text{すなわち}\ (9, 6)$$

x 軸に関して対称移動すると, 上に凸のグラフは下に凸のグラフに変化するから, 求める放物線の式は,

$$y=2(x-9)^2+6\ (y=2x^2-36x+168\ \text{でもよい})$$

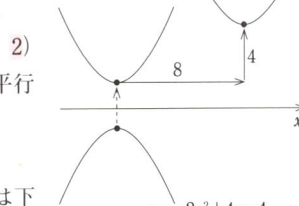

解説講義

放物線の移動の問題は, 頂点の移動を考えればよい. 移動前の頂点が (x_0, y_0) のとき,

x 軸方向に p, y 軸方向に q だけ平行移動すると, 移動後の頂点は (x_0+p, y_0+q)

x 軸に関して対称移動した後の頂点は $(x_0, -y_0)$

y 軸に関して対称移動した後の頂点は $(-x_0, y_0)$

となる. x 軸に関して対称移動したときには, 下に凸のグラフが上に凸に, 上に凸のグラフが下に凸に変化する. つまり, 放物線の式の x^2 の係数の正負が変化することにも注意しよう.

文系数学の必勝ポイント

放物線の平行移動・対称移動

頂点の移動を考える. (x 軸に関する対称移動は "上下反転" にも注意)

9 2次関数の最大最小問題

2次関数 $y=2x^2-3x+1$ $(-1 \leq x \leq 2)$ の最大値,最小値をそれぞれ求めよ.

(中央大)

解答

$$y=2x^2-3x+1$$
$$=2\left(x^2-\frac{3}{2}x\right)+1 \quad \text{☜ まず } x^2 \text{ の係数で, } x^2 \text{ と } x \text{ の項をくくるとよい}$$
$$=2\left\{\left(x-\frac{3}{4}\right)^2-\frac{9}{16}\right\}+1$$
$$=2\left(x-\frac{3}{4}\right)^2-\frac{9}{8}+1$$
$$=2\left(x-\frac{3}{4}\right)^2-\frac{1}{8} \quad \cdots ①$$

これより,①の頂点は $\left(\dfrac{3}{4}, -\dfrac{1}{8}\right)$ であり,$-1 \leq x \leq 2$ におけるグラフは右のようになる.

したがって,

最大値 6,最小値 $-\dfrac{1}{8}$

解説講義

2次関数の最大値,最小値は,グラフを使って考える.指示された範囲でグラフを描いて,"一番高いところ"が最大値,"一番低いところ"が最小値であることから求めるだけである.したがって,まずグラフを描くために頂点を求めなければならない.頂点を求めるためには解答のように**平方完成**を行えばよい.この作業で計算ミスをすると大きく点数を失う場合が多いので,迅速かつ正確にできるようにしておく必要がある.

当然のことであるが,関数の最大最小の問題は,**正しい範囲で正しい関数を分析**してはじめて正解となる.平方完成して即座に「頂点のところが最小!」と答えている誤答をよく見かける.本問は頂点が定義域の $-1 \leq x \leq 2$ に含まれているから,頂点の y 座標である $-\dfrac{1}{8}$ が最小になるのである.(もし定義域が $x \leq 0$ であれば最小値は $-\dfrac{1}{8}$ ではない)

文系数学の必勝ポイント

2次関数の最大最小問題
(手順1)平方完成して頂点を求める
(手順2)定義域を確認する
(手順3)グラフを描いて「頂点」と「端の値」に注目する

10 置きかえの利用

x が実数全体を変化するとき，関数 $y=(x^2-2x)^2+4(x^2-2x)$ の最小値を求めよ．
(北海道工業大)

解答

$$y=(x^2-2x)^2+4(x^2-2x) \quad \cdots ①$$

$x^2-2x=t$ とおくと，①より

$$y=t^2+4t$$
$$=(t+2)^2-4 \quad \cdots ②$$

ここで，$t=x^2-2x$ より，

$$t=(x-1)^2-1$$

となるから，x が実数全体を変化するとき，t の範囲は

$$t \geq -1$$

である．

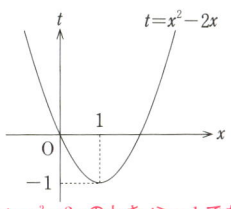

注 $t=x^2-2x$ のとき $t \geq -1$ であることがグラフから分かる

$t \geq -1$ において②のグラフは右のようになるから，$t=-1$ のときに y は最小となり，最小値は，

$$(-1)^2+4(-1)=-3$$

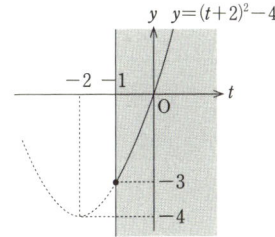

解説講義

関数を扱うときに，置きかえはよく行われる操作である．本問は置きかえをするときの注意事項を確認する問題である．②のグラフの頂点に注目して「最小値は -4」と間違えた人はいないだろうか？

y は x を変数として①の式で定められている．①をそのまま扱おうとすると4次関数になってしまうので，x^2-2x が2ヶ所にあることに注目し，$x^2-2x=t$ と置きかえて y を t の2次関数として扱う．しかし，ここに落とし穴がある！　9 で勉強したように，関数の最大最小は『正しい範囲で正しい関数を分析』しなければならない．t の2次関数として扱うのであれば，『正しい t の範囲』で②の関数を分析する必要がある．問題文に x はすべての実数をとって変化すると書いてあるが，t のとり得る範囲は書かれていない．したがって，$t=(x-1)^2-1$ と変形して t のとり得る範囲が $t \geq -1$ であることを求めて，この範囲で②の関数の最小値を求めなければならない．

式を見やすくしたりするために安易に置きかえを行うと痛い目にあう．「置きかえをしたら，新しい文字のとり得る範囲を確認する」ということをつねに注意するようにしよう．

文系数学の必勝ポイント

置きかえの注意
　置きかえをしたら，新しい文字のとり得る範囲を確認する

11　2変数の最大最小

x，y は $x+y=3$，$x\geqq 0$，$y\geqq 0$ を満たして変化する．このとき，$z=(x-2)y+1$ の最大値，最小値を求めよ．　（流通科学大）

解答

$x+y=3$ より，$y=3-x$ …① である．①を用いると，

$$\begin{aligned} z&=(x-2)y+1\\ &=(x-2)(3-x)+1 \\ &=-x^2+5x-5=-\left(x-\frac{5}{2}\right)^2+\frac{5}{4} \quad \cdots② \end{aligned}$$

☜ y を消去して x だけの式にして考える

ここで，$y\geqq 0$ であるから，①より，

$$3-x\geqq 0$$

となり，$x\leqq 3$ である．これと $x\geqq 0$ から，x の範囲は，

$$0\leqq x\leqq 3 \quad \cdots③$$

よって，③の範囲で②のグラフを描くと右のようになるから，

最大値 $\frac{5}{4}$，最小値 -5

解説講義

$z=(x-2)y+1$ であるから，z は x と y によって値が定められる2変数の関数である．**変数が複数ある場合には，変数を減らすことが基本方針**である．本問では x と y の間に $x+y=3$ という関係があるから，これを用いて y を消去し，まず z を x だけで表してみないといけない（y だけで表してもよい）．

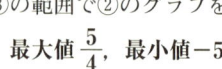

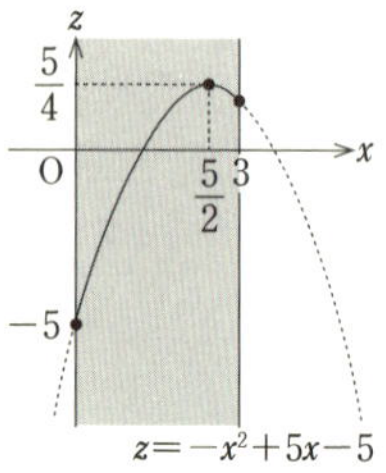

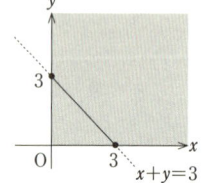

ここまでの作業は比較的スムーズにできる人が多いのだが，x の範囲をきちんと考えずに「$x\geqq 0$ で②のグラフを描いて，最大値 $\frac{5}{4}$，最小値なし」と間違える人が目立つ．確かに問題文には $x\geqq 0$ と書いてあるが，同時に $y\geqq 0$ とも書かれている．y を消去したからと言って $y\geqq 0$ の条件を無視してよいわけではない！上の解答のように，$y\geqq 0$ であるためには $x\leqq 3$ でなければならない．上の $x+y=3$ のグラフからも $x\geqq 0$ かつ $y\geqq 0$ であるためには，$0\leqq x\leqq 3$ と分かるだろう．

文字を消去して1文字になっても油断してはいけない．「範囲に関する条件を見落としていないか？」ということに注意しよう．

文系数学の必勝ポイント

2変数の最大最小問題

1文字を消去して変数を1つにして考える．
その際に「変数のとり得る値の範囲（変域）」に十分注意する．

12 軸が動く2次関数の最大最小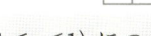

a を実数の定数とする．x の2次関数 $y=x^2-2ax+a+1\ (-1\leqq x\leqq 1)$ について，
(1) この2次関数の最小値 m を，a を用いて表せ．また，m の最大値を求めよ．
(2) この2次関数の最大値 M を，a を用いて表せ．　　　　　　　　　　　　　　（奈良大）

解答

$f(x)=x^2-2ax+a+1$ とすると，$f(x)=(x-a)^2-a^2+a+1$ となるので，$y=f(x)$ のグラフは，軸が $x=a$ で下に凸の放物線である．

軸 $x=a$ と定義域 $-1\leqq x\leqq 1$ の位置関係に注目して場合分けをして考える．

(1) 軸が $-1\leqq x\leqq 1$ の範囲に含まれる場合と含まれない場合によって，次の3つの場合がある．

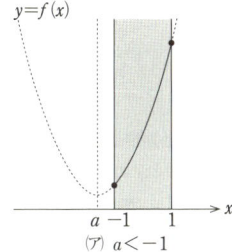
(ア) $a<-1$

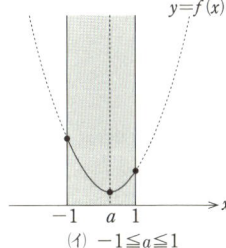
(イ) $-1\leqq a\leqq 1$

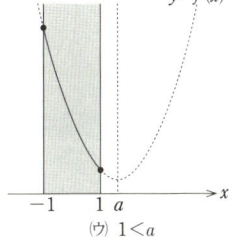
(ウ) $1<a$

(ア) $a<-1$ のとき，区間の**左端**で最小になり，$m=f(-1)=3a+2$
(イ) $-1\leqq a\leqq 1$ のとき，**頂点**で最小になり，$m=f(a)=-a^2+a+1$
(ウ) $1<a$ のとき，区間の**右端**で最小になり，$m=f(1)=-a+2$

以上より，
$$m=\begin{cases} 3a+2 & (a<-1 \text{ のとき}) \\ -a^2+a+1 & (-1\leqq a\leqq 1 \text{ のとき}) \\ -a+2 & (1<a \text{ のとき}) \end{cases}$$

☞ 場合分けは，
$a\leqq -1,\ -1<a<1,\ 1\leqq a$
$a\leqq -1,\ -1\leqq a\leqq 1,\ 1\leqq a$
などでもよい

さらに，m は a の関数になっているから，横軸を a 軸として m のグラフを描くと次のようになる．

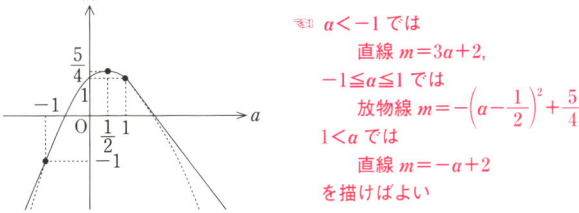

☞ $a<-1$ では
　直線 $m=3a+2$,
$-1\leqq a\leqq 1$ では
　放物線 $m=-\left(a-\dfrac{1}{2}\right)^2+\dfrac{5}{4}$,
$1<a$ では
　直線 $m=-a+2$
を描けばよい

グラフより，a が変化するとき，m の最大値は $\dfrac{5}{4}$

(2) 範囲の中央である $x=0$ に対して，軸が左側の場合と右側の場合の 2 つの場合がある．

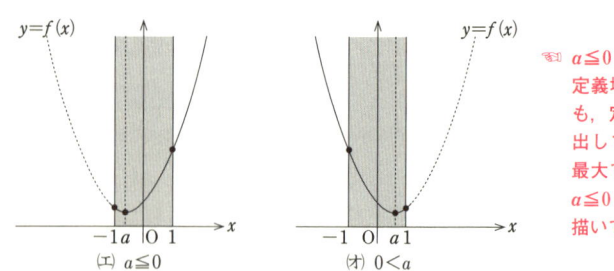

☞ $a≦0$ であれば，軸が定義域に含まれていても，定義域の左にはみ出していても，$f(1)$ が最大である．(エ)の図は，$a≦0$ の場合の一例を描いている

(エ) $a≦0$ のとき，区間の右端で最大になり，$M=f(1)=-a+2$
(オ) $0<a$ とき，区間の左端で最大になり，$M=f(-1)=3a+2$
以上より，
$$M=\begin{cases} -a+2 & (a≦0\text{ のとき}) \\ 3a+2 & (0<a\text{ のとき}) \end{cases}$$

☞ 場合分けは，$a<0$, $0≦a$ などでもよい

解説講義

(1)において，平方完成して即座に「最小値 $m=-a^2+a+1$」と書いて間違えなかっただろうか？ 本問の 2 次関数は，式の中に文字 a が入っている．文字 a がいくつという情報は問題文に書かれていないから，a の値に応じてグラフの位置は変化していく．もし頂点（軸）が定義域の $-1≦x≦1$ に含まれていれば，頂点で最小になるから $m=-a^2+a+1$ である．しかし，頂点（軸）が $-1≦x≦1$ に含まれていない可能性もあり，その場合は $m=-a^2+a+1$ にはならない．そこで，(1)では，

　　軸が区間の左にはみ出す／軸が区間に含まれる／軸が区間の右にはみ出す

の 3 つに分けて考えた．下に凸の放物線では区間の端か頂点で最小値をとることに注目し，

　　　　区間の左端で最小／頂点で最小／区間の右端で最小

という視点で場合分けを行ってもよい．

このように考えると，最大値 M については，頂点で最大になることはない（下に凸だから）から，

　　　　　区間の右端で最大／区間の左端で最大

の 2 つに分けて考えればよいことがつかみやすいだろう．そして，それは，

　　　　軸が区間の中央より左寄り／軸が区間の中央より右寄り

ということになる．

文系数学の必勝ポイント

軸が動く 2 次関数の最大最小
　　軸と定義域の位置関係に注目して場合分けを行う．頻出パターンは，
　　　　その 1：軸が定義域に含まれるか，含まれないか
　　　　その 2：軸が定義域の中央より左寄りか，右寄りか

13 解の公式と判別式

(1) $x^2-4x+2=0$ の解を求めよ．
(2) $x^2-kx+1=0$ (k は実数の定数) が重解をもつときの k の値を求めよ．

(中央大)

解答

(1) 解の公式から，
$$x=\frac{-(-2)\pm\sqrt{(-2)^2-1\cdot 2}}{1}=2\pm\sqrt{2}$$

※1 $x=\dfrac{-b'\pm\sqrt{b'^2-ac}}{a}$ を使った ($a=1$, $b'=-2$, $c=2$)

(2) $x^2-kx+1=0$ の判別式を D とすると，
$$D=(-k)^2-4\cdot 1\cdot 1=k^2-4$$

※1 $D=b^2-4ac$ である ($a=1$, $b=-k$, $c=1$)

重解をもつのは $D=0$ のときであるから，
$$k^2-4=0 \text{ より}, \ k=\pm 2$$

解説講義

解の公式は次の2つの形を覚えておく必要がある．（以下，a, b, c は実数で $a\neq 0$ とする）

2次方程式 $ax^2+bx+c=0$ の解は，$\quad x=\dfrac{-b\pm\sqrt{b^2-4ac}}{2a}\quad \cdots$ ①

2次方程式 $ax^2+2b'x+c=0$ の解は，$\quad x=\dfrac{-b'\pm\sqrt{b'^2-ac}}{a}\quad \cdots$ ②

②の形は，x の係数が偶数の場合に有効である．x の係数が文字の場合は，$2kx$ や $2(k+1)x$ のように2できれいにくくれるような式の場合に有効である．

$ax^2+bx+c=0$ の解は①であるから，$ax^2+bx+c=0$ がどのような解をもつかは，①の根号内，すなわち b^2-4ac の正負で判別することができる．つまり，$D=b^2-4ac$ とすると，

$D>0$ のとき，異なる2つの実数解をもつ
$D=0$ のとき，実数の重解をもつ
$D<0$ のとき，実数解は存在しない（共役な2つの虚数解をもつ：数学Ⅱ）

となる．D のことを**判別式**という．

これと同様にして，$ax^2+2b'x+c=0$ の解の様子は b'^2-ac の正負で判別できる．この場合は $D=b^2-4ac$ とは書かず，$\dfrac{D}{4}=b'^2-ac$ と書く．

文系数学の必勝ポイント

2次方程式の判別式

$ax^2+bx+c=0$ の判別式は $D=b^2-4ac$ であり，

$\begin{cases} D>0 \text{ のとき，異なる2つの実数解をもつ} \\ D=0 \text{ のとき，実数の重解をもつ} \\ D<0 \text{ のとき，実数解は存在しない} \end{cases}$

$ax^2+2b'x+c=0$ の判別式は $\dfrac{D}{4}=b'^2-ac$ を用いる．

I 2次関数

14 2次不等式

(1) 次の2次不等式を解け．
 (i) $x^2-3x+2>0$ (ii) $x^2-3x+1>0$ (iii) $x^2-3x+5>0$
(2) 2次不等式 $ax^2-4x+b<0$ の解が $-3<x<5$ であるとき，定数 a, b の値を求めよ．
(立教大)

解答

(1)(i) $x^2-3x+2>0$ より，
$$(x-1)(x-2)>0$$
$$x<1, \ 2<x$$

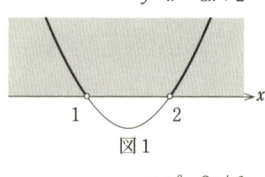
図1

(ii) $x^2-3x+1>0$ …①

$x^2-3x+1=0$ を解くと，$x=\dfrac{3\pm\sqrt{5}}{2}$ となるから，①を満たす x の範囲は，
$$x<\dfrac{3-\sqrt{5}}{2}, \ \dfrac{3+\sqrt{5}}{2}<x$$

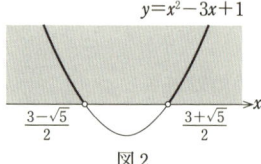
図2

(iii) $x^2-3x+5>0$ …②

②を変形すると，
$$\left(x-\dfrac{3}{2}\right)^2+\dfrac{11}{4}>0$$

となる．右の図3のグラフから，②を満たす x の範囲は，

すべての実数

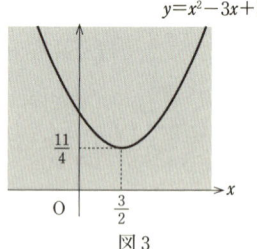
図3

(2) $f(x)=ax^2-4x+b$ とすると，グラフが右の図4のようになればよいので，求める条件は，

$$\begin{cases} a>0 \\ f(-3)=0 \\ f(5)=0 \end{cases} \iff \begin{cases} a>0 \\ 9a+12+b=0 \\ 25a-20+b=0 \end{cases}$$

これを解くと，
$$a=2, \ b=-30$$

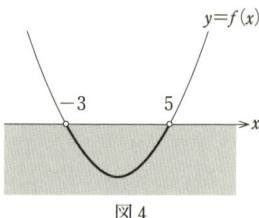
図4

〈別解〉

$ax^2-4x+b<0$ の解が $-3<x<5$ であるのは，$a>0$ のもとで，$ax^2-4x+b<0$ が，
$$a(x+3)(x-5)<0 \quad \text{すなわち} \quad ax^2-2ax-15a<0$$
と変形できるときである．よって，x の項と定数項に注目して，
$$-4=-2a \quad \text{かつ} \quad b=-15a$$
であるから，
$$a=2, \ b=-30$$

📖 長いけど，しっかり読もう！

解説講義

　文系の入試では，2次不等式の応用的な問題がよく出題されるが，2次不等式の考え方の本質を理解していないとまったく解けないことになってしまう．本問において，(1)の(i)と(ii)は正解できたが(iii)で間違えてしまった人は，2次不等式を単なる計算と思っていて，考え方の本質を理解できていない可能性があるので注意しよう．

　そもそも「$x^2-3x+2>0$ を解け」とはどういうことなのだろうか？　これは「x^2-3x+2 において x の値をいろいろ変えて計算していったときに，その計算結果が正になる x の範囲を求めなさい」ということである．このとき，実際に x にいろいろな値を代入していくわけにはいかない．しかし，2次関数を勉強した人はグラフという便利な道具を知っている．グラフを使えば，いちいち計算しなくても計算結果の様子を目で見て判断できる．x^2-3x+2 は，$(x-1)(x-2)$ となるから，$x^2-3x+2=0$ となる x，すなわち $y=x^2-3x+2$ のグラフと x 軸との交点は $x=1$，2 と分かり，グラフは図1のようになる．したがって，x^2-3x+2 の計算結果が正になる範囲は $x<1$，$2<x$ となる．

　(i)の左辺は因数分解できてグラフと x 軸との交点が $x=1$，2 とすぐに分かったが，(ii)の左辺は因数分解できない．そこでグラフと x 軸との交点を求めるために，方程式 $x^2-3x+1=0$ を解いているのである．その結果から図2のグラフを手に入れることができ，x^2-3x+1 の計算結果が正になる範囲は $x<\dfrac{3-\sqrt{5}}{2}$，$\dfrac{3+\sqrt{5}}{2}<x$ となる．

　(iii)の左辺も因数分解できないので(ii)と同様にして $x^2-3x+5=0$ を解くと，$x=\dfrac{3\pm\sqrt{-11}}{2}$ となるが，これは実数ではない（この瞬間に，「解なし」と答えてしまう人がいるがそれは違う！）．このことから，「$y=x^2-3x+5$ と x 軸の交点は存在しない」ことになるから，見方を変えて，平方完成して頂点を求めてグラフを描いてみると図3が得られる．図3より，x がいくつであっても x^2-3x+5 の計算結果は正であると分かるから，$x^2-3x+5>0$ の解はすべての実数になる．

　(2)も，どのようなグラフであれば解が $-3<x<5$ になるかを考えてみるとよい．

　2次不等式を単なる計算と考えず，本質はグラフであることを強く認識しておくとよい．

文系数学の必勝ポイント

2次不等式
　背景にグラフがあることを認識しておく
　① 因数分解できるときは，$\alpha<\beta$ として，
　　　$(x-\alpha)(x-\beta)>0$ のとき，$x<\alpha$，$\beta<x$
　　　$(x-\alpha)(x-\beta)<0$ のとき，$\alpha<x<\beta$
　と一発で処理
　② 因数分解できないときは，解の公式で「$=0$」となる x の値を求めておき，グラフを意識して考えると安全
　③「$=0$」となる実数 x が存在しないときは，頂点を求めてグラフを考える

15 すべての x に対して不等式が成り立つ条件

2次不等式 $x^2+(a-3)x+a>0$ (a は定数) がすべての実数 x に対して成り立つような a の値の範囲を求めよ. （岩手大）

解答

$f(x)=x^2+(a-3)x+a$ とすると,

$$f(x)=\left(x+\frac{a-3}{2}\right)^2-\frac{(a-3)^2}{4}+a$$

$$=\left(x+\frac{a-3}{2}\right)^2+\frac{-a^2+10a-9}{4}$$

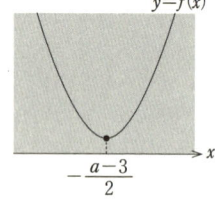

これより，すべての実数 x に対して $f(x)>0$ になるのは，$y=f(x)$ のグラフが右のようになった場合であるから，

頂点の y 座標：$\dfrac{-a^2+10a-9}{4}>0$

であればよい．よって，

$$a^2-10a+9<0$$
$$1<a<9$$

☞ 2次不等式は，2乗の係数を正の状態にしてから解く．これは，$(a-1)(a-9)<0$ となる

＜別解＞

$x^2+(a-3)x+a=0$ の判別式を D とすると，$\boxed{D<0}$ であればよいから，☞ $D>0$ ではない!!

$$D=(a-3)^2-4a<0$$
$$a^2-10a+9<0 \qquad \therefore\ 1<a<9$$

解説講義

「すべての実数 x に対して $f(x)>0$ になる」のは，解答に示したように，$y=f(x)$ のグラフがつねに x 軸の上側にある場合（グラフが x 軸の上側に浮かび上がっている状態）である．もしグラフが x 軸より下側に存在していたとすると，その部分において不等式 $f(x)>0$ は成り立たないことになってしまう．グラフが一番下にきている部分（つまり最小値）は頂点であるから，解答のように，(**頂点の y 座標**)>0 となる条件を考えればよい．

なお，$y=f(x)$ のグラフが x 軸の上側に浮かび上がると，$y=f(x)$ は x 軸と共有点をもたない．つまり，$f(x)=0$ となる実数 x が存在しないことになる．そこで，「$f(x)=0$ となる実数 x が存在しない条件」である「$D<0$」を考えて別解のように解くこともできる．平方完成がメンドウな式の場合には，この方法も有効である．（$D>0$ としてしまっている誤答がよくあるので注意すること）

文系数学の必勝ポイント

すべての実数 x に対して $ax^2+bx+c>0$ (ただし $a>0$) が成り立つ条件
 手法1：平方完成をして「(頂点の y 座標)>0」を考える
 手法2：$ax^2+bx+c=0$ の判別式を準備して「$D<0$」を考える

16 $p \leqq x \leqq q$ において不等式が成り立つ条件

$f(x)=2x^2-4ax+a+1$ (a は定数)とする．$0 \leqq x \leqq 4$ においてつねに $f(x)>0$ が成り立つような a の値の範囲を求めよ． (秋田大)

解答

$$f(x)=2x^2-4ax+a+1=2(x-a)^2-2a^2+a+1$$

となるので，$y=f(x)$ のグラフは，軸が $x=a$ で下に凸の放物線である．

(i) 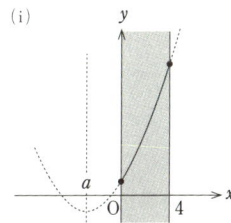 (ii) 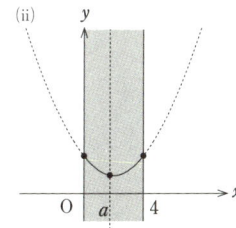 (iii)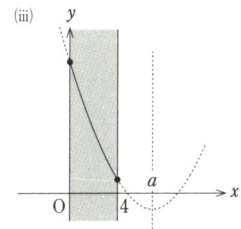

(i) $a<0$ のとき，

$0 \leqq x \leqq 4$ における最小値は $f(0)=a+1$ であり，

つねに $f(x)>0$ となる条件は，

$a+1>0$ より，$a>-1$

$a<0$ も考えると，

$-1<a<0$ ……①

(ii) $0 \leqq a \leqq 4$ のとき，$0 \leqq x \leqq 4$ における最小値は頂点の $-2a^2+a+1$ であり，

つねに $f(x)>0$ となる条件は，

$-2a^2+a+1>0$ より，$-\dfrac{1}{2}<a<1$ 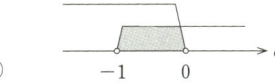 $(2a+1)(a-1)<0$ と整理できる

$0 \leqq a \leqq 4$ も考えると，

$0 \leqq a < 1$ ……②

(iii) $4<a$ のとき，$0 \leqq x \leqq 4$ における最小値は $f(4)=-15a+33$ であり，

つねに $f(x)>0$ となる条件は，

$-15a+33>0$ より，$a<\dfrac{11}{5}$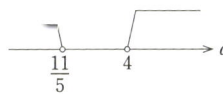

となるが，これは $4<a$ を満たしていない．

(i)，(ii)，(iii)より，求める a の値の範囲は，①と②をまとめて，

$-1<a<1$

解説講義

15 と同様にして，グラフが一番下にきている部分(つまり最小値)に注目する．15 は「すべての実数 x に対して $f(x)>0$ となる条件」であったから，最小値をとる頂点に注目した．

I　2次関数

本問は「$0≦x≦4$ のすべての x に対して $f(x)>0$ となる条件」であるから，$0≦x≦4$ における最小値に注目する．その際，$y=f(x)$ のグラフは文字 a を含んでいて軸の位置が変化する．そこで，12 で学習したように，軸が $0≦a≦4$ に含まれる場合と含まれない場合に分けて考えている．

文系数学の必勝ポイント

区間 $p≦x≦q$ においてつねに $ax^2+bx+c>0$ が成り立つ条件
$p≦x≦q$ における最小値を求めて，「(最小値)>0」を考える

17　2次方程式の解の配置問題

x の2次方程式 $x^2-2mx+m+2=0$ …① について，
(1) ①が1より大きな異なる2つの実数解をもつような m の値の範囲を求めよ．
(2) ①が1より大きな解と1より小さな解をもつような m の値の範囲を求めよ．
(青山学院大)

解答

$f(x)=x^2-2mx+m+2$ とすると，
$$f(x)=(x-m)^2-m^2+m+2$$

(1) $y=f(x)$ のグラフが右のようになればよい．よって，

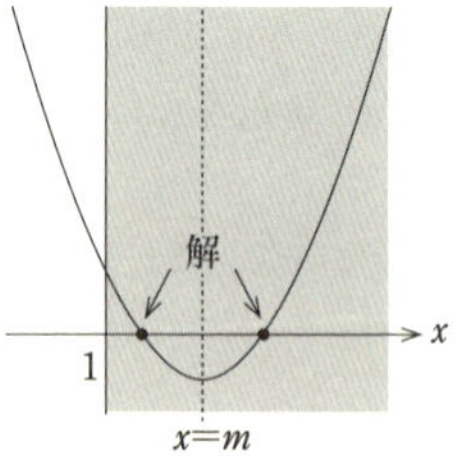

$$\begin{cases} \text{頂点の } y \text{ 座標}: -m^2+m+2<0 & \cdots\cdots ② \\ \text{軸の位置}: m>1 & \cdots\cdots ③ \\ \text{範囲の端点}: f(1)=-m+3>0 & \cdots\cdots ④ \end{cases}$$

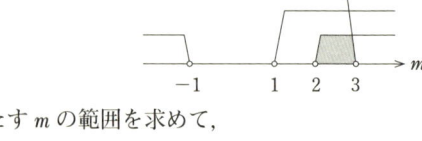

▹ x 軸と $x>1$ の部分で2つの交点をもてばよい

②より，
$$(m+1)(m-2)>0$$
$$m<-1,\ 2<m$$

④より，
$$m<3$$

したがって，②，③，④を同時に満たす m の範囲を求めて，
$$2<m<3$$

(2) $y=f(x)$ のグラフが右のようになればよいから，
$$f(1)=-m+3<0$$
である．したがって，
$$m>3$$

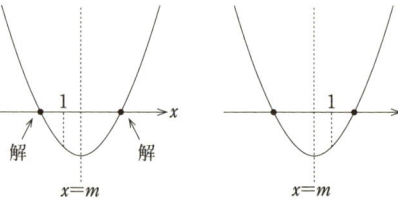

解説講義

2次方程式 $f(x)=0$ がある条件を満たす解をもつように未知数の範囲を決定する問題を「解の配置問題」と呼ぶことがある．解の配置問題はグラフを使って考えることが重要である．

$y=f(x)$ で $y=0$ にすると $f(x)=0$ となる．よって，方程式 $f(x)=0$ の解を求めることは，$y=f(x)$ のグラフで $y=0$ になるときの x，つまり $y=f(x)$ と x 軸との交点を求めていることになる．したがって，(1)では，$f(x)=0$ の2つの解がともに1より大きくなってほしいから，$y=f(x)$ と x 軸との交点が2つとも1より大きくなるグラフを考えている．解の配置問題では，このようにして条件を満たすグラフを考えて，そのグラフを手に入れるために必要な条件を絞り込んでいく．条件を絞り込むときには，

①頂点の y 座標の正負　②軸の位置　③範囲の端の値（特定のところの y の値）の正負

の3つに注目することが多い．ただし，いつでもこの3つのすべてを考えるというわけではない．(2)では軸の位置はどこにあっても $f(1)<0$ であれば条件を満たすグラフになる．また，$f(1)<0$ であればグラフが浮かび上がることはなく，必ず x 軸と異なる2点で交わるので，頂点の条件も必要ない．

なお，頂点の y 座標の正負のかわりに，判別式の正負を考えてもよい．(1)では，$D>0$ を考えると解答の②式が得られる．

暗記するのではなく，練習を通して，条件の絞り込み方を身につけよう．

文系数学の必勝ポイント

2次方程式の解の配置問題
　条件を満たすグラフをイメージして，条件の絞り込みを行う．特に注目すべき点は，
　　① 頂点の y 座標の正負　　② 軸の位置　　③ 範囲の端の値の正負
　　　（判別式の正負）

One Point コラム

数学が苦手な人の1つの特徴として「グラフを使って考えようとしない」ことが挙げられる．数学の力を伸ばしていくためには，ちょっとした問題でも自分の手でグラフを描いて考えてみる練習をしていくとよい．グラフは高校数学のとても重要な道具であり，これを使いこなせなければ，戦い（入試）で勝つことは難しい．特に，方程式や不等式をグラフを使って考える問題は，極めて頻出である．

最後にもう一度まとめておく．
　　$f(x)=0$ を満たす x ➡ $y=f(x)$ のグラフと x 軸の交点の x 座標
　　$f(x)>0$ を満たす x の範囲 ➡ $y=f(x)$ のグラフが x 軸より上にある
　　　　　　　　　　　　　　　　　　x の範囲
　　$f(x)<0$ を満たす x の範囲 ➡ $y=f(x)$ のグラフが x 軸より下にある
　　　　　　　　　　　　　　　　　　x の範囲

18 三角比の相互関係

$0° < \theta < 90°$ とする．$\tan\theta = \dfrac{1}{2}$ のとき，$\dfrac{\sin\theta}{1+\cos\theta}$ の値を求めよ．

(立教大)

解答

$\tan\theta = \dfrac{1}{2}$ であるから，$1+\tan^2\theta = \dfrac{1}{\cos^2\theta}$ より，

$$1 + \dfrac{1}{4} = \dfrac{1}{\cos^2\theta}$$

$$\cos^2\theta = \dfrac{4}{5}$$

$0° < \theta < 90°$ より，$\cos\theta > 0$ であるから，

$$\cos\theta = \dfrac{2}{\sqrt{5}} \quad \cdots ①$$

◀ $\cos\theta$ の値は，$0° < \theta < 90°$ では正，$90° < \theta < 180°$ では負である

次に，$\tan\theta = \dfrac{\sin\theta}{\cos\theta}$ より，

$$\sin\theta = \tan\theta \times \cos\theta = \dfrac{1}{2} \times \dfrac{2}{\sqrt{5}} = \dfrac{1}{\sqrt{5}} \quad \cdots ②$$

◀ $\sin^2\theta + \cos^2\theta = 1$ に①を代入して求めることもできる

①，②より，

$$\dfrac{\sin\theta}{1+\cos\theta} = \dfrac{\dfrac{1}{\sqrt{5}}}{1+\dfrac{2}{\sqrt{5}}} = \dfrac{1}{\sqrt{5}+2} = \dfrac{\sqrt{5}-2}{(\sqrt{5}+2)(\sqrt{5}-2)} = \sqrt{5}-2$$

＜参考＞

$0° < \theta < 90°$ において，$\tan\theta = \dfrac{1}{2}$ となる角 θ は図のような角である．

三平方の定理から斜辺の長さは $\sqrt{5}$ となる．よって，この図から，$\sin\theta = \dfrac{1}{\sqrt{5}}$，$\cos\theta = \dfrac{2}{\sqrt{5}}$ を求めることができる．

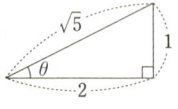

鋭角の三角比を扱うときには，直角三角形も有効な道具である．

解説講義

$\sin\theta$，$\cos\theta$，$\tan\theta$ の間には，次の3つの関係が成り立っている．

① $\sin^2\theta + \cos^2\theta = 1$　② $\tan\theta = \dfrac{\sin\theta}{\cos\theta}$　③ $1+\tan^2\theta = \dfrac{1}{\cos^2\theta}$

これらを用いると，$\sin\theta$，$\cos\theta$，$\tan\theta$ のうちの1つが分かると，残り2つを求めることができる．その際，解答のように求める三角比の値の正負にも注意を払いたい．

文系数学の必勝ポイント

三角比の相互関係

① $\sin^2\theta + \cos^2\theta = 1$　② $\tan\theta = \dfrac{\sin\theta}{\cos\theta}$　③ $1+\tan^2\theta = \dfrac{1}{\cos^2\theta}$

19 余弦定理・正弦定理・面積公式・内接円の半径

(1) 三角形 ABC において，AB=5，AC=8，∠BAC=60° であるとする．
 (i) BC の長さを求めよ．
 (ii) 三角形 ABC の外接円の半径 R を求めよ．
 (iii) 三角形 ABC の面積 S を求めよ．
 (iv) 三角形 ABC の内接円の半径 r を求めよ．

(2) 三角形 ABC において，CA=4，∠BAC=120°，$\sin B = \dfrac{2}{\sqrt{7}}$ であるとする．辺 BC，辺 AB の長さをそれぞれ求めよ． (慶應義塾大／名城大)

解答

(1)(i) 余弦定理を用いると，
$$BC^2 = 8^2 + 5^2 - 2\cdot 8\cdot 5\cdot \cos 60° = 64 + 25 - 2\cdot 8\cdot 5\cdot \dfrac{1}{2} = 49 \quad \therefore BC = \mathbf{7}$$

(ii) 正弦定理を用いると，$\dfrac{BC}{\sin A} = 2R$ となるから，
$$R = \dfrac{BC}{2\sin A} = \dfrac{7}{2\sin 60°} = \dfrac{7}{2\cdot \dfrac{\sqrt{3}}{2}} = \mathbf{\dfrac{7}{\sqrt{3}}}$$

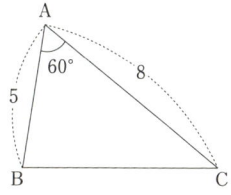

(iii) $S = \dfrac{1}{2}\cdot AC\cdot AB\cdot \sin A = \dfrac{1}{2}\cdot 8\cdot 5\cdot \dfrac{\sqrt{3}}{2} = \mathbf{10\sqrt{3}}$

(iv) $S = \dfrac{1}{2}r(BC + CA + AB)$ が成り立つから，
$$10\sqrt{3} = \dfrac{1}{2}r(7 + 8 + 5) \quad \therefore r = \mathbf{\sqrt{3}}$$

(2) 正弦定理より，$\dfrac{BC}{\sin A} = \dfrac{CA}{\sin B}$ となるから，
$$BC = \dfrac{CA}{\sin B} \times \sin A$$
$$= \dfrac{4}{\dfrac{2}{\sqrt{7}}} \times \dfrac{\sqrt{3}}{2} = \dfrac{4\sqrt{7}}{2} \times \dfrac{\sqrt{3}}{2} = \mathbf{\sqrt{21}}$$

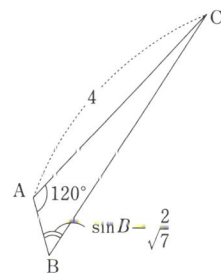

また，余弦定理より，
$$BC^2 = AB^2 + AC^2 - 2\cdot AB\cdot AC\cdot \cos 120°$$
となるから，AB=x とすると，
$$21 = x^2 + 16 - 2\cdot x\cdot 4\cdot \left(-\dfrac{1}{2}\right)$$
$$x^2 + 4x - 5 = 0$$
$$(x+5)(x-1) = 0$$
$x > 0$ より，$x = 1$ であるから，
$$AB = \mathbf{1}$$

I 三角比

解説講義

三角比の分野の図形問題で特によく使う定理や公式は，次の4つである．

①余弦定理：$a^2 = b^2 + c^2 - 2bc\cos A$

②正弦定理：$\dfrac{a}{\sin A} = \dfrac{b}{\sin B} = \dfrac{c}{\sin C} = 2R$

（R は三角形 ABC の外接円の半径とする）

③三角形 ABC の面積を求める公式：$\triangle\mathrm{ABC} = \dfrac{1}{2}bc\sin A$

④三角形 ABC の内接円半径 r を求める関係式：$\triangle\mathrm{ABC} = \dfrac{1}{2}r(a+b+c)$

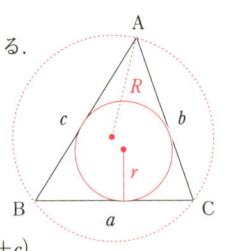

公式を文字通り"暗記"することも必要であるが，その特徴や使い方を，練習を通じて習得することがもっと大切である．

①の余弦定理は，3辺の長さが与えられている場合，2辺とその間の角が与えられている場合に特に有効である．

②の正弦定理は，角の情報が多く分かっている場合に余弦定理よりも使いやすい．

③の面積公式は，

2辺とその間の角のサインで面積は計算できる（当然，$S = \dfrac{1}{2}ca\sin B$ などでもよい）

と覚えておくとよい．

また，(2)の辺 AB の長さは求められただろうか？ 余弦定理を使うことが分かっても，
$$\mathrm{AB}^2 = \mathrm{BC}^2 + \mathrm{CA}^2 - 2\cdot\mathrm{BC}\cdot\mathrm{CA}\cdot\cos\angle\mathrm{ACB}$$
と立式すると，「$\cos\angle\mathrm{ACB}$ の値が分かっていない．どうしよう…？」となってしまう．AB を求めたいから $\mathrm{AB}^2 = \sim$ と立式するのではなく，$\angle\mathrm{BAC} = 120°$ を生かすように立式することが大切である．

文系数学の必勝ポイント

三角比の重要な定理，公式

① 余弦定理：$a^2 = b^2 + c^2 - 2bc\cos A$

② 正弦定理：$\dfrac{a}{\sin A} = \dfrac{b}{\sin B} = \dfrac{c}{\sin C} = 2R$

③ 面積：$\triangle\mathrm{ABC} = \dfrac{1}{2}bc\sin A$

④ 内接円半径 r：$\triangle\mathrm{ABC} = \dfrac{1}{2}r(a+b+c)$

One Point コラム

ヘロンの公式は，三角形の3辺の長さが分かっているときに，面積を一気に計算できる公式である．3辺の長さが a, b, c で，$l = \dfrac{1}{2}(a+b+c)$ とすると，

$$\text{面積 } S = \sqrt{l(l-a)(l-b)(l-c)}$$

と計算できる．しかし，3辺の長さが分かっていればコサインを計算でき，相互関係を用いればサインも計算できる．そうすれば，上の公式③から面積は求められる．したがって，ヘロンの公式は覚えておいても損はないが，「知らないとすごく困る」というものではない．覚えるかは各自の判断でよいだろう．

20 角の二等分線

(1) AB=2, BC=4, CA=3 の三角形 ABC において，∠A の二等分線が辺 BC と交わる点を D とする．次の値を求めよ．
　(i) $\cos B$　　(ii) 線分 BD　　(iii) 線分 AD

(2) AB=5, BC=7, CA=3 の三角形 ABC において，∠A の二等分線が辺 BC と交わる点を D とする．
∠A の大きさと線分 AD の長さをそれぞれ求めよ．

(学習院大／実践女子大)

解答

(1)(i) △ABC に余弦定理を用いると，
$$\cos B = \frac{2^2+4^2-3^2}{2\cdot 2\cdot 4} = \frac{11}{16}$$

(ii) 直線 AD は∠A を二等分するから，
$$BD:DC = AB:AC = 2:3$$
よって，
$$BD = BC \times \frac{2}{2+3} = 4 \times \frac{2}{5} = \frac{8}{5}$$

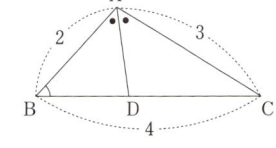

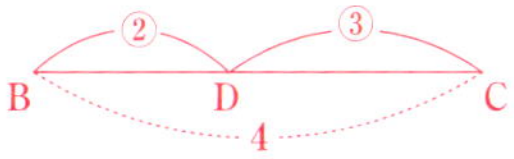

(iii) 三角形 ABD に余弦定理を用いると，
$$AD^2 = AB^2 + BD^2 - 2\cdot AB\cdot BD\cos B$$
$$= 4 + \frac{64}{25} - 2\cdot 2\cdot \frac{8}{5}\cdot \frac{11}{16}$$
$$= \frac{54}{25}$$
したがって，
$$AD = \frac{3\sqrt{6}}{5}$$

(2) 余弦定理より，$\cos A = \dfrac{3^2+5^2-7^2}{2\cdot 3\cdot 5} = -\dfrac{1}{2}$ となるから，
$$\angle A = 120°$$
また，面積について，
$$\triangle ABD + \triangle ACD = \triangle ABC$$
が成り立つから，

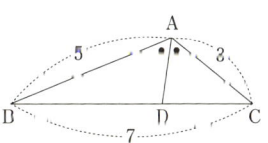

$$\frac{1}{2}\cdot 5\cdot AD\cdot \sin 60° + \frac{1}{2}\cdot 3\cdot AD\cdot \sin 60° = \frac{1}{2}\cdot 5\cdot 3\cdot \sin 120°$$
$$\frac{1}{2}\cdot 5\cdot AD\cdot \frac{\sqrt{3}}{2} + \frac{1}{2}\cdot 3\cdot AD\cdot \frac{\sqrt{3}}{2} = \frac{1}{2}\cdot 5\cdot 3\cdot \frac{\sqrt{3}}{2}$$
$$5\sqrt{3}AD + 3\sqrt{3}AD = 15\sqrt{3}$$
$$5AD + 3AD = 15$$
$$AD = \frac{15}{8}$$

※1 面積は 2 辺とその間の角のサインで計算する

I　三角比

解説講義

　角の二等分線の性質は基本事項である．(1)(ii)の解答で用いているが，右図のように∠Aの二等分線を引いたとき，
$$BD:DC=AB:AC$$
が成り立つ．

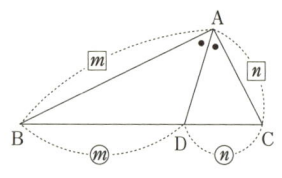

　ここでは，「角の二等分線の問題」の2つのタイプの解法の違いも理解しておきたい．

　(1)，(2)ともに，∠Aの二等分線を引いて辺BCとの交点をDとし，ADの長さを求める問題になっている．(1)では誘導に従って余弦定理を使った計算を行ってADを求めているが，(2)では面積に注目してADを求めている．「(左の面積)+(右の面積)=(全体の面積)」という当たり前の式を立てているだけであるが，この考え方も使えるようにしていきたい．なお，面積に注目する解法は「二等分する角が60°や120°のような三角比の値が計算できる角の場合に有効」ということまで知っておくとよい．（数学Ⅱの2倍角の公式を使えば，その他の場合でも使えるが，入試においては稀である）

文系数学の必勝ポイント

　角の二等分線の長さ
　　二等分する角の三角比が分かる場合（二等分する角が60°や120°の場合）
　(左の面積)+(右の面積)=(全体の面積)

　角の二等分線の性質
$$BD:DC=AB:AC$$

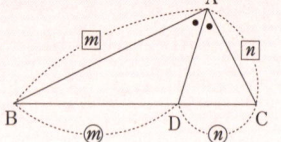

One Point コラム

　　角の二等分線の性質は，補助線を引いて示す方法（教科書などを見てみよう）が有名であるが，次のように面積に注目して示すこともできる．
　　線分の分割比と面積比の対応に注意する．
　　上の解説講義の図で，二等分している角について，∠BAD=∠CAD=θ とすると，
$$BD:DC=\triangle ABD:\triangle ACD$$
$$=\left(\frac{1}{2}AB\cdot AD\sin\theta\right):\left(\frac{1}{2}AC\cdot AD\sin\theta\right)$$
$$=AB:AC$$
となる．ご覧の通り，わずか3行で証明終了である．

I 三角比

21 三角形の成立条件

x は正の実数とする，三角形 ABC において，AB$=x$, BC$=x+1$, CA$=x+2$ とする．
(1) x のとり得る値の範囲を求めよ．
(2) $\angle$ABC$=\theta$ とするとき，$\cos\theta$ を x を用いて表せ．
(3) 三角形 ABC が鈍角三角形になるような x の値の範囲を求めよ．

(奈良女子大)

解答

(1) 三角形 ABC の辺のうち最大のものは，辺 CA である．
よって，三角形 ABC が成立する条件は，
$$x+(x+1)>x+2$$
$$x>1$$

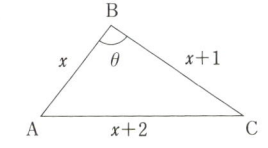

(2) 余弦定理より，
$$\cos\theta=\frac{x^2+(x+1)^2-(x+2)^2}{2x(x+1)}=\frac{x^2-2x-3}{2x(x+1)}=\frac{(x-3)(x+1)}{2x(x+1)}=\frac{x-3}{2x}$$

(3) 最大の辺が辺 CA であるから，$\angle$ABC$=\theta$ が三角形 ABC の最大の角である．
よって，三角形 ABC が鈍角三角形になる条件は $\theta>90°$，すなわち $\cos\theta<0$ である．
したがって，(2)の結果を用いると，
$$\frac{x-3}{2x}<0$$

※1 (1)より $x>1$ なので，(分母)>0．
よって，(分子)<0 であり，$x<3$

これより $x<3$ であり，(1)の結果とあわせて，
$$1<x<3$$

解説講義

たとえば，3辺の長さが 10, 3, 5 の三角形は存在しない．右図のように，長さ10の辺を置いたとき，その両端に長さ3と5の辺を取り付けても，この2辺の長さの合計は8しかないから，この2本の辺をつなげることはできない．

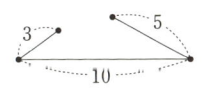

したがって，3辺の長さが a, b, c ($0<a\leqq b\leqq c$) のときに三角形が存在できる条件は，
$$c<a+b，つまり，（最大辺の長さ）<（残り2辺の長さの和）$$
である．

3辺 a, b, c の大小関係が不明な場合は，「$a<b+c$, $b<c+a$, $c<a+b$」の連立不等式を考えればよい．(これらを整理して得られる $|a-b|<c<a+b$ という不等式を使うこともできる)

文系数学の必勝ポイント

三角形の成立条件
　（最大辺の長さ）<（残り2辺の長さの和）にならないと三角形は作れない

I 三角比

22 $\sin A : \sin B : \sin C = a : b : c$

三角形 ABC において，$\sin A : \sin B : \sin C = 13 : 8 : 7$ が成り立っている．
(1) ∠BAC の大きさを求めよ．
(2) 三角形 ABC の外接円の半径が $\dfrac{13}{2}$ であるとき，三角形 ABC の面積 S を求めよ．

(明治大)

解答

(1) 3辺の長さを，BC$=a$，CA$=b$，AB$=c$ とすると，正弦定理から，
$$\sin A : \sin B : \sin C = a : b : c$$
である．よって，$\sin A : \sin B : \sin C = 13 : 8 : 7$ なので，
$$a : b : c = 13 : 8 : 7$$

※ これは比の式であるから，$a=13$，$b=8$，$c=7$ としてはいけない．$a=26$，$b=16$，$c=14$ かも知れないので，$a=13k$，$b=8k$，$c=7k$ とおく

となる．そこで，
$$a = 13k,\ b = 8k,\ c = 7k \quad (k > 0)$$
とおくと，余弦定理より，
$$\cos\angle\mathrm{BAC} = \dfrac{64k^2 + 49k^2 - 169k^2}{2 \cdot 8k \cdot 7k} = \dfrac{-56k^2}{112k^2} = -\dfrac{1}{2} \quad \therefore \angle\mathrm{BAC} = 120°$$

(2) $b = 8k$，$c = 7k$，∠BAC$=120°$ であるから，
$$S = \dfrac{1}{2} \cdot 8k \cdot 7k \cdot \sin 120° = \dfrac{1}{2} \cdot 8k \cdot 7k \cdot \dfrac{\sqrt{3}}{2} = 14k^2\sqrt{3} \quad \cdots ①$$

ここで，三角形 ABC の外接円の半径が $\dfrac{13}{2}$ であるから，
$$\dfrac{13k}{\sin 120°} = 2 \cdot \dfrac{13}{2} \text{ より，} k = \sin 120° = \dfrac{\sqrt{3}}{2}$$

よって，①より，
$$S = 14\left(\dfrac{\sqrt{3}}{2}\right)^2 \sqrt{3} = \dfrac{21\sqrt{3}}{2}$$

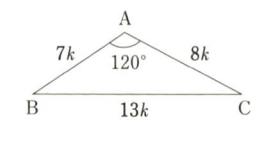

解説講義

$\dfrac{x}{a} = \dfrac{y}{b}$ と $a : b = x : y$ は，変形するとどちらの式も $ay = bx$ となる．つまり，2つの式は見た目が違うだけであり，互いに書きかえることができる．同様にして，$\dfrac{x}{a} = \dfrac{y}{b} = \dfrac{z}{c}$ は，$a : b : c = x : y : z$ と書きかえることができる．

したがって，正弦定理の $\dfrac{a}{\sin A} = \dfrac{b}{\sin B} = \dfrac{c}{\sin C}$ という式も，
$$\sin A : \sin B : \sin C = a : b : c$$
と書きかえることができる．

文系数学の必勝ポイント

正弦定理のもう1つの表現

正弦定理から「$\sin A : \sin B : \sin C = a : b : c$」が成り立つ

23 円に内接する四角形

図のような半径 $\dfrac{\sqrt{21}}{3}$ の円 K に内接する四角形 ABCD があり,AB=2,BC=1 である.また,三角形 ACD は正三角形である.
(1) 線分 AC の長さを求めよ.
(2) 線分 BD の長さを求めよ.
(3) 2つの三角形の面積比 △ABD : △BCD を求めよ.

(北海学園大)

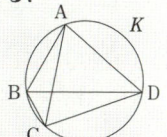

解答

(1) 円 K は三角形 ACD の外接円である.正弦定理を用いると,
$$\dfrac{AC}{\sin 60°} = 2 \cdot \dfrac{\sqrt{21}}{3}$$

⇐ ∠ABC=120° と分かるので,三角形 ABC に正弦定理を用いてもよい

となるから,
$$AC = 2 \cdot \dfrac{\sqrt{21}}{3} \cdot \sin 60° = 2 \cdot \dfrac{\sqrt{21}}{3} \cdot \dfrac{\sqrt{3}}{2} = \sqrt{7}$$

(2) 三角形 ACD は正三角形なので,(1)より,
$$AC = CD = DA = \sqrt{7}$$

四角形 ABCD は円 K に内接しているから,
∠BAD=θ とすると,
$$\angle BCD = 180° - \theta$$
である.まず,三角形 ABD に余弦定理を用いると,
$$BD^2 = 2^2 + (\sqrt{7})^2 - 2 \cdot 2 \cdot \sqrt{7}\cos\theta$$
$$= 11 - 4\sqrt{7}\cos\theta \quad \cdots ①$$

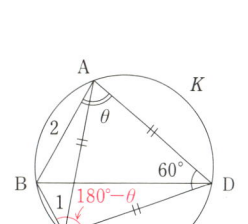

次に,三角形 BCD に余弦定理を用いると,
$$BD^2 = 1^2 + (\sqrt{7})^2 - 2 \cdot 1 \cdot \sqrt{7}\cos(180°-\theta)$$
$$= 8 - 2\sqrt{7}(-\cos\theta)$$
$$= 8 + 2\sqrt{7}\cos\theta \quad \cdots ②$$

⇐ 対角の和が 180° であることに注意して考える

①,②より,
$$11 - 4\sqrt{7}\cos\theta = 8 + 2\sqrt{7}\cos\theta \qquad \therefore \cos\theta = \dfrac{1}{2\sqrt{7}}$$

これを②に代入すると,
$$BD^2 = 8 + 2\sqrt{7} \cdot \dfrac{1}{2\sqrt{7}} = 8 + 1 = 9 \qquad \therefore BD = \mathbf{3}$$

(3) $\triangle ABD = \dfrac{1}{2} \cdot 2 \cdot \sqrt{7}\sin\theta = \sqrt{7}\sin\theta$,$\triangle BCD = \dfrac{1}{2} \cdot 1 \cdot \sqrt{7}\sin(180°-\theta) = \dfrac{\sqrt{7}}{2}\sin\theta$

これより,
$$\triangle ABD : \triangle BCD = \sqrt{7}\sin\theta : \dfrac{\sqrt{7}}{2}\sin\theta = \mathbf{2:1}$$

I 三角比

解説講義

本問のような円に内接する四角形を題材にした三角比の問題は、センター試験をはじめとして多くの大学で出題されている．円に内接する四角形の問題で注意すべきことは，「円に内接する四角形の対角の和は $180°$」という基本事項である．この事柄に注目して解く場合が多いため，
$$\sin(180°-\theta)=\sin\theta, \quad \cos(180°-\theta)=-\cos\theta$$
という関係にも注意をしておきたい．

なお，(2)のような対角線の長さを求める問題も定番の設問であるが，解答のように，2つの三角形に注目して連立方程式（本問では①と②）を立てて考える方法が一般的である．確実に解けるようにしたい．

文系数学の必勝ポイント

円に内接する四角形
　対角の和が $180°$ であることに注意をして，
$$\sin(180°-\theta)=\sin\theta, \quad \cos(180°-\theta)=-\cos\theta$$
に注意する．

One Point コラム

本問で用いた「$\sin(180°-\theta)=\sin\theta, \cos(180°-\theta)=-\cos\theta$」の関係式以外に，
$$\sin(90°-\theta)=\cos\theta, \quad \cos(90°-\theta)=\sin\theta$$
も忘れてはならない基本的な関係式である．

24 立体の計量

四面体 OABC において，OA＝OB＝OC＝7，AB＝5，BC＝7，CA＝8 とする．O から平面 ABC に下ろした垂線を OH とするとき，次の問に答えよ．
(1) ∠BAC の大きさを求めよ．　(2) 三角形 ABC の面積 S を求めよ．
(3) 線分 AH，OH の長さをそれぞれ求めよ．
(4) 四面体 OABC の体積 V を求めよ．

(広島工業大)

解答

(1) 三角形 ABC に余弦定理を用いると，
$$\cos\angle\text{BAC}=\frac{5^2+8^2-7^2}{2\cdot 5\cdot 8}=\frac{1}{2}$$
となるから，∠BAC＝**60°**

(2) $S=\dfrac{1}{2}\cdot\text{AB}\cdot\text{CA}\sin 60°=\dfrac{1}{2}\cdot 5\cdot 8\cdot\dfrac{\sqrt{3}}{2}=\mathbf{10\sqrt{3}}$

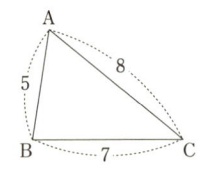

(3) △OHA, △OHB, △OHC において,
OA＝OB＝OC＝7, OH は共通

であるから, （※）斜辺と他の一辺が等しいから, 直角三角形の合同条件が満たされている

$$\triangle OHA \equiv \triangle OHB \equiv \triangle OHC$$

よって, 対応する辺の長さは等しいから,

$$HA = HB = HC$$

が成り立つ.

したがって, H は三角形 ABC の外心であり, AH の長さは三角形 ABC の外接円の半径 R を求めればよい.

したがって, 正弦定理より,

$$\frac{BC}{\sin 60°} = 2R \qquad \therefore R = \frac{7}{2\sin 60°} = \frac{7}{\sqrt{3}}$$

次に, 三角形 OAH に三平方の定理を用いると,

$$OH = \sqrt{OA^2 - AH^2} = \sqrt{49 - \frac{49}{3}} = 7\sqrt{\frac{2}{3}} = \frac{7\sqrt{6}}{3}$$

(4) 体積 V は, 底面を三角形 ABC, 高さを OH と考えて,

$$V = \frac{1}{3} \cdot \triangle ABC \cdot OH = \frac{1}{3} \cdot 10\sqrt{3} \cdot \frac{7\sqrt{6}}{3} = \frac{70\sqrt{2}}{3}$$

解説講義

三角比では, いろいろな立体が題材で問題が出されるので「こうすればよい！」という魔法の解き方はない. 出題者が何を要求しているかをよく考え, どの部分（もっと言えば, どの三角形）に注目すればよいかを考える. (1)と(3)では ∠BAC や AH を問われているので, 底面の三角形 ABC に注目する. さらに, AH を求めた上で OH を求めたいから, そのときは三角形 OAH に注目する.

切断面を考える場合などもあり, いろいろな問題に挑戦してみることが大切である.

文系数学の必勝ポイント

立体の計量
　問われている内容から, どの部分に注目すればよいかを考える

One Point コラム

OA＝OB＝OC ように1つの頂点から残り3つの頂点までの長さが等しい四面体は, しばしば入試に登場する. このとき O から平面 ABC に下ろした垂線の足 H が三角形 ABC の外心になることは, (3)の解答の中で考えた通りである. OA＝OB＝OC でさらに三角形 ABC が正三角形であれば（たとえば, OABC が正四面体の場合）, 正三角形 ABC において外心と重心は一致するから, H は三角形 ABC の重心であると言ってもよい.

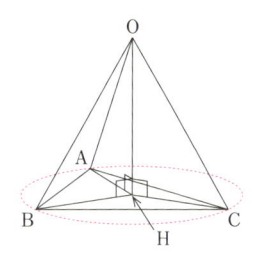

25 最頻値・中央値

次のような大きさが8のデータがある.
$$5,\ 7,\ 7,\ 9,\ 12,\ x,\ y,\ z$$
このデータの平均値が7で,最頻値(モード)が5であるとき,中央値(メジアン)を求めよ.

解答

平均値が7であることから,
$$\frac{1}{8}(5+7+7+9+12+x+y+z)=7 \qquad \therefore\ x+y+z=16 \quad \cdots ①$$
最頻値が5であるから,$x,\ y,\ z$ のうち少なくとも2つは5であるが,$x,\ y,\ z$ がすべて5のときに①は成り立たない.

よって,$x,\ y,\ z$ のうち2つが5である.そこで,$x=y=5$ とすると,①より,$z=6$ となる.

このとき,与えられたデータを小さい順に並べると次のようになる.
$$5,\ 5,\ 5,\ 6,\ 7,\ 7,\ 9,\ 12$$
これより,4番目が6で5番目が7であるから,中央値は,
$$\frac{1}{2}(6+7)=\mathbf{6.5}$$

解説講義

本問のデータの個数は8であるが,これをデータの**大きさ**ということがある.

データの特徴を表す数値を代表値といい,代表値として,平均値,中央値,最頻値がよく用いられる.

データの値が $x_1,\ x_2,\ x_3,\ \cdots,\ x_n$ の n 個であるとき,このデータの**平均値** $\overline{x}$ は,
$$\overline{x}=\frac{1}{n}(x_1+x_2+x_3+\cdots+x_n)$$
である.また,データにおいて最も個数の多い値を**最頻値**(モード)という.

さらに,すべてのデータを小さい順に並べたとき,中央の順位にくる値を**中央値**(メジアン)という.データの個数が偶数 $2n$ 個の場合の中央値は,n 番目と $n+1$ 番目のデータの平均値を中央値とする.

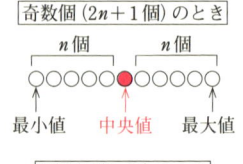

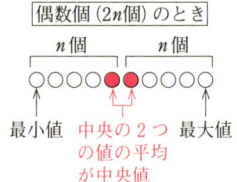

奇数個($2n+1$ 個)のとき — 最小値/中央値/最大値

偶数個($2n$ 個)のとき — 中央の2つの値の平均が中央値

文系数学の必勝ポイント

データの最頻値,中央値
　最頻値 … データの個数が最も多い値
　中央値 … 小さい順に並べたときに中央にくる値

26 四分位数・箱ひげ図

次のような9個のデータについて，次の問に答えよ．
$$5,\ 8,\ 12,\ 13,\ 14,\ 19,\ 20,\ 30,\ 31$$
(1) このデータの四分位範囲を求めよ．
(2) このデータの箱ひげ図として適当なものを選べ．

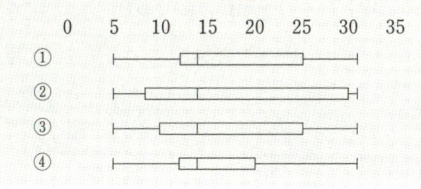

解答

$$5,\ 8,\ 12,\ 13,\ 14,\ 19,\ 20,\ 30,\ 31$$

(1) 第1四分位数，第2四分位数，第3四分位数をそれぞれ Q_1, Q_2, Q_3 とすると，第2四分位数はこのデータの中央値であるから，$Q_2 = 14$ である．

　第1四分位数は，中央値より小さい方の 5, 8, 12, 13 の4つのデータの中央値である．

　第3四分位数は，中央値より大きい方の 19, 20, 30, 31 の4つのデータの中央値である．

よって，
$$Q_1 = \frac{8+12}{2} = 10, \quad Q_3 = \frac{20+30}{2} = 25$$

◀ 2番目と3番目の平均値

であるから，四分位範囲は，
$$Q_3 - Q_1 = 25 - 10 = \mathbf{15}$$

(2) 最小値が5, 最大値が31, 中央値が14であることは①から④のいずれの箱ひげ図でも正しく表されている．一方，第1四分位数 $Q_1 = 10$, 第3四分位数 $Q_3 = 25$ が正しく表されているものは③のみである．

　したがって，正しい箱ひげ図は**③**である．

解説講義

データの分布を表すために，次の5つの数を使うことがある．（五数要約と呼ぶことがある）
- **最大値**…データの中で最も大きな値
- **最小値**…データの中で最も小さな値
- **第2四分位数**…データの中央値
- **第1四分位数**…小さい方から4分の1のところのデータ．中央値を境にしてデータの値の個数が等しくなるように分けたときの小さい方の中央値
- **第3四分位数**…小さい方から4分の3のところのデータ．中央値を境にしてデータの値の個数が等しくなるように分けたときの大きい方の中央値

I　データの分析

たとえば，データが9個のとき，10個のときは次のようになる．

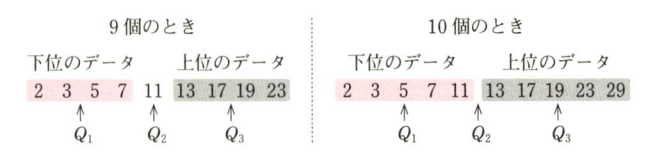

```
           9個のとき                    10個のとき
      下位のデータ  上位のデータ        下位のデータ   上位のデータ
      2 3 5 7 11 13 17 19 23        2 3 5 7 11 13 17 19 23 29
          ↑   ↑   ↑                     ↑     ↑      ↑
          Q₁  Q₂  Q₃                    Q₁    Q₂     Q₃
```

これらを1つの図にまとめて示したものが**箱ひげ図**であり，次のように表す．

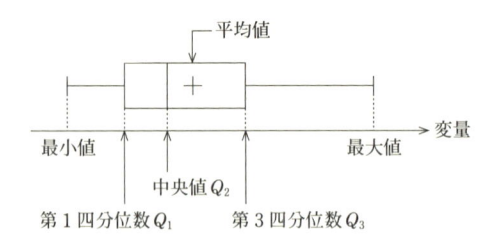

（箱ひげ図：平均値，最小値，最大値，中央値 Q_2，第1四分位数 Q_1，第3四分位数 Q_3，変量）

さらに，データの散らばりの度合いを示す指標として次のものを用いる．

- **範囲** … (最大値)−(最小値) の値
- **四分位範囲** … (第3四分位数)−(第1四分位数) の値
- **四分位偏差** … 四分位範囲を2で割った値

多くの用語が出てくるので，きちんとそれらを整理し，覚えていくことが大切である．

文系数学の必勝ポイント

データの分布の様子
　第2四分位数…データの中央値
　第1四分位数…中央値より小さい方のデータの中央値
　第3四分位数…中央値より大きい方のデータの中央値
　四分位範囲…(第3四分位数)−(第1四分位数) の値

One Point コラム

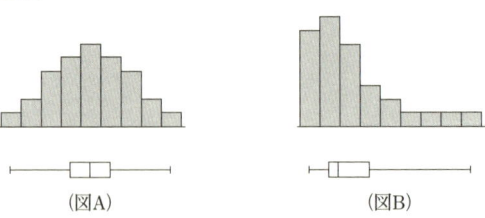

（図A）　（図B）

図Aのような左右対称な分布では，箱ひげ図も左右対称になる．図Bのような左に偏りのある分布の場合には，箱は範囲の左側に寄っている．また，中央値を表す線も箱の左側に寄っている．

27 分散・標準偏差

(1) 次のような6個のデータについて,平均値 m, 分散 s^2, 標準偏差 s を求めよ.
$$1,\ 7,\ 7,\ 11,\ 14,\ 20$$

(2) 次のような5個の整数値からなるデータがあり,分散が10である. a を求めよ.
$$3,\ 6,\ 9,\ 12,\ a$$

(3) データAの大きさは5であり,平均値は9,分散は3である.データBの大きさは10であり,平均値は12,分散は6である.この2つのデータをひとまとめとした15個のデータの平均値と分散を求めよ.

解答

(1) 平均値 m は, $m = \dfrac{1}{6}(1+7+7+11+14+20) = \mathbf{10}$

分散 s^2 は,
$$s^2 = \dfrac{1}{6}\{(1-10)^2+(7-10)^2+(7-10)^2+(11-10)^2+(14-10)^2+(20-10)^2\}$$
$$= \dfrac{1}{6}(81+9+9+1+16+100) = \mathbf{36}$$

標準偏差 s は,
$$s = \sqrt{s^2} = \sqrt{36} = \mathbf{6}$$

＜別解＞

分散 s^2 は,次のように計算できる.
データの各値の2乗の平均値を求めると,
$$\dfrac{1}{6}(1^2+7^2+7^2+11^2+14^2+20^2) = \dfrac{1}{6}(1+49+49+121+196+400) = 136$$
これを用いて,
$$s^2 = 136 - m^2 = 136 - 10^2 = \mathbf{36} \quad \text{※解説講義の★を使った}$$

(2) データの平均値は, $\dfrac{1}{5}(3+6+9+12+a) = \dfrac{1}{5}(30+a)$

データの各値の2乗の平均値は, $\dfrac{1}{5}(3^2+6^2+9^2+12^2+a^2) = \dfrac{1}{5}(270+a^2)$

よって,分散が10であるとき,
$$\dfrac{1}{5}(270+a^2) - \left\{\dfrac{1}{5}(30+a)\right\}^2 = 10 \quad \text{※解説講義の★を使った}$$
$$5(270+a^2) - (30+a)^2 = 250$$
$$4a^2 - 60a + 200 = 0$$
$$a^2 - 15a + 50 = 0$$
$$a = \mathbf{5,\ 10}$$

I データの分析

(3) データ A の大きさと平均値の条件から，データ A の総和は $9 \times 5 = 45$ である．
データ B の大きさと平均値の条件から，データ B の総和は $12 \times 10 = 120$ である．
よって，データ A と B を合わせた大きさ 15 のデータの総和は，$45 + 120 = 165$ であり，この合わせたデータの平均値は，

$$\frac{1}{15} \cdot 165 = \mathbf{11}$$

次に，データ A の分散について，

(データ A の分散) = (データ A の 2 乗の平均値) − (データ A の平均値)^2

$$3 = \frac{1}{5} \times (\text{データ A の 2 乗の和}) - 9^2$$

$$5 \cdot 3 = (\text{データ A の 2 乗の和}) - 5 \cdot 9^2$$

$$(\text{データ A の 2 乗の和}) = 420 \quad \cdots ①$$

同様に，データ B の分散について，

$$6 = \frac{1}{10} \times (\text{データ B の 2 乗の和}) - 12^2$$

$$10 \cdot 6 = (\text{データ B の 2 乗の和}) - 10 \cdot 12^2$$

$$(\text{データ B の 2 乗の和}) = 1500 \quad \cdots ②$$

①，②より，データ A と B を合わせた大きさ 15 のデータの 2 乗の総和は，

$$420 + 1500 = 1920$$

したがって，データ A と B を合わせた大きさ 15 のデータの分散は，

$$\frac{1}{15} \times 1920 - 11^2 = \mathbf{7} \quad \text{☞ 解説講義の★を使った}$$

解説講義

データの散らばりを表すものとして，分散と標準偏差がある．
n 個のデータの値を $x_1, x_2, x_3, \cdots, x_n$ とし，その平均値を $\overline{x}$ とするとき，**分散 s^2** は，

$$s^2 = \frac{1}{n}\{(x_1 - \overline{x})^2 + (x_2 - \overline{x})^2 + (x_3 - \overline{x})^2 + \cdots + (x_n - \overline{x})^2\} \quad \cdots (*)$$

である．**標準偏差 s** はこれの平方根である．
(*) を変形すると，

$$s^2 = \frac{1}{n}(x_1^2 + x_2^2 + x_3^2 + \cdots + x_n^2) - (\overline{x})^2$$

となるから，分散 s^2 は，

$$(x \text{ の分散}) = (x^2 \text{ の平均値}) - (x \text{ の平均値})^2 \quad \cdots (\bigstar)$$

である．分散に関する問題では，(*) よりも (★) の式をうまく使えるようにしていきたい．

文系数学の**必勝**ポイント

分散，標準偏差
 分散の問題では，
$$(x \text{ の分散}) = (x^2 \text{ の平均値}) - (x \text{ の平均値})^2$$
 をうまく利用する

28 相関係数

次のデータは，5人の生徒 a, b, c, d, e が 15 点満点の数学と理科のテストを受けた点数をまとめたものである．2つのテストの点数の相関係数 r を求めよ．

	a	b	c	d	e
数学	2	5	4	8	11
理科	3	6	10	9	12

解答

数学と理科のテストの点数の平均値を $\overline{x}$, $\overline{y}$ とすると，

$$\overline{x}=\frac{1}{5}(2+5+4+8+11)=6,\quad \overline{y}=\frac{1}{5}(3+6+10+9+12)=8$$

これより，数学と理科のテストの点数の分散を $s_x{}^2$, $s_y{}^2$ とすると，

$$s_x{}^2=\frac{1}{5}\{(2-6)^2+(5-6)^2+(4-6)^2+(8-6)^2+(11-6)^2\}=\frac{1}{5}\cdot 50=10$$

$$s_y{}^2=\frac{1}{5}\{(3-8)^2+(6-8)^2+(10-8)^2+(9-8)^2+(12-8)^2\}=\frac{1}{5}\cdot 50=10$$

これより，数学と理科のテストの点数の標準偏差は，$s_x=\sqrt{10}$, $s_y=\sqrt{10}$ である．
また，共分散 s_{xy} は，

$$s_{xy}=\frac{1}{5}\{(2-6)(3-8)+(5-6)(6-8)+(4-6)(10-8)+(8-6)(9-8)+(11-6)(12-8)\}$$
$$=8$$

したがって，2つのテストの点数の相関係数 r は，

$$r=\frac{s_{xy}}{s_x s_y}=\frac{8}{\sqrt{10}\sqrt{10}}=0.8$$

解説講義

対応する2つの変量 x, y の値の組 (x_1, y_1), (x_2, y_2), $\cdots$, (x_n, y_n) について，x, y の平均値をそれぞれ $\overline{x}$, $\overline{y}$ とするとき，

$$s_{xy}=\frac{1}{n}\{(x_1-\overline{x})(y_1-\overline{y})+(x_2-\overline{x})(y_2-\overline{y})+\cdots+(x_n-\overline{x})(y_n-\overline{y})\}$$

を x, y の共分散という．さらに，x, y の標準偏差を s_x, s_y として，

$$r=\frac{(x,\ y\text{の共分散})}{(x\text{の標準偏差})(y\text{の標準偏差})}=\frac{s_{xy}}{s_x s_y}$$

の値を相関係数という．

文系数学の必勝ポイント

相関係数

$$(x,\ y\text{の相関係数})=\frac{(x,\ y\text{の共分散})}{(x\text{の標準偏差})(y\text{の標準偏差})}$$

29 集合

1から30までの自然数の集合をUとする．Uの部分集合で，素数の集合をA，7で割って1余る数の集合をBとする．$A \cup B$の要素の個数$n(A \cup B)$，$\overline{A} \cap \overline{B}$の要素の個数$n(\overline{A} \cap \overline{B})$を求めよ． (中部大)

解答

$A = \{2, 3, 5, 7, 11, 13, 17, 19, 23, 29\}$，
$B = \{1, 8, 15, 22, 29\}$，$A \cap B = \{29\}$

これより，$n(A) = 10$，$n(B) = 5$，$n(A \cap B) = 1$であるから，
$$n(A \cup B) = n(A) + n(B) - n(A \cap B) = 10 + 5 - 1 = 14$$

さらに，
$$n(\overline{A} \cap \overline{B}) = n(\overline{A \cup B}) \quad \text{← ド・モルガンの法則}$$
$$= n(U) - n(A \cup B) \quad \text{←「}A \cup B\text{ではないもの」は，全体から「}A \cup B\text{であるもの」を除けばよい}$$
$$= 30 - 14 = 16$$

解説講義

$n(A \cup B)$を求めるときに，$n(A \cup B) = n(A) + n(B)$と単純に足してはいけない．このように計算すると，$A \cap B$の要素（$A$と$B$の両方に属するもの，本問では29という1つ）をダブルカウントしてしまっている．したがって，単純に足してしまうと$A \cap B$の要素を1回多く数えてしまっているから，
$$n(A \cup B) = n(A) + n(B) - n(A \cap B)$$
と計算しなくてはならない．

Aでない集合を$\overline{A}$と表し**補集合**と呼ぶ．これに関しては，**ド・モルガンの法則**を理解しておこう．ド・モルガンの法則はベン図を考えれば明らかである．$\overline{A}$が図1，$\overline{B}$が図2，$\overline{A} \cap \overline{B}$は図1と図2の両方で網掛けになっている部分の図3であるが，図3は$\overline{A \cup B}$（$A \cup B$でないところ）である．よって，$\overline{A} \cap \overline{B} = \overline{A \cup B}$であり，同様にして$\overline{A} \cup \overline{B} = \overline{A \cap B}$が成り立つことも分かる．

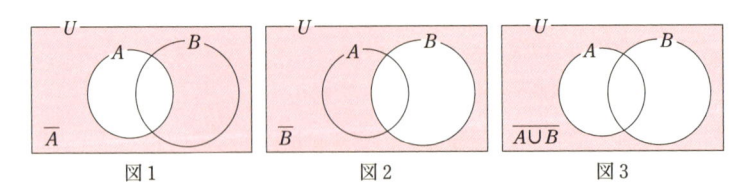

図1　　　　図2　　　　図3

文系数学の必勝ポイント

和集合の要素の個数
　$A \cup B$の要素の個数 ➡ $n(A \cup B) = n(A) + n(B) - n(A \cap B)$
ド・モルガンの法則
　(I) $\overline{A} \cap \overline{B} = \overline{A \cup B}$　　(II) $\overline{A} \cup \overline{B} = \overline{A \cap B}$

30 命題

(1) x, y を実数とする．命題『$x \geq 5$ かつ $y \geq 5$ ならば $x+y \geq 10$』の逆，裏，対偶をそれぞれ述べよ．

(2) 実数 a, b に関する命題『$a+b<0$ ならば $a<0$ または $b<0$』を命題 P とする．
 (i) 命題 P の真偽を答えよ．
 (ii) 命題 P の逆を命題 Q とする．命題 Q の真偽を答えよ．

(日本大／茨城大)

解答

(1) 命題『$x \geq 5$ かつ $y \geq 5$ ならば $x+y \geq 10$』の逆，裏，対偶は，

逆 ：『$x+y \geq 10$ ならば $x \geq 5$ かつ $y \geq 5$』

裏 ：『$x<5$ または $y<5$ ならば $x+y<10$』

対偶：『$x+y<10$ ならば $x<5$ または $y<5$』

(2)(i) 命題 P の対偶は

『$a \geq 0$ かつ $b \geq 0$ ならば $a+b \geq 0$』

であり，これは真である．

よって，命題 P の対偶が真なので，命題 P も**真**である．

(ii) 命題 Q は『$a<0$ または $b<0$ ならば $a+b<0$』である．

これは反例として，$a=-3$, $b=5$ が存在するので，**偽**である．

解説講義

まず，**否定**に関して整理しておこう．$A:x \geq 5$ の否定 $\overline{A}$ は $x<5$ である．しかし，『$x \geq 5$ かつ $y \geq 5$』の否定は『$x<5$ かつ $y<5$』ではない．つまり，$A \cap B$ の否定は $\overline{A \cap B}$ であるが，これは 29 で勉強したド・モルガンの法則から $\overline{A} \cup \overline{B}$ となる．したがって，『$x \geq 5$ かつ $y \geq 5$』の否定は『$x<5$ または $y<5$』である．

命題『p ならば q』に対して『q ならば p』を**逆**，『$\overline{p}$ ならば $\overline{q}$』を**裏**，『$\overline{q}$ ならば $\overline{p}$』を**対偶**と呼ぶ．**もとの命題と対偶は真偽が一致する**が，もとの命題と逆，また，もとの命題と裏については，真偽が一致する場合も一致しない場合もある．

(2)(ii)では，対偶の真偽を考えることによって，与えられた命題の真偽の判定を行っている．もとの命題 P の結論は「$a<0$ または $b<0$」であるが，結論に"または"が含まれていると考えにくい場合が多いので，対偶を利用して"かつ"を含む仮定に変えてみると考えやすくなる．

文系数学の必勝ポイント

命題の真偽，逆，裏，対偶

① 命題『p ならば q』について，

『q ならば p』が逆，『$\overline{p}$ ならば $\overline{q}$』が裏，『$\overline{q}$ ならば $\overline{p}$』が対偶

② 元の命題と対偶は真偽が一致する

A 集合と論理

31 必要条件・十分条件

次の空欄に適するものを①〜④から選べ．　(奈良大／椙山女学園大／日本大)
① 必要条件であるが十分条件ではない
② 十分条件であるが必要条件ではない
③ 必要十分条件である　　④ 必要条件でも十分条件でもない

(1) $\angle A < 90°$ であることは，三角形 ABC が鋭角三角形であるための □．
(2) 自然数 n の一の位が 5 であることは，n が 5 の倍数であるための □．
(3) x は実数とする．$x \geq 0$ であることは，$x^2 \leq x$ であるための □．
(4) a, b は実数とする．$a^2 > b^2$ は $a > b$ であるための □．

解答

(1) $p : \angle A < 90°$, $q :$ 三角形 ABC が鋭角三角形　とする．
・$p \Longrightarrow q$ は偽 (反例：$\angle A = 20°$, $\angle B = 30°$, $\angle C = 130°$ の場合)
・$p \Longleftarrow q$ は真
したがって，p は q であるための **必要条件①** である．

(2) $p :$ 自然数 n の一の位が 5, $q : n$ が 5 の倍数　とする．
・$p \Longrightarrow q$ は真　・$p \Longleftarrow q$ は偽 (反例：$n = 10$)
したがって，p は q であるための **十分条件②** である．

(3) $p : x \geq 0$, $q : x^2 \leq x$　とする．
$x^2 \leq x$ を整理すると，$x(x-1) \leq 0$ となるから，$q : 0 \leq x \leq 1$ である．
・$p \Longrightarrow q$ は偽 (反例：$x = 2$)　・$p \Longleftarrow q$ は真
したがって，p は q であるための **必要条件①** である．

(4) $p : a^2 > b^2$, $q : a > b$　とする．
・$p \Longrightarrow q$ は偽 (反例：$a = -5$, $b = -3$)　・$p \Longleftarrow q$ は偽 (反例：$a = -3$, $b = -5$)
したがって，p は q であるための **必要条件でも十分条件でもない④**．

解説講義

命題『$p \Longrightarrow q$』が真のとき，「p は q の**十分条件**」，「q は p の**必要条件**」という．1つの覚え方として，主語に注目して"主語から矢印が出たら十分条件，主語に矢印が入ってきたら必要条件"というのもよいだろう．(1)は『$p \Longleftarrow q$』のみが真で，「p は何条件ですか？」と問われていて，主語の p に矢印が入ってきているから必要条件と判定している．

文系数学の必勝ポイント

必要条件・十分条件
・主語から矢印が出るか (十分条件)，矢印が入るか (必要条件) で判断するのも1つの方法
・命題『$p \Longrightarrow q$』が真のとき，
　　p は q の十分条件，q は p の必要条件

32 包含関係の利用

(1) 命題 R『$x>3$ ならば $x\geqq -3$』の真偽，命題 R の裏の真偽をそれぞれ答えよ．

(2) 次の空欄に適するものを①〜④から選べ．ただし，x, y は実数とする．
　①必要条件であるが十分条件ではない
　②十分条件であるが必要条件ではない
　③必要十分条件である　　④必要条件でも十分条件でもない

実数 x, y に対して，「$x^2+y^2\leqq 1$」は「$-1\leqq x\leqq 1$ かつ $-1\leqq y\leqq 1$」であるための ☐．

(流通経済大／北見工業大)

解答

(1) 命題 R は，$x>3$ の範囲が $x\geqq -3$ の範囲に含まれるから，**真**である．

命題 R の裏は『$x\leqq 3$ ならば $x<-3$』であるが，反例として $x=2$ があり，これは**偽**である．

(2) $p: x^2+y^2\leqq 1$，$q: -1\leqq x\leqq 1$ かつ $-1\leqq y\leqq 1$ とする．

p, q を満たす (x, y) の存在する領域を P, Q とすると，P, Q は右の図のようになり，
$$P\subset Q\ (P\text{は}Q\text{に含まれる})$$
　※ P は円の内部，Q は正方形の内部である

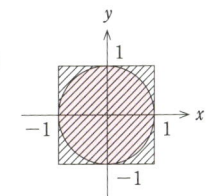

であるから，
$$p\Longrightarrow q\text{ は真},\ p\Longleftarrow q\text{ は偽}$$
である．

したがって，p は q であるための **十分条件②** である．

解説講義

仮定や結論を数直線，集合，領域 (領域の図示は数学Ⅱ) で表すことができる場合は，その包含関係から真偽を判定できる．

$x>3$ の範囲は $x\geqq -3$ の範囲からはみ出さないから (はみ出したら，それが反例になる)，「$x>3$ であれば必ず $x\geqq -3$」であり，命題 R は真である．

(2)も，条件を満たす (x, y) の存在する領域を xy 平面に図示して，領域 P が Q に含まれることに注目する．P が Q に含まれるということは，「P であるものは絶対に Q を満たす」ということになり，$p\Longrightarrow q$ が真であると分かる．

文系数学の必勝ポイント

命題の真偽の判定
　数直線，領域の包含関係に注目してみる．
　集合 P が集合 Q に含まれるとき，
　　　命題『P ならば Q』は真である．

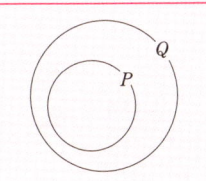

A　場合の数・確率

33　順列と組合せ

(1)　0, 1, 2, 3, 4, 5 の 6 個の数字から異なる 4 個の数字を使って 4 桁の整数をつくる．
　(i) 整数は全部で何通りできるか．　　(ii) 偶数は何通りできるか．
(2)　男子 8 人と女子 5 人の生徒の中から 4 人を選んで委員会を作る．
　(i) 委員の選び方は全部で何通りか．
　(ii) 少なくとも 1 人の女子が委員になる選び方は何通りか．

(日本文理大／愛知大)

解答

(1) (i) 千の位，百の位，十の位，一の位の順に決めていくと，

　　千の位は 0 以外の数字で，5 通り　☜ 千の位は 1, 2, 3, 4, 5 のいずれかである
　　百の位は千の位の数字以外の数字で，5 通り　☜ もし千の位が 1 ならば，百の位は
　　十の位は千の位と百の位以外の数字で，4 通り　　0, 2, 3, 4, 5 のいずれかである
　　一の位は千の位と百の位と十の位以外の数字で，3 通り

したがって，
$$5 \cdot 5 \cdot 4 \cdot 3 = \mathbf{300} \text{ (通り)}$$

(ii) まず，奇数が何通りできるかを求める．一の位，千の位，百の位，十の位の順に決めていくと，

　　一の位は 1 か 3 か 5 で，3 通り
　　千の位は 0 と一の位の数字以外の数字で，4 通り　☜ もし一の位が 5 ならば，千の位
　　百の位は一の位と千の位以外の数字で，4 通り　　　は 0, 5 を除いた 1, 2, 3, 4 の
　　十の位は一の位と千の位と百の位以外の数字で，3 通り　　いずれかである

よって，奇数は，
$$3 \cdot 4 \cdot 4 \cdot 3 = 144 \text{ (通り)}$$

したがって，偶数は，
$$300 - 144 = \mathbf{156} \text{ (通り)}$$

☜ 全体から条件を満たさないものを除くという考え方は，つねに注意しておきたい

＜別解＞

一の位が 0 の偶数は，一，千，百，十の位の順に決めていくと，
$$1 \cdot 5 \cdot 4 \cdot 3 = 60 \text{ 通り}$$
一の位が 2 の偶数は，一，千，百，十の位の順に決めていくと，
$$1 \cdot 4 \cdot 4 \cdot 3 = 48 \text{ 通り}$$
一の位が 4 の偶数は，一，千，百，十の位の順に決めていくと，
$$1 \cdot 4 \cdot 4 \cdot 3 = 48 \text{ 通り}$$

したがって，偶数は，
$$60 + 48 + 48 = \mathbf{156} \text{ (通り)}$$

(2) (i) 13人から4人の委員を選ぶから,
$$_{13}C_4 = \frac{13 \cdot 12 \cdot 11 \cdot 10}{4 \cdot 3 \cdot 2 \cdot 1} = \mathbf{715}\ (\text{通り})$$

(ii) 女子を含まないような委員の選び方は, 女子が1人, 2人, 3人, 4人の場合をすべて考えていたら大変である
$$_{8}C_4 = \frac{8 \cdot 7 \cdot 6 \cdot 5}{4 \cdot 3 \cdot 2 \cdot 1} = 70\ (\text{通り})$$
であるから, 少なくとも女子1人を含む選び方は,
$$715 - 70 = \mathbf{645}\ (\text{通り})$$

解説講義

異なる n 個のものから異なる r 個を選び, それを**横一列に並べて得られる順列(並べ方)**の総数は, n から小さい方に r 個の整数をかけていき,
$$_{n}P_r = n(n-1)(n-2)\cdots(n-r+1)$$
と計算できる.

順列の問題は, ていねいに1つずつ数えていくことが大切であり, (1)の解答はそれを実践した解答になっている. しかしながら, 数えることに慣れてきたらもう少しスピーディーに数えたい. (1)(i)であれば,

千の位は0以外の数字で, 5通り,

千の位以外の3桁は残りの5個の中から3個選んで並べるので, $_{5}P_3 = 5 \cdot 4 \cdot 3 = 60$ 通り

であるから, $5 \cdot 60 = 300\ (\text{通り})$ という具合に済ませたい.

一方, (2)は委員を選ぶ問題であるが, これは"一列に並べる"問題ではない. つまり,「順序」は考慮しないで「組の作り方(委員会に所属する4人の選び方)」を考える問題である. このような, 順序を考えずに組の作り方を考える問題では, 組合せの考え方を用いる. すなわち, 異なる n 個のものから異なる r 個を選ぶ**選び方**は,
$$_{n}C_r = \frac{_{n}P_r}{r!} = \frac{n(n-1)(n-2)\cdots(n-r+1)}{r(r-1)(r-2)\cdots 2 \cdot 1}$$
と計算できることを用いる.

文系数学の必勝ポイント

順列と組合せの基本的な違い

順序を考慮して, 並べ方を計算する問題 ➡ P を使って計算する

順序は考慮せず, 組の作り方を計算する問題 ➡ C を使って計算する

One Point コラム

考えてみよう. (1)において「0から5までを何度でも使ってよい場合, 4桁の整数は何通りできるだろうか?」

千の位は1から5の5通りで, その他の位は0から5の6通りずつがあるから, $5 \cdot 6 \cdot 6 \cdot 6 = 1080$ 通りが正解である. 同じものが含まれていたり, 同じものを何度も使える場合は, $_{n}P_r$ も $_{n}C_r$ も原則的には使えないので注意しよう.

34 順列（両端指定・隣り合う・隣り合わない）

男子5人，女子3人の8人を横一列に並べるとき，
(1) 並べ方は全部で何通りか．
(2) 両端が女子となる並べ方は何通りか．
(3) 女子3人が隣り合う並べ方は何通りか．
(4) 女子どうしが互いに隣り合わない並べ方は何通りか．　　　　　　(中部大)

解答

(1) 8人を横一列に並べる並べ方を考えて，
$$8! = 8\cdot7\cdot6\cdot5\cdot4\cdot3\cdot2\cdot1 = 40320 \text{（通り）}$$
☞ $_8P_8$ であるが，これは $8!$（8の階乗）と書くことが多い

(2) まず，両端の女子の決め方が，$3\cdot2 = 6$ 通りある．
次に，両端を除く残りの6人の並べ方は，$6! = 720$ 通りある．したがって，
$$6 \times 720 = 4320 \text{（通り）}$$

(3) まず，女子3人を「かたまり」にして，男子5人と1つのかたまりを横一列に並べる並べ方は，
$$6! = 6\cdot5\cdot4\cdot3\cdot2\cdot1 = 720 \text{ 通り}$$
次に，女子3人についての並べかえが $3! = 6$ 通りある．したがって，$720 \times 6 = 4320$（通り）

☞ まず男$_1$，男$_2$，男$_3$，男$_4$，男$_5$ と 女－女－女 を並べる
☞ 女－女－女 の女子どうしの並べかえ

(4) まず，男子5人を横一列に並べると，$5! = 120$ 通りある．
次に，両端と男子どうしのすき間の6ヶ所のうちの3ヶ所に女子3人を並べると，並べ方は，$6\cdot5\cdot4 = 120$ 通りある．
したがって，$120 \times 120 = 14400$（通り）

☞ ①まず男子5人を並べる
∧男∧男∧男∧男∧男∧
②この中の3ヶ所に 女$_1$，女$_2$，女$_3$ を並べる

解説講義

(4)に注意しよう．(3)で女子3人が隣り合う並び方を4320通りと求めているが，これを全体の40320通りから引いても(4)の正解にはならない．(3)の4320通りを全体から引くと，「3人が隣り合っていない場合」は除くことができているが，「2人が隣り合っている場合」を除ききれていない．隣り合わない並べ方を求めるときには，隣り合うものを引くのではなく，上の解答のように"すき間に並べていく"方針が安全である．すき間や端に1人ずつ並べていけば，女子どうしが互いに隣り合うことは起こりえない．

文系数学の必勝ポイント

いろいろな順列
① 両端指定 ➡ まず両端を並べてから，残りの部分を並べる
② 隣り合う ➡ 隣り合うものは「ひとかたまり」で扱う
③ 隣り合わない ➡ すき間埋め込み処理（制限のないものを先に並べておき，隣り合ってはいけないものをすき間や端に並べていく）

35 円順列

6人が円形のテーブルのまわりに座るとき,
(1) 座り方は全部で何通りか.
(2) A君とB君が向かい合って座る座り方は全部で何通りか. (有名問題)

解答

(1) 図のように,A君を①の座席に固定する.
　　残りの5人が②から⑥のどの席に座るかを考えると,
$$5! = 5\cdot 4\cdot 3\cdot 2\cdot 1 = 120 \text{ (通り)}$$

(2) (1)と同様にして,A君を①の座席に固定する.
　　B君の席はA君の向かい側の④に限られる(つまり,1通り).
　　A君,B君以外の4人を②,③,⑤,⑥に並べる並べ方は,
$$4! = 4\cdot 3\cdot 2\cdot 1 = 24 \text{ (通り)}$$
したがって,$1\cdot 24 = \mathbf{24}$ **(通り)**

解説講義

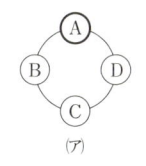

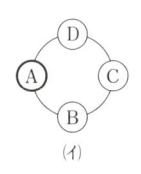

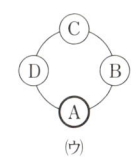

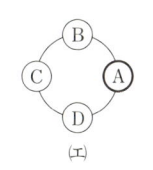

いくつかのものを円形に並べるときには,**回転させて一致する並べ方は同じ並べ方とみなすのがルールである**. たとえば,上の図の(イ), (ウ), (エ)は,"Aが上に来るように"回転させると(ア)と同じになるから,これらは異なる4通りではなく,全部まとめて1通りである. このように,回転させて一致するかしないかを比べるときには,"Aが上に来るように"回転させて比べるという方法が妥当だろう. それならば,最初からAを上に固定しておけば,回転させる手間はなくなるわけで,(イ), (ウ), (エ)を考えなくて済む. Aを上に固定すると,残り3つの場所はAの向かい側,左側,右側と明確に区別できる場所であり,そこにB, C, Dをどのように配置するかを考えるだけである. したがって,4個のものを円形に並べるときには,Aは上に固定してしまって残り3個のものを並べることになるから,$(4-1)! = 6$ 通りの並べ方があることが分かる.

一般に異なる n 個のものを円形に並べる並べ方は $(n-1)!$ 通りとなるが,これを単なる公式として覚えるのではなく,「1つを固定して残りのものの並べ方を考える」という本質を理解しておくとよい.

文系数学の必勝ポイント

円順列
・1つを固定して残りのものの並べ方を考えることが本質である
・異なる n 個のものを円形に並べる並べ方は $(n-1)!$ 通り

36 同じものを含む順列

(1) E, S, S, E, N, C, E の7文字を横一列に並べる並べ方は何通りか．
(2) 右の図のような道路がある．
 (i) AからBに行く最短の経路は何通りか．
 (ii) PもQも通らずにAからBに行く最短の経路は何通りか．

(大東文化大／愛知学泉大)

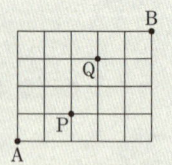

解答

(1) Eが3つ，Sが2つあることに注意すると，$\dfrac{7!}{3!2!}=420$（通り）

(2) (i) AからBの進み方は，→5つ，↑4つの並べ方を考えて，
$$\dfrac{9!}{5!4!}=126 \text{（通り）}$$

※ AからBの進み方は，
→↑→→↑↑↑→↑→
のように矢印を並べて表現できる

(ii) ・Pを通る経路は，$\dfrac{3!}{2!}\times\dfrac{6!}{3!3!}=60$（通り）…①

・Qを通る経路は，$\dfrac{6!}{3!3!}\times\dfrac{3!}{2!}=60$（通り）…②

・PもQも通る経路は，$\dfrac{3!}{2!}\times\dfrac{3!}{2!}\times\dfrac{3!}{2!}=27$（通り）…③

※ AからPまでが $\dfrac{3!}{2!}$ 通り，PからBまでが $\dfrac{6!}{3!3!}$ 通り

①，②，③より，PまたはQを通る経路は，
$60+60-27=93$（通り）

したがって，PもQも通らない経路は，
$126-93=33$（通り）

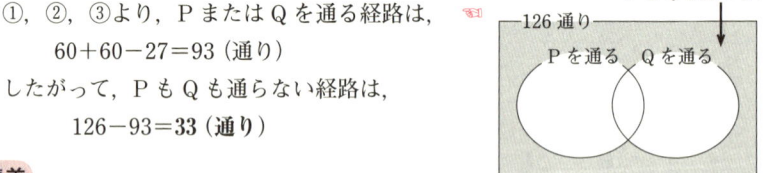

解説講義

a_1, a_2, b, c を並べることを考えよう．これらを横一列に並べる並べ方は $4!$ 通りある．このとき，a_1とa_2は区別しているので，「a_1, a_2, b, c」と「a_2, a_1, b, c」は，異なる並べ方として扱う．もしa_1とa_2の2つを区別しないのであれば，これらは同じ並び方になるから，$2!$ で割らないといけない．つまり，a_1, a_2, b, c を並べるのであれば $4!$ 通りの並べ方があるが，a, a, b, c の並べ方は $\dfrac{4!}{2!}$ 通りである．

このように，同じものが含まれているときにそれらを横一列に並べる場合には，**同じものの個数の階乗で割って計算**すればよい．(2)の最短経路の問題は，矢印の並べ方に帰着させて考えればよく，「同じものを含む順列」の代表的な問題である．

文系数学の必勝ポイント

同じものを含む順列
a, a, a, a, b, b, b, c, c, d の並べ方は，$\dfrac{10!}{4!3!2!}$ 通りである

最短経路の問題
「矢印の並べ方」を考えて，同じものを含む順列で計算する

37 図形の作成

正八角形 $A_1 A_2 A_3 A_4 A_5 A_6 A_7 A_8$ の頂点を結んで三角形を作る．
(1) 三角形は全部で何通りできるか．
(2) 正八角形と辺を共有する三角形は何通りできるか． (神奈川大)

解答

(1) A_1 から A_8 の中から 3 つの頂点を選ぶから，
$$_8C_3 = \frac{8 \cdot 7 \cdot 6}{3 \cdot 2 \cdot 1} = 56 \text{ (通り)}$$

(2) (ア) 正八角形と 2 辺を共有するもの
  長さの等しい辺に挟まれる頂点（右図の黒丸）が A_1 から A_8 の 8 通りあるから，作られる三角形は，
  8 (通り)

(イ) 正八角形と 1 辺のみを共有するもの
  正八角形と辺 $A_1 A_2$ のみを共有する三角形は，残り 1 つの頂点について，A_4 から A_7 の 4 通りのとり方があるから，そのような三角形は 4 通り作られる．
  共有する辺が $A_2 A_3$, $A_3 A_4$, …, $A_8 A_1$ の場合も同様で，4 通りずつの三角形が作られる．したがって，
  $4 \times 8 = 32$ (通り)

(ア), (イ) より，正八角形と辺を共有する三角形は
  $8 + 32 = 40$ (通り)

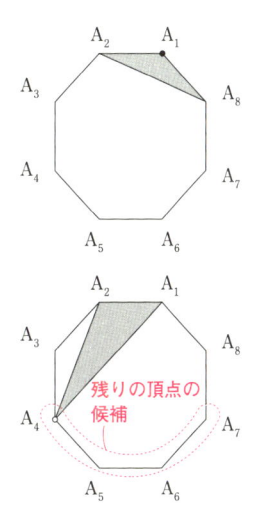

正八角形と辺 $A_1 A_2$ を共有するとき，残りの頂点を A_3, A_8 にすると，1 辺ではなく 2 辺を共有してしまう

解説講義

三角形は 3 点を結ぶことによって作られる．したがって，三角形が何通り作れるかということは，A_1 から A_8 の 8 個の点が用意されているので，どの点を結ぶか（どの点を使って三角形を作るか）を考えるだけである．そこで，使う点の「選び方」を組合せで計算すればよい．
 もし「対角線は何本引けるか」という問題であれば，どの 2 点を結ぶかを考えればよく，$_8C_2 - 8 = 20$ 本となる．（隣り合う 2 点を選ぶ 8 通りは，対角線ではなく辺になってしまうので除く必要がある）
 図形が何通りできるかを考える問題はこの分野の典型問題であるが，本問のように「点の使い方」や「直線の使い方」などに帰着させて考えるものが大半である．

文系数学の必勝ポイント

図形を作成する問題
「点の使い方」や「直線の使い方」を考える

38 分配数に指定のあるグループ分け

男子6人，女子3人の計9人を次のように分ける分け方は何通りあるか．
(1) 4人，3人，2人の3組に分ける．
(2) 3人ずつ A 組，B 組，C 組の3組に分ける．
(3) 3人ずつ3組に分ける．
(4) どの組にも女子が入るように，3人ずつ3組に分ける．(東京家政学院大)

解答

(1) 9人から4人を選んで組を作り，残りの5人から3人を選んで組を作ればよい．
$$_9C_4 \times {}_5C_3 (\times {}_2C_2) = 1260 \text{ (通り)}$$
☞ 最後に残った2人は2人の組

(2) 9人から A 組の3人を選び，残りの6人から B 組の3人を選べばよいから，
$$_9C_3 \times {}_6C_3 (\times {}_3C_3) = 1680 \text{ (通り)}$$

(3) 3人ずつ3組に分ける分け方が x 通りあるとする．

3人ずつに分けた3組に，A 組，B 組，C 組と名前をつけると

「3人ずつ A 組，B 組，C 組の3組に分ける」

ことになり，そのような分け方は1680通りである．

3組への名前の付け方は3!通りあるから，
$$x \times 3! = 1680 \quad \therefore x = \frac{1680}{3!} = 280 \text{ (通り)}$$

(4) 3人の女子を P さん，Q さん，R さんとする．

男子6人から P さんと同じ組に入る2人を選び，残りの4人から Q さんと同じ組に入る2人を選べばよい．(残りの2人は R さんと同じ組)
$$_6C_2 \times {}_4C_2 (\times {}_2C_2) = 90 \text{ (通り)}$$

解説講義

分配数に指定があるグループ分けの問題は，組合せで順番に計算していけばよい．ただし，分配数が同じでグループに名前がついていない場合は，それらを区別することができないので，(3)のように「区別できないグループ数の階乗で割る処理」が必要になる．(3)の解答はやや詳しく書いてあるが，内容をきちんと理解した上で，「3人の組3つが区別できないから，(2)の結果を3!で割る」と覚えておいてもよいだろう．

(4)は分配数が同じで(問題文の文章中では)グループに名前はつけられていない．しかし，女子3人は区別できて別々の組に属するわけなので，P さんの組，Q さんの組，R さんの組という形で区別できていることになる．

文系数学の必勝ポイント

分配数に指定のあるグループ分け
　組合せで順番に計算するが，区別できないグループの存在に注意する

39 分配数に指定のないグループ分け

次の問いに答えよ．
(1) 異なる6台のミニチュアカーを3人に配る配り方は何通りあるか．
(2) 異なる6台のミニチュアカーを3人に少なくとも1台配る配り方は何通りあるか．
(3) 同じ種類の6冊のノートを3人に配る配り方は何通りあるか．
(4) 同じ種類の6冊のノートを3人に少なくとも1冊配る配り方は何通りあるか． (中央大)

解答

3人をA，B，Cとする．

(1) ミニチュアカーを①，②，③，④，⑤，⑥とすると，①を誰に配るか3通り，②を誰に配るか3通り，……というように，①から⑥のそれぞれに3通りずつの配り方があるから，

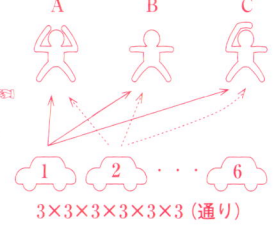

$$3^6 = 729 \text{ (通り)}$$

$3 \times 3 \times 3 \times 3 \times 3 \times 3$ (通り)

※ (1)で求めた729通りの中には，
(ア) もらえない人が2人いる
(イ) もらえない人が1人いる
(ウ) もらえない人はいない
の場合がある．本問で要求されているのは(ウ)の場合であるから，(ア)と(イ)の場合を除くことを考える

(2) (ア) もらえない人が2人いるとき
　　Aのみに配る，Bのみに配る，Cのみに配るという3通りがある．
　(イ) もらえない人が1人のとき
　　AとBの2人に配る配り方（1台以上）は，①から⑥についてそれぞれ2通りずつの配り方があるから

$$2^6 = 64 \text{ (通り)}$$

であるが，この64通りの配り方の中には，「すべてAに配る」，「すべてBに配る」という2通りが含まれている．よって，AとBの2人に配る配り方は，

$$64 - 2 = 62 \text{ (通り)}$$

である．BとC，CとAに配る場合も同じなので，もらえない人が1人になる配り方は，

$$62 \times 3 = 186 \text{ (通り)}$$

(ア)，(イ)より，3人に少なくとも1台配る（もらえない人がいない）配り方は，

$$729 - 3 - 186 = 540 \text{ (通り)}$$

(3) 同じ種類の区別できないノートを○で表し，

　○｜○○○｜○○　は「Aが1冊，Bが3冊，Cが2冊」
　○○○｜｜○○○　は「Aが3冊，Bが0冊，Cが3冊」
　｜○○○○○｜○　は「Aが0冊，Bが5冊，Cが1冊」

A 場合の数・確率

のように,「左の仕切りより左がAのもの, 2つの仕切りの間がBのもの, 右の仕切りより右がCのもの」とする.

このとき, 3人に配る配り方は, ○6個と｜2本の並べ方を考えて,

$$\frac{8!}{6!2!}=28 \,(通り)$$

☞ **36** の「同じものを含む順列」の計算

(4) まず3人に1冊ずつノートを配っておき, 残り3冊をA, B, Cに分ける分け方を(3)と同様にして計算すればよい.

よって, ○3個と｜2本の並べ方を考えて, $\dfrac{5!}{3!2!}=10\,(通り)$

＜別解＞

○と｜で考えるが,

・｜が2本続いてはいけない
・｜が端に来てはいけない

☞ ○∧○∧○∧○∧○∧○

この5ヶ所のすき間から2ヶ所を選んで仕切りを入れる

ということに注意すると,

○と○の5ヶ所のすき間から2ヶ所を選んで｜を入れる入れ方

を考えればよいことになる. よって, どの2ヶ所のすき間に｜を入れるかを考えて,

$${}_5C_2=10\,(通り)$$

解説講義

38 は「分配数に指定のあるグループ分け」であったが, 本問は「分配数に指定のないグループ分け」である. このタイプの問題は "異なるもの (区別できるもの)" を分ける問題と "同じもの (区別できないもの)" を分ける問題で, 解法が大きく異なる.

(1), (2)が異なるものを分ける問題であるが, これは「1つ1つのものの分け方に注目する」と覚えておくとよい. 本問であれば, "それぞれ" のミニチュアカーに対して3通りずつの分け方があるから, 6台分で 3^6 通りと計算できる. なお, (2)のような問題も頻出であり, 0台の人が発生してしまう場合を全体から除けばよい.

一方, (3)では6冊のノートが区別できないので "それぞれ" という概念は存在せず, かけ算で計算していくことはできない. "それぞれ" という概念がないので, 上の解答のように6個の同じ○を並べて "全体" をつかんでおき, そこに仕切りを入れて3つの組に分けていくことを考える. そうすると, 単に○6個と｜2本の並べ方に帰着するから, 同じものを含む順列の要領で計算すればよい.

(4)は, 別解も大切である.｜が2本連続したりしてはいけないから, ただ並べるだけではない. そこで, 並べるという方針は捨てて, 仕切りを入れる場所を考えている.

文系数学の必勝ポイント

分配数に指定のないグループ分け
(Ⅰ) 区別できるものを分ける ➡ 1つ1つのものの分け方に注目する
(Ⅱ) 区別できないものを分ける
・0個の組があってもよい ➡ ○と｜の並べ方で考える
・0個の組は認めない ➡ 先に1個ずつ渡しておいて, ○と｜の並べ方で考える (○と○のすき間に｜を入れる考え方も大切)

A 場合の数・確率

40 確率の基本

赤球3個, 白球4個, 青球5個が入っている袋から, 同時に4個の球を取り出す. 次の確率を求めよ.
(1) 取り出した球の色がすべて青色である確率.
(2) 取り出した球の色が3種類である確率. （東京理科大）

解答

12個の球はすべて区別する. 取り出し方は全部で
$$_{12}C_4 = 495 \text{ 通り}$$

◁ 12個の球を
赤$_1$, 赤$_2$, 赤$_3$, 白$_1$, 白$_2$, 白$_3$, 白$_4$,
青$_1$, 青$_2$, 青$_3$, 青$_4$, 青$_5$
のように, すべてを区別する.
すべてを区別しているから,
Cを使って計算できる

(1) 球の色がすべて青色である取り出し方は,
$$_5C_4 = 5 \text{ 通り}$$
ある. したがって, 求める確率は,
$$\frac{5}{495} = \frac{1}{99}$$

◁ 青$_1$～青$_5$の中から,
どの4個を取り出すかを考えている

(2) 球の色が3種類のとき, どれか1色は2個取り出されている.

(ア) (赤, 白, 青) = (2個, 1個, 1個) となる取り出し方は,
$$_3C_2 \times {}_4C_1 \times {}_5C_1 = 60 \text{ (通り)}$$

(イ) (赤, 白, 青) = (1個, 2個, 1個) となる取り出し方は,
$$_3C_1 \times {}_4C_2 \times {}_5C_1 = 90 \text{ (通り)}$$

(ウ) (赤, 白, 青) = (1個, 1個, 2個) となる取り出し方は,
$$_3C_1 \times {}_4C_1 \times {}_5C_2 = 120 \text{ (通り)}$$

◁ 重なりが起こらないように分けて考えるとよい

よって, 条件を満たす取り出し方は, 60+90+120=270 通りあるから, 求める確率は,
$$\frac{270}{495} = \frac{6}{11}$$

◁ (ア), (イ), (ウ)は同時に起こらない, つまり排反なので,
$\frac{60}{495} + \frac{90}{495} + \frac{120}{495}$ と計算してもよい

解説講義

赤球2個と白球1個の入った袋から1個の球を取り出すとき, 赤球を取り出す確率は, $\frac{2}{3}$ (=正解) である. このとき, 頭の中で無意識のうちに「赤球1番, 赤球2番, 白球, という3つの球があって, 赤色の球は赤球1番と赤球2番の2通りがあるから, 確率は $\frac{2}{3}$」とやっている. このように, 同じに見える赤球もきちんと区別して考えないと正しく計算できない. まず, 「すべてを区別して考えることが確率の計算における基本である」ことを確認しておこう.

文系 数学 の必勝ポイント

確率の基本的な注意
　確率ではすべてを区別する（同じ色の球や同じ数字のカードがあっても, 確率の問題ではすべてを区別して考える）

A 場合の数・確率

41 余事象

3個のサイコロを同時に投げ，出た目の積について考える．次の確率を求めよ．
(1) 積が3の倍数になる確率． (2) 積が6の倍数になる確率． (有名問題)

解答

目の出方は全部で，$6^3 = 216$ 通りある．

(1) 積が3の倍数になるのは，

　　少なくとも1個で3か6が出た場合

である．そこで，積が3の倍数にならない確率を求めると，

　　3個とも1か2か4か5の場合

を考えて，$\dfrac{4^3}{6^3} = \dfrac{8}{27}$ となる．よって，求める確率は，

$$1 - \dfrac{8}{27} = \dfrac{19}{27}$$

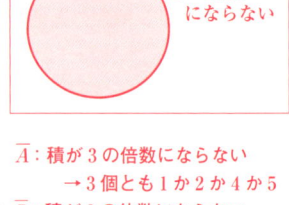

▷ 条件を満たさない確率の方が計算しやすいので，これを求めておく

(全体(確率1)／3の倍数になる／3の倍数にならない)

(2) 2つの事象 A, B を，

　　A：積が3の倍数，B：積が2の倍数

とすると，求める確率は $P(A \cap B)$ である．このとき，

$$P(\overline{A}) = \dfrac{4^3}{6^3} = \dfrac{64}{216}, \quad P(\overline{B}) = \dfrac{3^3}{6^3} = \dfrac{27}{216}$$

$$P(\overline{A} \cap \overline{B}) = \dfrac{2^3}{6^3} = \dfrac{8}{216}$$

である．これらを用いると，

$$\begin{aligned}P(A \cap B) &= 1 - P(\overline{A \cap B}) \\ &= 1 - P(\overline{A} \cup \overline{B}) \\ &= 1 - \{P(\overline{A}) + P(\overline{B}) - P(\overline{A} \cap \overline{B})\} \\ &= 1 - \left(\dfrac{64}{216} + \dfrac{27}{216} - \dfrac{8}{216}\right) = \dfrac{\mathbf{133}}{\mathbf{216}}\end{aligned}$$

▷ $\overline{A}$：積が3の倍数にならない
　　→ 3個とも1か2か4か5
▷ $\overline{B}$：積が2の倍数にならない
　　→ 3個とも1か3か5
$\overline{A} \cap \overline{B}$：積が3の倍数でない
　かつ，2の倍数でない
　　→ 3個とも1か5

▷ ド・モルガンの法則

▷ 「または」の処理も大切である
$P(X \cup Y) = P(X) + P(Y) - P(X \cap Y)$

解説講義

事象 A でない確率を，事象 A の**余事象**の確率と呼び，$P(\overline{A})$ などと表す．

33 で学習したように，条件を満たすものを直接求めることが困難な場合（あるいは，条件を満たさないものの方が求めやすいとき）は，条件を満たさないものを求めておき，それを全体から除く方針が有効である．確率でも同様であり，事象 A の起こる確率 $P(A)$ は，$P(A) = 1 - P(\overline{A})$ で計算できる．

(1)は「少なくとも1個のサイコロで3か6が出た場合」であるが，この余事象は「1個も3か6が出ない場合」で計算しやすい．そこで，(1)は余事象に注目して解く．

(2)も，直接計算するのではなく余事象に注目する．求める確率は，$P(A \cap B)$ であるから，余事象の $P(\overline{A \cap B})$ に注目して，$P(A \cap B) = 1 - P(\overline{A \cap B})$ の要領で計算する．ただし，$P(\overline{A \cap B})$ を計算するときに「ド・モルガンの法則」を使っているので，これに関しても見直しをして

おこう．ベン図を考えることにより，次の関係（ド・モルガンの法則）が成り立つことが分かる．
$$\overline{A \cap B} = \overline{A} \cup \overline{B}, \quad \overline{A \cup B} = \overline{A} \cap \overline{B}$$

文系数学の必勝ポイント

直接求めにくい確率
　　余事象に注目する（特に，「少なくとも～」の確率は余事象が有効）

42 最大数の確率

サイコロを4回投げたとき，出た目の数を順に a, b, c, d として，その中の最大値を M とする．
(1) $M \leq 5$ となる確率を求めよ．　　(2) $M = 5$ となる確率を求めよ．

(龍谷大)

解答

目の出方は全部で，$6^4 = 1296$ 通りある．

(1) $M \leq 5$ となるのは「a, b, c, d がすべて5以下のとき」であるから，$\dfrac{5^4}{6^4} = \dfrac{625}{1296}$

(2) $M = 5$ となるのは，
　「a, b, c, d がすべて5以下で，かつ，
　　　　a, b, c, d の少なくとも1つが5のとき」
である．よって，条件を満たす目の出方は，
　　（すべて5以下）－（すべて4以下）
と考えて，
$$\frac{5^4 - 4^4}{6^4} = \frac{369}{1296} = \frac{41}{144}$$

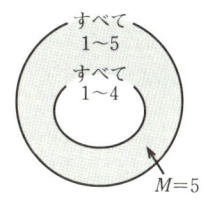

解説講義

最大値が5であるのは「6は一度も出ていなくて，少なくとも1回は5が出ている場合」である．6が一度でも出たら $M = 6$ になってしまうし，一度も5が出ないで毎回4以下であれば $M \leq 4$ になってしまう．よって，毎回5以下でなければいけないが，この中で一度も5が出ていない場合（＝毎回4以下の場合）は不適切なので，これを除けばよいと考える．

文系数学の必勝ポイント

最大数，最小数の確率
　いくつかの数字の最大値が M ➡ （すべて M 以下）－（すべて $M-1$ 以下）
　いくつかの数字の最小値が m ➡ （すべて m 以上）－（すべて $m+1$ 以上）

A 場合の数・確率

43 ジャンケンの確率

5人でジャンケンを1回するとき,
(1) 勝者が2人になる確率を求めよ.
(2) あいこになる確率を求めよ.

(有名問題)

解答

(1) それぞれの人が,グー,チョキ,パーの3通りの手の出し方があるから,5人の手の出し方は全部で,

$$3^5 (=243) \text{ 通り}$$

☜ 5人それぞれに,3通りずつの手の出し方がある

ある.このとき,

・勝者が誰かについて,$_5C_2 (=10)$ 通り
・勝者がどの手で勝つかについて,3通り

☜ 5人をA,B,C,D,Eとすると,勝者はこの中のどの2人なのか?

☜ 勝者は,グー,チョキ,パーのどの手で勝つのか?

があることから,勝者が2人になる確率は,

$$\frac{_5C_2 \times 3}{3^5} = \frac{10}{81}$$

(2) あいこになるのは,勝者が0人の場合である.そこで,余事象に注目し,勝者が0人にならない確率を求めてみる.(1)と同様にして考えると,

・勝者が1人になる確率は,$\dfrac{_5C_1 \times 3}{3^5} = \dfrac{5}{81}$

・勝者が2人になる確率は,$\dfrac{_5C_2 \times 3}{3^5} = \dfrac{10}{81}$

・勝者が3人になる確率は,$\dfrac{_5C_3 \times 3}{3^5} = \dfrac{10}{81}$

・勝者が4人になる確率は,$\dfrac{_5C_4 \times 3}{3^5} = \dfrac{5}{81}$

したがって,あいこになる確率は,

$$1 - \left(\frac{5}{81} + \frac{10}{81} + \frac{10}{81} + \frac{5}{81}\right) = \frac{51}{81} = \frac{17}{27}$$

☜ (あいこになる確率)
 =(勝負が決まらない確率)
 =1-(勝負が決まる確率)

解説講義

2,3人でのジャンケンであれば,手の出し方をすべて調べればよいのだが,人数が増えるとそうはいかない.ジャンケンの確率は,解答のように「**誰がどの手で勝つか**」を考えて解いていこう.

文系数学の必勝ポイント

ジャンケンの確率
① 誰がどの手で勝つかを考える
② あいこの確率は余事象で考える(勝負が決まる確率を引く)

44 反復試行の確率

x軸上を移動する点Pがある.点Pは最初,原点Oにあり,サイコロを投げるたびに,5以上の目が出たら$+1$,4以下の目が出たら-2だけx軸上を移動するものとする.サイコロをちょうど5回投げたとき,
(1) 点Pが$x=3$に到達して,5回後には$x=-1$の位置にある確率を求めよ.
(2) 点Pが5回後には$x=-1$の位置にある確率を求めよ. (中部大)

解答

サイコロを1回投げる試行において,

$+1$動く確率は $\dfrac{2}{6}=\dfrac{1}{3}$,$-2$動く確率は $\dfrac{4}{6}=\dfrac{2}{3}$

である.

※1 同じ試行を何回か繰り返す問題では,まず1回の試行について考えておく

(1) 条件を満たすのは,

$$+1,\ +1,\ +1,\ -2,\ -2$$

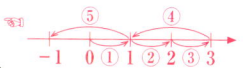

と移動したときに限られる.したがって,求める確率は,

$$\dfrac{1}{3}\cdot\dfrac{1}{3}\cdot\dfrac{1}{3}\cdot\dfrac{2}{3}\cdot\dfrac{2}{3}=\dfrac{4}{243}$$

※1 起こる順序が指定されているから,その順序通りに確率をかけていく

(2) 点Pが5回後に$x=-1$の位置にあるのは,

5回中3回が$+1$の移動で,残り2回が-2の移動

の場合である.よって,求める確率は,

$$_5C_3\left(\dfrac{1}{3}\right)^3\left(\dfrac{2}{3}\right)^2=10\cdot\dfrac{1}{27}\cdot\dfrac{4}{9}=\dfrac{40}{243}$$

起こる順序が指定されていないから,その順序の入れかえが$_5C_3$通りだけあることを考慮しないといけない

解説講義

(2)では起こる順序の入れかえを考慮する必要がある.つまり,5回中3回が$+1$の移動で残り2回が-2の移動であるから,

$$+1,\ -2,\ +1,\ -2,\ +1\quad でも\quad -2,\ +1,\ +1,\ +1,\ -2$$

でも構わない.つまり,起こる順序の入れかえが(5回のうちどの3回が$+1$かを考えて)$_5C_3$通りあり,その1つ1つのケースにおいて起こる確率が$\left(\dfrac{1}{3}\right)^3\left(\dfrac{2}{3}\right)^2$であるから,$_5C_3\left(\dfrac{1}{3}\right)^3\left(\dfrac{2}{3}\right)^2$と計算する.同じことを何度か繰り返す(このような試行を**反復試行**という)ときの確率では,起こる順序が指定されているのか,起こる順序の入れかえが可能なのかをきちんとつかまないといけない.

文系数学の必勝ポイント

同じことを何度か繰り返すときの確率(反復試行の確率)
- 起こる順序の入れかえに注意する
- 事象Aの起こる確率がp,事象Bの起こる確率がqのとき,n回中r回でAが起こり,残りの$n-r$回でBが起こる確率は,$_nC_r p^r q^{n-r}$である

A 場合の数・確率

45 優勝者決定の確率

あるゲームをするときにAがBに勝つ確率は $\dfrac{3}{5}$ であり，引き分けはないものとする．このゲームをAとBが繰り返し行い，先に3勝した者が優勝賞金を獲得する．
(1) Aが3勝1敗で賞金を獲得する確率を求めよ．
(2) Aが賞金を獲得する確率を求めよ．

(名城大)

解答

(1) 1回のゲームにおいて，Aが勝つ確率は $\dfrac{3}{5}$，Bが勝つ確率は $\dfrac{2}{5}$ である．

Aが3勝1敗で賞金を獲得するのは，
「1回目から3回目のゲームでAが2勝して，
　　4回目のゲームでAが勝つ場合」
である．したがって，求める確率は，

$$_3C_2\left(\dfrac{3}{5}\right)^2\cdot\dfrac{2}{5}\times\dfrac{3}{5}=3\cdot\dfrac{9}{25}\cdot\dfrac{2}{5}\times\dfrac{3}{5}=\dfrac{162}{625}$$

☞ Aはこの中の2回で勝つ．
3回目のゲームが終わった時点でAは，あと1勝で賞金を獲得できる状態になり，4回目のゲームで3勝目をあげて，3勝1敗で賞金を獲得する

(2) Aが賞金を獲得するのは，
　　　(ア) 3勝0敗　(イ) 3勝1敗　(ウ) 3勝2敗
の場合がある．

(ア)の確率は，$\left(\dfrac{3}{5}\right)^3=\dfrac{27}{125}$ である．また，(イ)の確率は，(1)より $\dfrac{162}{625}$ である．

(ウ)の確率は，$_4C_2\left(\dfrac{3}{5}\right)^2\left(\dfrac{2}{5}\right)^2\times\dfrac{3}{5}=6\cdot\dfrac{9}{25}\cdot\dfrac{4}{25}\times\dfrac{3}{5}=\dfrac{648}{3125}$

☞ 1回目から4回目のゲームでAが2勝して，5回目のゲームでAが勝つ

したがって，(ア)，(イ)，(ウ)より，

$$\dfrac{27}{125}+\dfrac{162}{625}+\dfrac{648}{3125}=\dfrac{675+810+648}{3125}=\dfrac{2133}{3125}$$

解説講義

(1)で，「4回中3回勝てばよいから，$_4C_3\left(\dfrac{3}{5}\right)^3\cdot\dfrac{2}{5}$ だ！」とやってしまうと間違いである．単に「4回中3回勝つ」と考えると，その中には「A→A→A→Bの順に勝つケース」も含まれてしまう．先に3勝した時点で賞金がもらえるので，これは3勝1敗ではなく3勝0敗である．3勝1敗になるためには4ゲーム目までゲームが行われなければならないので，上の解答のように，3ゲーム目までのことと4ゲーム目のことを切り離して考えなければならない．

文系 数学の必勝ポイント

優勝者決定の確率
　ちょうど n 回目で優勝するのは，「$n-1$ 回目に"あと1勝の状態"になり，n 回目に勝って優勝を決める場合」である

46 条件つき確率

3つの箱 A, B, C があり, それぞれに黒球, 白球, 赤球が入っている. それらの個数は右の表のようになっている.

無作為に1つの箱を選び, その箱から1個の球を取り出す.

(1) 取り出した球が黒球である確率を求めよ.
(2) 取り出した球が黒球であるとき, それが箱 A から取り出された球である条件つき確率を求めよ.

（学習院大）

	A	B	C
黒	5	7	2
白	20	17	22
赤	15	60	24

解答

(1) 箱 A を選び, 黒球を選ぶ確率は, $\dfrac{1}{3} \times \dfrac{5}{40} = \dfrac{1}{24}$ …①　← どの箱も等確率の $\dfrac{1}{3}$ で選ばれる

箱 B を選び, 黒球を選ぶ確率は, $\dfrac{1}{3} \times \dfrac{7}{84} = \dfrac{1}{36}$ …②

箱 C を選び, 黒球を選ぶ確率は, $\dfrac{1}{3} \times \dfrac{2}{48} = \dfrac{1}{72}$ …③

①+②+③ より, 取り出した球が黒球である確率は,

$$\dfrac{1}{24} + \dfrac{1}{36} + \dfrac{1}{72} = \dfrac{1}{12}$$　← ①, ②, ③ は排反である（同時には起こらない）

(2) 求める条件つき確率は,

$$\dfrac{(\text{箱 A から黒球が取り出される確率})}{(\text{黒球が取り出される確率})} = \dfrac{\dfrac{1}{24}}{\dfrac{1}{12}} = \dfrac{1}{2}$$

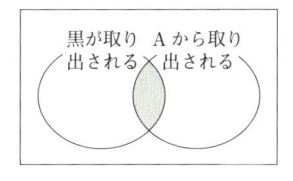

解説講義

2つの事象 X, Y があり, X が起こっているというもとで Y が起こっている確率を, X が起こったときの Y の起こる**条件つき確率**といい, $P_X(Y)$ で表す. 条件つき確率 $P_X(Y)$ は, X が起こっているというもとで確率を計算するから, 分母は X が起こる確率の $P(X)$ である. その中で Y が起こっている確率 $P(X \cap Y)$ を考えればよいから, $P_X(Y) = \dfrac{P(X \cap Y)}{P(X)}$ で計算できる.

文系数学の必勝ポイント

条件つき確率

X が起こったときの Y の起こる条件つき確率 $P_X(Y)$ は

$$P_X(Y) = \dfrac{P(X \cap Y)}{P(X)}$$

47 三角形の外心と内心

図1において点Oは三角形ABCの外心, 図2において点Iは三角形ABCの内心である. 図の角 α, β の大きさをそれぞれ求めよ.

(北海道工業大)

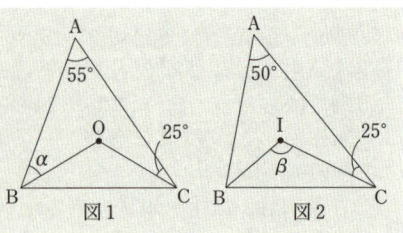

解答

Oは三角形ABCの外心なので, OA=OB=OC である.

よって, 三角形OACは二等辺三角形であり, ∠CAO=25° となり, ∠BAO=55°−25°=30° となる.

さらに, 三角形OABも二等辺三角形なので,

$$\alpha = \angle BAO = \mathbf{30°}$$

次に, Iは三角形ABCの内心なので, ∠ICB=∠ICA=25° となる. これより, ∠ABC=180°−50°−50°=80° となり,

$$\angle IBC = \angle ABC \times \frac{1}{2} = 80° \times \frac{1}{2} = 40°$$

ゆえに, 三角形IBCに注目して,

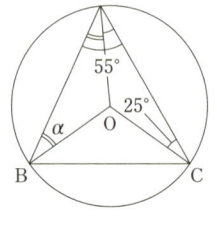

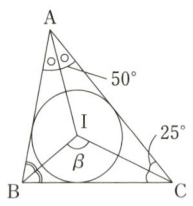

$$\beta = 180°-40°-25° = \mathbf{115°}$$

解説講義

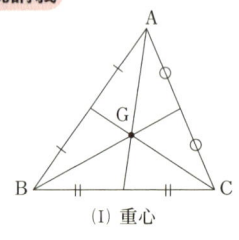

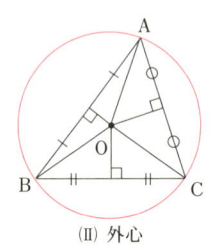

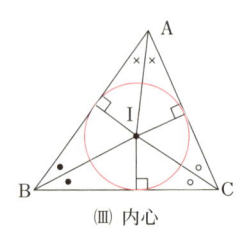

(I) 重心　(II) 外心　(III) 内心

(I) 三角形ABCの重心をGとすると,
　　① Gは3本の**中線**の交点である　　② Gは各中線を2:1に内分する
(II) 三角形ABCの外心 (外接円の中心) をOとすると,
　　① Oは3本の**垂直二等分線**の交点である　　② OA=OB=OC である
(III) 三角形ABCの内心 (内接円の中心) をIとすると,
　　① Iは3本の**内角の二等分線**の交点である

文系数学の必勝ポイント

三角形の重心, 外心, 内心
　　それぞれの特徴を整理しておく

48 メネラウスの定理・チェバの定理

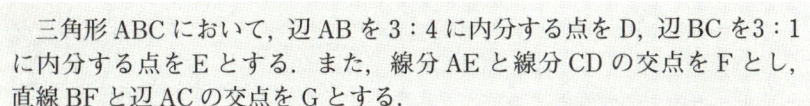

三角形 ABC において,辺 AB を 3:4 に内分する点を D,辺 BC を 3:1 に内分する点を E とする.また,線分 AE と線分 CD の交点を F とし,直線 BF と辺 AC の交点を G とする.
(1) 長さの比 AF:FE を求めよ.
(2) 長さの比 AG:GC を求めよ.

(徳島大)

解答

(1) メネラウスの定理より,
$$\frac{AD}{DB} \cdot \frac{BC}{CE} \cdot \frac{EF}{FA} = 1$$
が成り立つから,条件より,
$$\frac{3}{4} \cdot \frac{4}{1} \cdot \frac{EF}{FA} = 1$$
$$3EF = FA$$
$$AF : FE = 3 : 1$$

(2) チェバの定理より,
$$\frac{AD}{DB} \cdot \frac{BE}{EC} \cdot \frac{CG}{GA} = 1$$
が成り立つから,条件より,
$$\frac{3}{4} \cdot \frac{3}{1} \cdot \frac{CG}{GA} = 1$$
$$9GC = 4AG$$
$$AG : GC = 9 : 4$$

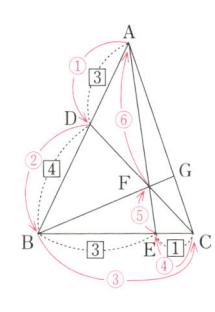

☞ メネラウスの定理は,①〜⑥の順番を間違えないように注意しよう.この順番のときに,
$$\frac{①}{②} \cdot \frac{③}{④} \cdot \frac{⑤}{⑥} = 1$$
となる

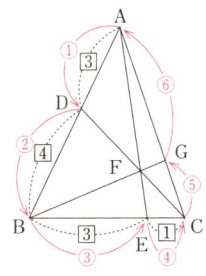

☞ チェバの定理は,三角形の"外側"をまわっていくだけである

解説講義

メネラウスの定理,チェバの定理は,次の①,②,③,④,⑤,⑥の順番に比(あるいは長さ)を使って分数式の積を考えたときに,その積が 1 になるというものである.順番を間違えないように注意しよう.

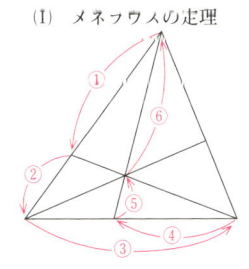

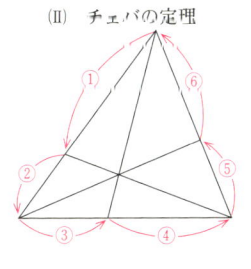

(I) メネラウスの定理   (II) チェバの定理

左のどちらの場合でも,
$$\frac{①}{②} \cdot \frac{③}{④} \cdot \frac{⑤}{⑥} = 1$$
が成り立つ

文系数学の必勝ポイント

メネラウスの定理,チェバの定理
　比をとっていく順番を正確に覚える

A　図形の性質

49　面積比

1辺の長さが2の正三角形ABCがある．辺ABを3:1に内分する点をP,辺BCの中点をQとし，線分CPとAQの交点をRとする．このとき，三角形ABRの面積を求めよ．
(上智大)

解答

メネラウスの定理より，$\dfrac{AP}{PB} \cdot \dfrac{BC}{CQ} \cdot \dfrac{QR}{RA} = 1$ が成り立つから，条件より，

$$\dfrac{3}{1} \cdot \dfrac{2}{1} \cdot \dfrac{QR}{RA} = 1$$

$$6QR = RA$$

AR : RQ = 6 : 1

よって，右図のようになっているから，

$$\triangle ABR = \dfrac{6}{7} \times \triangle ABQ$$
$$= \dfrac{6}{7} \times \left(\dfrac{1}{2} \cdot 1 \cdot \sqrt{3}\right)$$
$$= \dfrac{3}{7}\sqrt{3}$$

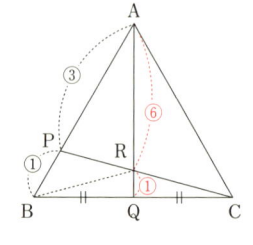

三角形ABCは1辺が2の正三角形であるから，BQ=1, AQ=√3である

解説講義

「線分の分割比と面積比の関係」を確認しておこう．この内容は中学の頃から使っているはずであるが，使いこなせない人が多い．右の図において，BD:DC=2:3とすると，面積比△ABD:△ACDはいくつになるだろうか？　大丈夫ですね？　正解は，

$$\triangle ABD : \triangle ACD = 2 : 3$$

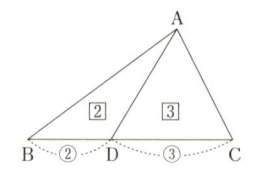

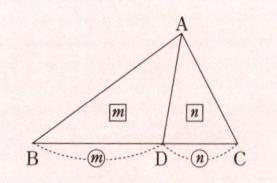

です．

三角形の面積は $\dfrac{1}{2} \times$(底辺)$\times$(高さ) であるが，△ABDと△ACDは高さが等しいので，底辺の比がBD:DC=2:3であれば，底辺の長さに比例して，△ABD:△ACD=2:3となる．つまり，

　　線分の分割比から面積比が分かる．逆に，面積比から線分の分割比も分かる

という"行ったり来たりできる関係"になっている．

文系数学の必勝ポイント

面積比
　線分の分割比と面積比の対応に注意する．
　右図において
　　　　BD:DC=△ABD:△ACD
　である．

A 図形の性質

50 方べきの定理

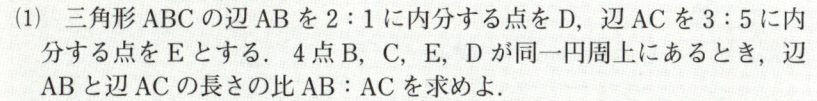

(1) 三角形 ABC の辺 AB を 2:1 に内分する点を D，辺 AC を 3:5 に内分する点を E とする．4 点 B，C，E，D が同一円周上にあるとき，辺 AB と辺 AC の長さの比 AB：AC を求めよ．

(2) 半径 $2\sqrt{3}$ の円 K の周上に 3 点 A，B，C がある．点 A における円 K の接線と直線 BC の交点を P とし，$\angle BAC = 60°$，$PA = 3\sqrt{3}$，$PB < PC$ とする．このとき，BC と PB の長さをそれぞれ求めよ．

(岩手大／名城大)

解答

(1) 右の図のようになるから，方べきの定理より，$AD \cdot AB = AE \cdot AC$ が成り立つ．比の条件を用いてこれを整理すると，

$$\frac{2}{3}AB \cdot AB = \frac{3}{8}AC \cdot AC \quad \Leftarrow AD = \frac{2}{3}AB,\ AE = \frac{3}{8}AC$$

$$AB^2 = \frac{9}{16}AC^2$$

$$AB = \frac{3}{4}AC \quad \therefore\ \mathbf{AB : AC = 3 : 4}$$

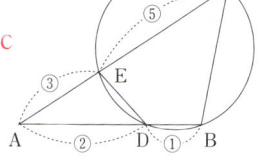

(2) 三角形 ABC に正弦定理を用いると，$\dfrac{BC}{\sin 60°} = 2 \cdot 2\sqrt{3}$ となるから，

$$BC = 2 \cdot 2\sqrt{3} \cdot \sin 60° = 2 \cdot 2\sqrt{3} \cdot \frac{\sqrt{3}}{2} = \mathbf{6}$$

次に，$PB = x$ とすると，$PC = x + 6$ であり，方べきの定理より $PB \cdot PC = PA^2$ が成り立つから，

$$x(x+6) = (3\sqrt{3})^2$$

$$x^2 + 6x - 27 = 0$$

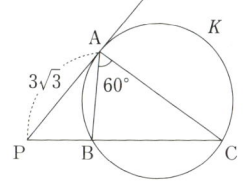

これより，$x > 0$ なので，$x = 3$ である．したがって，$\mathbf{PB = 3}$

解説講義

円に対して 2 本の直線が引かれているとき，次のような関係がそれぞれ成り立つ．これを「方べきの定理」と呼ぶ．

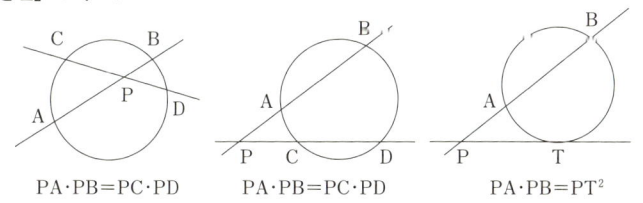

$PA \cdot PB = PC \cdot PD$　　$PA \cdot PB = PC \cdot PD$　　$PA \cdot PB = PT^2$

文系数学の必勝ポイント

方べきの定理
円に対して 2 本の直線が通っているときに注意しておく

A 整数の性質

51 倍数の判定

5桁の整数 $6a3b8$ が9の倍数となるように $a,\ b$ の値を定める．このような整数のうちで最大の数を求めよ．

解答

5桁の整数 $6a3b8$ が9の倍数となる条件は，

$$6+a+3+b+8 \text{ が }9\text{ の倍数}$$

すなわち，

$$a+b+17 \text{ が }9\text{ の倍数}$$

となることである．

◁ 9の倍数になる条件は，各位の数の和が9の倍数になることである

ここで，$a,\ b$ は，$0 \leq a \leq 9,\ 0 \leq b \leq 9$ を満たす整数であるから，

$$0 \leq a+b \leq 18$$

であり，$a+b+17$ が9の倍数になるのは，

(ア) $a+b=1$ (このとき，$a+b+17=18$)
(イ) $a+b=10$ (このとき，$a+b+17=27$)

のいずれかの場合である．よって，(ア)または(イ)を満たす $a,\ b$ の中で，a が最大の場合を考えればよく，それは $a=9,\ b=1$ の場合である．

したがって，求める整数は，**69318**

解説講義

倍数となる条件として，次のものは覚えておこう．

3の倍数 … 各位の数の和が3の倍数　　4の倍数 … 下2桁の数が4の倍数
5の倍数 … 一の位が0，5のいずれか　　9の倍数 … 各位の数の和が9の倍数

文系数学の必勝ポイント

倍数となる条件
　3の倍数 … 各位の数の和が3の倍数
　9の倍数 … 各位の数の和が9の倍数

One Point コラム

4桁の数 $abcd$ が3の倍数となる条件を考えてみよう．4桁の数 $abcd$ は，
$$1000a+100b+10c+d = 999a+99b+9c+a+b+c+d$$
$$= 3(333a+33b+3c)+(a+b+c+d)$$
である．$3(333a+33b+3c)$ は3の倍数であるから，$a+b+c+d$（つまり，各位の数の和）が3の倍数ならば，4桁の数 $abcd$ は3の倍数である．これは桁数が増えても同じである．9の倍数の条件も，これと同じように考えることができる．

52 約数の個数

(1) 6400 の正の約数の個数を求めよ．
(2) 6400 の正の約数の総和を求めよ．
(3) 6400 の正の約数のうち，5 の倍数であるものの和を求めよ．

(大同大)

解答

(1) 6400 を素因数分解すると，$6400=2^8 \cdot 5^2$ となる．よって，6400 の正の約数は，
$$2^p \cdot 5^q \ (p=0, 1, 2, \cdots, 8 \ /\ q=0, 1, 2) \quad \cdots(*)$$
と表される数である．すなわち，書き並べると，

$2^0 \cdot 5^0, \ 2^1 \cdot 5^0, \ 2^2 \cdot 5^0, \ \cdots\cdots, \ 2^8 \cdot 5^0$ …① ☞ 因数 5 をもたない
$2^0 \cdot 5^1, \ 2^1 \cdot 5^1, \ 2^2 \cdot 5^1, \ \cdots\cdots, \ 2^8 \cdot 5^1$ …② ☞ 因数 5 を 1 つもつ
$2^0 \cdot 5^2, \ 2^1 \cdot 5^2, \ 2^2 \cdot 5^2, \ \cdots\cdots, \ 2^8 \cdot 5^2$ …③ ☞ 因数 5 を 2 つもつ

である．

よって，(*) において，p が 9 通り，q が 3 通りあるから，6400 の正の約数の個数は，
$$9 \times 3 = 27 \ (個)$$

(2) 6400 の正の約数の総和は，①と②と③の和である．よって，
$(2^0+2^1+\cdots+2^8)\cdot 5^0 + (2^0+2^1+\cdots+2^8)\cdot 5^1 + (2^0+2^1+\cdots+2^8)\cdot 5^2$
$= (2^0+2^1+\cdots+2^8)\cdot(5^0+5^1+5^2)$
$= 15841$

(3) 5 の倍数であるものは，②と③であるから，求める和は，
$(2^0+2^1+\cdots+2^8)\cdot 5^1 + (2^0+2^1+\cdots+2^8)\cdot 5^2$
$= (2^0+2^1+\cdots+2^8)\cdot(5^1+5^2)$
$= 15330$

解説講義

約数の個数や総和を求めるときには，素因数分解を利用する．$6400=2^8 \cdot 5^2$ であるから，6400 の正の約数は 2 と 5 の組合せ（積）で作られていることが分かり，解答のように個数や総和を求められる．文系の入試では定番の問題の 1 つであるから，確実に得点していきたい．

文系数学の必勝ポイント

公約数の個数と総和
ある自然数 N が，$N=a^p b^q c^r$ の形に素因数分解できたとき
　正の約数の個数は，$(p+1)(q+1)(r+1)$
　正の約数の総和は，
$$(a^0+a^1+\cdots+a^p)(b^0+b^1+\cdots+b^q)(c^0+c^1+\cdots+c^r)$$

A 整数の性質

53 最大公約数・最小公倍数

(1) 2つの分数 $\dfrac{44}{35}$, $\dfrac{20}{21}$ のどちらにかけても自然数となる分数のうち，最小のものを求めよ．

(2) 2つの自然数 x, y $(x<y)$ の積が 588 で，最大公約数が 7 であるとき，2つの自然数の組 (x, y) を求めよ．

(愛知工業大)

解答

(1) 2つの分数に既約分数 $\dfrac{p}{q}$ をかけると，$\dfrac{44p}{35q}$, $\dfrac{20p}{21q}$ になる．これらがともに整数になるのは，

p が 35 と 21 の公倍数，q が 44 と 20 の公約数のとき

である．このような $\dfrac{p}{q}$ のうちで最小のものを求めたいので，

p が 35 と 21 の最小公倍数，q が 44 と 20 の最大公約数のとき

を考えればよい．

$35=5\cdot 7$, $21=3\cdot 7$ より，35 と 21 の最小公倍数は $3\cdot 5\cdot 7=105$ である．また，$44=2^2\cdot 11$, $20=2^2\cdot 5$ より，最大公約数は 4 である．

ゆえに，求める分数は，$\dfrac{105}{4}$

(2) x, y は最大公約数が 7 であるから，

$x=7a$, $y=7b$ (a, b は互いに素で，$a<b$)

とおける．このとき，$xy=588$ より，

$7a\cdot 7b=588$ ∴ $ab=12$

よって，$(a, b)=(1, 12), (3, 4)$ となるから，

$(x, y)=(7, 84), (21, 28)$

☜ このようにおいて考えるところがポイント！

☜ $a<b$ に注意する．
また，$(a, b)=(2, 6)$ は a と b が互いに素でないから不適

解説講義

2つの自然数 A, B の最大公約数を g とすると，互いに素 (＝最大公約数が 1，つまり，1 以外に公約数をもたない) である 2 つの数 a, b を用いて，A, B は，

$A=ga$, $B=gb$ ……①

とおける．最大公約数についての条件が与えられている問題では，このようにおいて考えることが多い．

①のとき，A, B の最小公倍数を L とすると，$L=gab$ である．両辺に g をかけると $gL=AB$ が成り立つことも分かる．

文系数学の必勝ポイント

最大公約数

A, B の最大公約数が g ➡ $A=ga$, $B=gb$ (a, b は互いに素) とおける

54 ユークリッドの互除法

(1) 957 と 754 の最大公約数を求めよ．
(2) 2つの整数 $2n+30$ と $n+3$ の最大公約数が 3 となるような 30 以下の自然数 n をすべて求めよ．

解答

(1) 957 を 754 で割ると商が 1 で余りが 203 になる．次に，754 を 203 で割る．これを続けると，

$$957 = 754 \cdot 1 + 203$$
$$754 = 203 \cdot 3 + 145$$
$$203 = 145 \cdot 1 + 58$$
$$145 = 58 \cdot 2 + 29$$
$$58 = 29 \cdot 2 + 0$$

☞ これらの計算は，次のような筆算を使うと便利である

```
      2    2    1    3    1
   29)58 145)203 203)754 754)957
      58  116  145  609  754
       0   29   58  145  203
```

よって，a と b の最大公約数を $\gcd(a, b)$ と表すと，

$$\gcd(957, 754) = \gcd(754, 203) = \gcd(203, 145) = \gcd(145, 58) = \gcd(58, 29) = 29$$

が成り立つから，957 と 754 の最大公約数は，58 と 29 の最大公約数と等しく，**29**

(2) $2n+30$ を $n+3$ で割ると，商が 2 で余りが 24 となる．つまり，

$$2n+30 = (n+3) \cdot 2 + 24$$

が成り立っていて，ユークリッドの互除法より，

$$\gcd(2n+30,\ n+3) = \gcd(n+3,\ 24)$$

である．よって，条件から，

$$\gcd(n+3,\ 24) = 3 \quad \cdots ①$$

であるが，$24 = 2^3 \cdot 3$ に注意すると，① が成り立つ条件は，

$n+3$ が 3 の倍数であり，かつ，2 の倍数でないこと　　…②

である．$1 \leqq n \leqq 30$ より，$4 \leqq n+3 \leqq 33$ であるから，② を満たす整数 $n+3$ は，

$$n+3 = 9,\ 15,\ 21,\ 27,\ 33 \quad \therefore\ n = \mathbf{6,\ 12,\ 18,\ 24,\ 30}$$

解説講義

2 つの正の整数 a, b ($a > b$) に対して，a を b で割った余りを r (> 0) とする．このとき，

$$(a \text{ と } b \text{ の最大公約数}) = (b \text{ と } r \text{ の最大公約数})$$

となる．このことを繰り返し用いることによって最大公約数を求めることを**ユークリッドの互除法**という．

文系数学の必勝ポイント

最大公約数の求め方 ($a > b > 0$ とする)

a を b で割った余りを r (> 0) とすると，

$$(a \text{ と } b \text{ の最大公約数}) = (b \text{ と } r \text{ の最大公約数})$$

55 不定方程式の整数解(1)

(1) $x^2 - y^2 = 24$ を満たす自然数の組 (x, y) を求めよ.
(2) $xy - 2x - y = 1$ を満たす自然数の組 (x, y) を求めよ.

(南山大／神戸女子大)

解答

(1) $x^2 - y^2 = 24$ より,

$$(x+y)(x-y) = 24 \quad \cdots ①$$

☞ 積が 24 になる整数の組を検討すればよい

x, y は自然数であるから, $x+y > 0$ なので, $x-y > 0$ である.

さらに, $x+y > x-y$ であることにも注意すると, ① から,

$$(x+y, x-y) = (24, 1), (12, 2), (8, 3), (6, 4)$$

☞ $(x+y, x-y) = (2, 12)$ などは $x+y > x-y$ を満たさない

であり, この中で x, y が整数になるものを求めると,

$$(x, y) = (7, 5), (5, 1)$$

(2) $xy - 2x - y = 1$ より,

$$(x-1)(y-2) - 2 = 1 \quad \therefore (x-1)(y-2) = 3 \quad \cdots ②$$

☞ この因数分解がポイント!

x, y は自然数であるから, $x-1 \geq 0$ である. よって, ② より,

$$(x-1, y-2) = (1, 3), (3, 1) \quad \therefore (x, y) = (2, 5), (4, 3)$$

解説講義

方程式の整数解を求める問題では,

　　　　　　　　因数分解して, ●×▲=(整数) の形を作る

ということを重要なポイントとして覚えておこう.

●×▲=5 のとき, ●, ▲がどのような数でもよければ, (●, ▲) は無数に存在する. しかし, ●, ▲が整数であれば, (●, ▲) は $(1, 5), (5, 1), (-1, -5), (-5, -1)$ の4組に限られる. このように, 掛け算して整数になる組は有限であるから, ●×▲=(整数) の形を作ることができれば, それを満たす●, ▲の組を全部調べることによって, 方程式の整数解を求められる.

(1)の因数分解はすぐに分かるが, (2)は少しだけ工夫が必要である. $xy - 2x - y$ はそのままでは因数分解できない. しかし, 因数分解された (　　)(　　) の形を展開したときに, $xy - 2x - y$ が得られなければならないから, $(x\ \ )(y\ \ )$ が決まる. 次に $-2x$ があるから $(x\ \ )(y-2)$ となり, さらに, $-y$ があるから, $(x-1)(y-2)$ と決まる. そうすると, $(x-1)(y-2) = xy - 2x - y + 2$ であるから, 余分に出てきてしまった 2 を打ち消すように $(x-1)(y-2) - 2$ と調整しておけば, $xy - 2x - y$ は $(x-1)(y-2) - 2$ と変形できたことになる.

(1), (2)ともに, 自然数であることを利用して, ①, ②を満たす整数の組を絞り込んでいる. このような工夫まで身につけられれば, このタイプの問題は何も心配ないだろう.

文系数学の必勝ポイント

不定方程式の整数解
因数分解して ●×▲=(整数) の形に変形し, ●と▲の組合せを考える

56 不定方程式の整数解(2)

(1) 方程式 $5x-11y=1$ を満たす自然数の組 (x, y) のうち，x の値が 0 に近いほうから 9 番目の組を求めよ．
(2) 方程式 $37x+23y=1$ を満たす整数の組 (x, y) のうち，y の値が 40 に最も近い組を求めよ．

(東京農業大)

解答

(1) $\qquad 5x-11y=1 \qquad$ …①

$x=-2$, $y=-1$ は①を満たすから，
$$5(-2)-11(-1)=1 \qquad \text{…②}$$
が成り立つ．①-②より，
$$5(x+2)-11(y+1)=0$$
$$\therefore\ 5(x+2)=11(y+1) \qquad \text{…③}$$

③の右辺は 11 の倍数なので左辺も 11 の倍数であり，5 と 11 は互いに素であるから，
$$x+2=11k\ (k\text{ は整数})$$
$$x=11k-2$$

このとき，③より，
$$5\cdot 11k=11(y+1)$$
$$5k=y+1$$
$$y=5k-1$$

以上より，①を満たす整数の組 (x, y) は，
$$(x, y)=(11k-2,\ 5k-1)$$
である．

ここで，$x\geqq 1$ かつ $y\geqq 1$ であるのは，整数 k が，
$$k\geqq 1$$
のときである．よって，x の値が 0 に近いほうから 9 番目であるものは，$k=9$ の場合を考えればよく，
$$(x, y)=(97,\ 44)$$

(Step 1) ①を満たす整数の解を 1 つ見つける．この解を「特殊解」という

(Step 2) 問題の式①と，特殊解を代入した式②を準備して，①-②を計算して，③のような形にする

(Step 3) 互いに素であることに注目して，x（あるいは y）を，整数 k を用いて表す

(Step 4) k を用いて表した (x, y) が，無数に存在するすべての解 (x, y) を表している．この (x, y) を「一般解」という

(2) まず，$37x+23y=1$ …④ を満たす (x, y) を 1 組求める．　　特殊解を求める

ここで，ユークリッドの互除法における割り算の操作を行うと，次の等式を得る．

$\quad 37=23\cdot 1+14 \iff 14=37-23\cdot 1 \quad$ …⑤
$\quad 23=14\cdot 1+9 \iff 9=23-14\cdot 1 \quad$ …⑥
$\quad 14=9\cdot 1+5 \iff 5=14-9\cdot 1 \quad$ …⑦
$\quad 9=5\cdot 1+4 \iff 4=9-5\cdot 1 \quad$ …⑧
$\quad 5=4\cdot 1+1 \iff 1=5-4\cdot 1$

割り算をして得られた結果を（余り）=……の形に変形しておく

A 整数の性質

これらを順に用いると,
$$1 = 5 - 4 \cdot 1$$
$$= 5 - (9 - 5 \cdot 1) \cdot 1 \quad (\text{⑧より})$$
$$= 5 \cdot 2 - 9$$
$$= (14 - 9 \cdot 1) \cdot 2 - 9 \quad (\text{⑦より})$$
$$= 14 \cdot 2 - 9 \cdot 3$$
$$= 14 \cdot 2 - (23 - 14 \cdot 1) \cdot 3 \quad (\text{⑥より})$$
$$= 14 \cdot 5 - 23 \cdot 3$$
$$= (37 - 23 \cdot 1) \cdot 5 - 23 \cdot 3 \quad (\text{⑤より})$$
$$= 37 \cdot 5 - 23 \cdot 8$$

> 目標は，$1 = 37 \times ● + 23 \times ■$ を満たす ●，■ の値を求めることである．
> そこで，⑤〜⑧を用いて，小さい数から順に消去していく．つまり，
> $$4 \longrightarrow 5 \longrightarrow 9 \longrightarrow 14$$
> の順に消去していき，37 と 23 を残した形を目指す

以上より，$37 \cdot 5 + 23 \cdot (-8) = 1$ が成り立つことが分かる．そこで，
$$37x + 23y = 1, \quad \cdots ④$$
$$37 \cdot 5 + 23 \cdot (-8) = 1 \quad \cdots ⑨$$

> 特殊解は，$(x, y) = (5, -8)$ である

の差を考える．④－⑨より，
$$37(x-5) + 23(y+8) = 0$$
$$37(x-5) = 23(-y-8) \quad \cdots ⑩$$

⑩の右辺は 23 の倍数なので左辺も 23 の倍数であり，37 と 23 は互いに素であるから，
$$x - 5 = 23m \, (m \text{ は整数}) \quad \therefore x = 23m + 5$$

このとき，⑩より，
$$37 \cdot 23m = 23(-y-8) \quad \therefore y = -37m - 8$$

以上より，④を満たす整数の組 (x, y) は，
$$(x, y) = (23m + 5, \, -37m - 8)$$

> これが与式の一般解である

であり，y の値が 40 に最も近いのは，$m = -1$ の場合である．ゆえに，
$$(x, y) = (-18, \, 29)$$

解説講義

$ax + by = c$ の形の不定方程式は，(1)の解答の右側に書かれている手順で解く．

a，b の値が(1)のような易しい数値であれば，特殊解はすぐに見つかるが，(2)のような数になるとなかなか見つけにくい．このような場合にはユークリッドの互除法のときと同じように割り算を行い，その結果を繰り返し用いることにより特殊解を発見できる．

文系数学の必勝ポイント

1次不定方程式 $ax + by = c$ の整数解

① まず特殊解 x_0, y_0 を見つけて，$a(x - x_0) + b(y - y_0) = 0$ に変形して考える

② 特殊解を見つけにくい場合は，繰り返し割り算をした結果を利用する

57 整数のグループ分け

n を正の整数とする．
(1) n を 7 で割った余りが 2 または 4 であるとき，n^2+n+1 は 7 で割り切れることを示せ．
(2) $n>1$ のとき，n^7-n は 42 で割り切れることを示せ． (関西大)

解答

以下において，k は 0 以上の整数とする．
(1) $n=7k+2$ のとき，
$$n^2+n+1=(7k+2)^2+(7k+2)+1=49k^2+35k+7=7(7k^2+5k+1)$$
$n=7k+4$ のとき，
$$n^2+n+1=(7k+4)^2+(7k+4)+1=49k^2+63k+21=7(7k^2+9k+3)$$
これより，$n=7k+2$，$n=7k+4$ のとき，n^2+n+1 は 7 で割り切れる．

(2) $n^7-n=n(n^6-1)=n(n^3-1)(n^3+1)$
$\qquad\qquad =n(n-1)(n^2+n+1)(n+1)(n^2-n+1)$
$\qquad\qquad =(n-1)n(n+1)(n^2+n+1)(n^2-n+1)$ …①

①において，
$n-1,\ n,\ n+1$ は連続する 3 つの整数なので，その積は 6 の倍数である．つまり，①は 6 の倍数である．

よって，①が 7 の倍数であることを証明すれば，
$\qquad n^7-n$ は 42 の倍数，つまり 42 で割り切れること
が示されたことになる．

※ $n-1,\ n,\ n+1$ のうち，少なくとも 1 つが偶数，どれか 1 つが 3 の倍数であるから，積は 6 の倍数である

・n が 7 の倍数のとき，①が 7 の倍数であることは明らか．
・$n=7k+1$ のとき，
　$n-1=7k$ となり，これが 7 の倍数なので，①は 7 の倍数である．
・$n=7k+2$ のとき，n^2+n+1 が 7 の倍数なので，①は 7 の倍数である．
・$n=7k+3$ のとき，
　$n^2-n+1=7(7k^2+5k+1)$ となり，これが 7 の倍数なので，①は 7 の倍数である．
・$n=7k+4$ のとき，n^2+n+1 が 7 の倍数なので，①は 7 の倍数である．
・$n=7k+5$ のとき，
　$n^2-n+1=7(7k^2+9k+3)$ となり，これが 7 の倍数なので，①は 7 の倍数である．
・$n=7k+6$ のとき，
　$n+1=7(k+1)$ となり，これが 7 の倍数なので，①は 7 の倍数である．
以上より，①はつねに 7 の倍数であることが示された．

したがって，①すなわち n^7-n は，6 の倍数かつ 7 の倍数であるから，42 の倍数である．つまり，42 で割り切れる．

A 整数の性質

解説講義

すべての整数はある整数で割った余りによって，いくつかのグループに分類できる．たとえば，すべての整数は，

7で割り切れる数，7で割ると1余る数，7で割ると2余る数，…，7で割ると6余る数，

の7つのいずれかのグループに属する．

すべての整数に対して証明をしたい場合に，このように，整数を「ある整数で割った余り」に着目してグループ分けをして考えることができる．特に，余りについての問題（割り切れるかを問う問題など）では，このようなグループ分けが有効な場合が多い．（いくつのグループに分けるかは問題によって変わる）

文系数学の必勝ポイント

整数のグループ分け
　すべての整数は，ある整数で割った余りに着目してグループ分けすることができる

One Point コラム

2つの整数 a, b と正の整数 m に対して，$a-b$ が m で割り切れるときに，「a と b は m を法として合同」といい，これを「$a \equiv b \pmod{m}$」と表す．これは合同式と呼ばれるもので，もう少し分かりやすい表現をすると，

a を m で割った余りと b を m で割った余りが等しいとき「$a \equiv b \pmod{m}$」と表す

と言いかえることができるので，こちらで理解しておけばよい．

たとえば，8と23を5で割った余りはともに3であるから，$8 \equiv 23 \pmod 5$ となる．

また，3を5で割った余りも3であるから，$8 \equiv 3 \pmod 5$ や $23 \equiv 3 \pmod 5$ も成り立つ．一般に「●を▲で割った余りが★」のとき「●≡★ (mod ▲)」と書ける．この書き方がとても便利であり，**57** (1)の解答は下のように書ける．

なお，合同式については，次の性質が成り立つことを覚えておこう．

$a \equiv b \pmod{m}$, $c \equiv d \pmod{m}$ のとき，

(I) $a+c \equiv b+d \pmod{m}$, $a-c \equiv b-d \pmod{m}$

(II) $ac \equiv bd \pmod{m}$

(III) $a^p \equiv b^p \pmod{m}$ （p は自然数）

<(1)の解答>

n を7で割った余りが2のとき，$n \equiv 2 \pmod 7$ であり，
$$n^2+n+1 \equiv 2^2+2+1 \pmod 7$$
$$n^2+n+1 \equiv 7 \pmod 7$$
$$n^2+n+1 \equiv 0 \pmod 7$$

n を7で割った余りが4のとき，$n \equiv 4 \pmod 7$ であり，上と同様にして，
$$n^2+n+1 \equiv 4^2+4+1 = 21 \equiv 0 \pmod 7$$

以上より，どちらの場合も，n^2+n+1 は7で割り切れる．

58 $N!$ に含まれる因数の個数（何回割れるか）

(1) $30!$ が 2^m で割り切れるとき，正の整数 m の最大値を求めよ．
(2) $30!$ の末尾に並ぶ 0 の個数を求めよ． (日本大)

解答

(1) 次の表は 1 から 30 までの自然数が，2 で割れる回数を●で示したものである．

```
 1  2  3  4  5  6  7  8  9 10 11 12 13 … 16 … 28 29 30
    ●     ●     ●     ●     ●     ●        …  ●  … ●      ●
          ●           ●           ●        …  ●  … ●
                      ●                    …  ●  …
                                           …  ●  …
```

2 の倍数は因数 2 を 1 つもつ．4 の倍数は因数 2 をもう 1 つもち，8 の倍数は因数 2 をさらにもう 1 つもち，16 の倍数は因数 2 をさらにもう 1 つもつ．

$30 \div 2 = 15$ より，$30!$ に含まれる 2 の倍数は 15 個，
$30 \div 2^2 = 7 \cdots 2$ より，$30!$ に含まれる 2^2 の倍数は 7 個，
$30 \div 2^3 = 3 \cdots 6$ より，$30!$ に含まれる 2^3 の倍数は 3 個，
$30 \div 2^4 = 1 \cdots 14$ より，$30!$ に含まれる 2^4 の倍数は 1 個

である．したがって，求める m の値は，$30!$ に含まれる因数 2 の個数であるから，
$$m = 15 + 7 + 3 + 1 = \mathbf{26}$$

(2) $30!$ の末尾に並ぶ 0 の個数は，$30!$ が 10 で何回割れるかを考えればよい．

(1)と同様に，$30!$ が 5 で何回割れるかを求めると， ☜ たとえば，537000 は，537×10^3 であり，10 で 3 回割れる
$$30 \div 5 = 6, \quad 30 \div 5^2 = 1 \cdots 5$$
より，$6 + 1 = 7$ 回である．

よって，$30!$ は 2 で 26 回，5 で 7 回割り切れるが，$10 = 2 \times 5$ なので，
$30!$ は 10 で 7 回割り切れる

ことになる．したがって，$30!$ の末尾に並ぶ 0 の個数は，**7 個**

解説講義

問題文の意味をきちんと把握することが大切である．(1)は，m をあまりに大きくしてしまうと「もう 2 で割れないよ」という状態になって，$30!$ を 2^m で割り切れなくなってしまう．逆に m が小さいと「まだまだ 2 で割れるよ」という状態になる．つまり，この問題では，$30!$ が何回 2 で割り切れるかを問われているのである．言いかえると，$30!$ に含まれる因数 2 の個数を問われているのである．そこで，1 から 30 までに 2 の倍数が 15 個あるからまず 15 回割り切れる．4 の倍数が 7 個あるからさらに 7 回，8 の倍数が 3 個あるからさらに 3 回，というように，2 で割れる回数を数えていけばよい．

文系数学の必勝ポイント

$N!$ に含まれる因数 2 の個数（2 で何回割れるか）
　　（$1 \sim N$ の 2 の倍数の個数）＋（$1 \sim N$ の 2^2 の倍数の個数）＋… と考える

A 整数の性質

59 n 進法

整数 N を4進法で表すと $ab_{(4)}$ となり，7進法で表すと $ba_{(7)}$ となる．このとき，a, b の値を求め，N を10進法で表せ．

解答

整数 a, b は，
$$0 < a \leq 3, \quad 0 < b \leq 3 \quad \cdots ①$$

※ 4進法は 0, 1, 2, 3 しか使えない．先頭に0がこれないことにも注意する

4進法で $ab_{(4)}$ と表される整数 N は，10進法で表すと，$N = 4a + b$ $\quad \cdots ②$

7進法で $ba_{(7)}$ と表される整数 N は，10進法で表すと，$N = 7b + a$ $\quad \cdots ③$

②，③より，$4a + b = 7b + a$ であるから，$a = 2b$ $\quad \cdots ④$

①の範囲で④を満たす整数 a, b の値を考えると，$a = 2$, $b = 1$ となる．

したがって，N を10進法で表すと，②（または③）から，
$$N = 4 \cdot 2 + 1 = 9$$

解説講義

我々が幼い頃から使っている数の世界は，0から9までの数字を使う10進法である．10進法では10だけ進むごとに位が1つ繰り上がる．これに対して4進法では，使える数字は0から3であり，4だけ進むごとに位が1つ繰り上がる．10進法で表される 0, 1, 2, … という数を4進法で順番に書いてみると次のようになる．

10進法：0, 1, 2, 3, 4, 5, 6, 7, 8, 9, 10, 11, 12, ……
4進法：0, 1, 2, 3, 10, 11, 12, 13, 20, 21, 22, 23, 30, ……

このとき，4進法で「abc」と3桁で表される数は，10進法ではいくつだろうか．10進法で157という数は $1 \times 100 + 5 \times 10 + 7 \times 1$，すなわち，$1 \times 10^2 + 5 \times 10^1 + 7 \times 1$ である．つまり，10進法で「pqr」と3桁で表される数は，$p \times 10^2 + q \times 10^1 + r \times 1$ である．これと同様にして，4進法で「abc」と3桁で表される数は，$a \times 4^2 + b \times 4^1 + c \times 1$ である．解答の②，③ではこのことを用いている．

文系数学の必勝ポイント

n 進法
n 進法で「abc」と表される数は，10進法では $a \times n^2 + b \times n^1 + c \times 1$

One Point コラム

$$157 = 4^3 \cdot 2 + 4^2 \cdot 1 + 4 \cdot 3 + 1$$

と変形できるから，10進法の157は4進法で表すと $2131_{(4)}$ である．右に示すように，繰り返し4で割っていったときに出てくる余りを下から順に並べると，10進法の数を4進法で表すことができる．2進法や3進法にするときも，同じような手法を使えばよい．

```
4 ) 157    余り
4 )  39  … 1
4 )   9  … 3
4 )   2  … 1
      0  … 2
```

60 二項定理

(1) $(3x^2-2)^6$ の展開式において,x^6 の係数を求めよ. (武蔵大)

(2) $\left(2x^2-\dfrac{1}{2x}\right)^6$ の展開式において,定数項を求めよ. (神奈川大)

(3) $(2x-y+z)^8$ の展開式において,$x^2y^3z^3$ の係数を求めよ. (鹿児島大)

解答

(1) $(3x^2-2)^6$ の展開式の一般項は,
$$_6C_r(3x^2)^{6-r}\cdot(-2)^r = {}_6C_r\cdot 3^{6-r}\cdot(-2)^r\cdot x^{12-2r}$$

$(a+b)^n$ の展開式の一般項は $_nC_r a^{n-r}b^r$ であり,n が 6,a が $3x^2$,b が -2 の場合である

である.x^6 は,$12-2r=6$ より $r=3$ の場合を考えればよく,求める係数は,
$$_6C_3\cdot 3^3\cdot(-2)^3 = 20\cdot 27\cdot(-8) = \mathbf{-4320}$$

(2) $\left(2x^2-\dfrac{1}{2x}\right)^6$ の展開式の一般項は,
$$_6C_r(2x^2)^{6-r}\left(-\dfrac{1}{2x}\right)^r = {}_6C_r\cdot 2^{6-r}\cdot x^{12-2r}\left(-\dfrac{1}{2}\right)^r\dfrac{1}{x^r} = {}_6C_r\cdot 2^{6-r}\cdot\left(-\dfrac{1}{2}\right)^r\dfrac{x^{12-2r}}{x^r}$$

である.定数項は,$12-2r=r$ より $r=4$ の場合を考えればよく,定数項は,
$$_6C_4\cdot 2^2\cdot\left(-\dfrac{1}{2}\right)^4 = \dfrac{6\cdot 5\cdot 4\cdot 3}{4\cdot 3\cdot 2\cdot 1}\cdot\dfrac{1}{2^2} = \mathbf{\dfrac{15}{4}}$$

(3) $(2x-y+z)^8$ の展開式の一般項は,
$$\dfrac{8!}{p!q!r!}(2x)^p(-y)^qz^r = \dfrac{8!}{p!q!r!}\cdot 2^p\cdot(-1)^q\cdot x^py^qz^r \quad (\text{ただし,}\ p+q+r=8)$$

である.$x^2y^3z^3$ は,$p=2$,$q=3$,$r=3$ の場合を考えればよく,求める係数は,
$$\dfrac{8!}{2!3!3!}\cdot 2^2\cdot(-1)^3 = \dfrac{8\cdot 7\cdot 6\cdot 5\cdot 4\cdot 3\cdot 2\cdot 1}{2\cdot 1\cdot 3\cdot 2\cdot 1\cdot 3\cdot 2\cdot 1}\cdot 4\cdot(-1) = \mathbf{-2240}$$

解説講義

$(a+b)^n$ を展開すると,
$$(a+b)^n = {}_nC_0 a^n + {}_nC_1 a^{n-1}b + {}_nC_2 a^{n-2}b^2 + \cdots + {}_nC_r a^{n-r}b^r + \cdots + {}_nC_n b^n \quad (n\text{ は自然数})$$
となる.この展開公式を**二項定理**という.この式において,$_nC_r a^{n-r}b^r$ を展開式の**一般項**という.

本問のような展開式の係数を決める問題では,二項定理で展開式の一般項を r を使って準備しておき,要求されている場合の r を決定して計算を進めていけばよい.

なお,$(a+b+c)^n$ の展開式の一般項は $\dfrac{n!}{p!q!r!}a^pb^qc^r$ (ただし,$p+q+r=n$) であり,こちらは多項定理と呼ばれている.

文系数学の必勝ポイント

二項定理
$$(a+b)^n = {}_nC_0 a^n + {}_nC_1 a^{n-1}b + {}_nC_2 a^{n-2}b^2 + \cdots + \underline{{}_nC_r a^{n-r}b^r} + \cdots + {}_nC_n b^n$$

係数決定では,まず一般項を準備する

61 分数式の計算

次の式を簡単にせよ．

(1) $\dfrac{x+11}{2x^2+7x+3} - \dfrac{x-10}{2x^2-3x-2}$　　(2) $1 - \dfrac{1}{1 - \dfrac{1}{1-x}}$

(駒澤大／名城大)

解答

(1) (与式) $= \dfrac{x+11}{(x+3)(2x+1)} - \dfrac{x-10}{(x-2)(2x+1)}$　◁ それぞれの分母を因数分解した

$= \dfrac{(x+11)(x-2)}{(x+3)(x-2)(2x+1)} - \dfrac{(x-10)(x+3)}{(x+3)(x-2)(2x+1)}$　◁ 分母を $(x+3)(x-2)(2x+1)$ で通分した

$= \dfrac{(x^2+9x-22)-(x^2-7x-30)}{(x+3)(x-2)(2x+1)}$

$= \dfrac{8(2x+1)}{(x+3)(x-2)(2x+1)}$

$= \dfrac{8}{(x+3)(x-2)}$

(2) $1 - \dfrac{1}{1 - \dfrac{1}{1-x}} = 1 - \dfrac{1 \times (1-x)}{\left(1 - \dfrac{1}{1-x}\right) \times (1-x)}$　◁ 分母と分子の両方に $1-x$ をかける

$= 1 - \dfrac{1-x}{(1-x)-1}$

$= 1 + \dfrac{1-x}{x}$

$= \dfrac{x+(1-x)}{x}$

$= \dfrac{1}{x}$

解説講義

$\dfrac{1}{6} + \dfrac{1}{10}$ は $6(=2\cdot 3)$ と $10(=2\cdot 5)$ の最小公倍数である $30(=2\cdot 3\cdot 5)$ で通分をして計算する．

分数式の足し算，引き算は，これと同じように分母の最小公倍数で通分をして計算すればよい．(1)では，分母が $(x+3)(2x+1)$ と $(x-2)(2x+1)$ の分数どうしの引き算を行うので，分母を $(x+3)(x-2)(2x+1)$ で通分して計算する．

(2)のような計算も苦手な人が多い．1つずつていねいに計算するのもよいのだが，上の解答のように「分母と分子に等しいものをかけて整理する」というやり方も便利である．

文系数学の必勝ポイント

分数式の足し算・引き算
　　最小公倍数で通分して計算する

62 恒等式の未定係数の決定

等式 $4x^2=a(x-1)(x-2)+b(x-1)+4$ が x についての恒等式となるような定数 a, b の値を求めよ． (福岡大)

解答

〈係数比較法〉

$$4x^2=a(x-1)(x-2)+b(x-1)+4 \quad \cdots ①$$

①の右辺を展開して整理すると，

$$4x^2=ax^2+(b-3a)x+(2a-b+4)$$

これが x についての恒等式となるから，両辺の係数に注目すると，

$$a=4,\ b-3a=0,\ 2a-b+4=0 \quad \text{← } x^2,\ x,\ \text{定数項の比較を行う}$$

である．これより，求める a, b の値は，$a=4,\ b=12$

〈数値代入法〉

$$4x^2=a(x-1)(x-2)+b(x-1)+4 \quad \cdots ②$$

②で $x=2$ とすると，$16=0+b\cdot 1+4$ となるから，$b=12$．

②で $x=0$ とすると，$0=a\cdot(-1)\cdot(-2)+b\cdot(-1)+4$ となるから，

$$0=2a-12+4 \qquad \therefore a=4$$

逆に，$a=4,\ b=12$ のとき，②は確かに恒等式となる．

← $a=4,\ b=12$ は，$x=2$ と $x=0$ で②が成り立つための条件として求めた．そのため，$a=4,\ b=12$ のときに他の x に対しても②が成り立つ，つまり②が恒等式であることを確認しないといけない

したがって，

$$a=4,\ b=12$$

解説講義

$x+2=5$ のように特定の値（この場合は $x=3$）に対してのみ等号が成り立つ等式を**方程式**と呼ぶのに対して，$(x+1)^2-2x=x^2+1$ …★ のようにすべての x に対して等号が成り立つ等式を**恒等式**と呼ぶ．★の左辺を整理すると，右辺の x^2+1 と一致するから，どのような x の値に対しても等号が成立するのである．「恒等式になるように」と言われたときには，両辺を整理したときに同じ式になる，と考えて係数を比較すればよい．このように両辺の係数を比較して，恒等式の未定係数を決定する方法を「**係数比較法**」と呼ぶ．

一方「**数値代入法**」は，特定の値に対して成り立つように未知数を決めていく方法である．ただし，そうして得られた値を用いたときに，与式が確かに恒等式になっていることを確認する必要がある．

恒等式という言葉を使わずに「すべての x に対して成り立つように」，「x の値に関係なく成り立つように」といった表現が用いられることもあることにも注意しよう．

文系数学の必勝ポイント

恒等式の未定係数の決定
- 係数比較法 ➡ 両辺を整理して係数を比較する
- 数値代入法 ➡ 計算しやすい値を代入して未知数を決定する

II 式と証明

63 等式の証明・条件式の利用

$a+b+c=0$ であるとき，$a^3+b^3+c^3=3abc$ が成り立つことを証明せよ．

(成城大)

解答

$a+b+c=0$ より，$c=-a-b$ である．このとき，

$a^3+b^3+c^3 = a^3+b^3+(-a-b)^3$ ◁ c を消去して考える

$\qquad\qquad = a^3+b^3-a^3-3a^2b-3ab^2-b^3$

$\qquad\qquad = -3a^2b-3ab^2 \qquad \cdots ①$

$3abc = 3ab(-a-b)$ ◁ c を消去して考える

$\qquad = -3a^2b-3ab^2 \qquad \cdots ② $ ◁ ①と一致した

①，②より，$a^3+b^3+c^3=3abc$ が成り立つ．

解説講義

等式「P=Q」を示すときには，

　手法 1：P を変形していき，Q と一致することを導く

　手法 2：P と Q をそれぞれ変形したものが一致していることを示す

という 2 通りの方法が一般的である．上の解答は手法 2 であるが，入試問題では手法 2 の形で証明することの方が多い．

また，本問のように「条件式」が与えられている場合には，その条件式を使って文字を減らして考えることが多い．文字を減らして考えることは，等式の証明に限らず数学のいろいろな問題を考える上での基本である．

文系数学の必勝ポイント

等式の証明

　手法 1：P を変形していき，Q と一致することを導く

　手法 2：P と Q をそれぞれ変形したものが一致していることを示す

One Point コラム

少しマニアックな因数分解であるが，

$$a^3+b^3+c^3-3abc=(a+b+c)(a^2+b^2+c^2-ab-bc-ca)$$

を習った記憶のある人もいるだろう．余裕があれば知っておきたい公式である．

これを用いると，上の問題は一瞬である．

$a+b+c=0$ であるから，

$$a^3+b^3+c^3-3abc=(a+b+c)(a^2+b^2+c^2-ab-bc-ca)=0$$

となる．よって，

$$a^3+b^3+c^3=3abc$$

である．

II 式と証明

64 不等式の証明

(1) $a>0$, $b>0$ のとき, 不等式 $(a+b)(a^3+b^3) \geqq (a^2+b^2)^2$ が成り立つことを示せ.

(2) $a>0$, $b>0$ のとき, 不等式 $\sqrt{2(a+b)} \geqq \sqrt{a}+\sqrt{b}$ が成り立つことを示せ.

(青山学院大／龍谷大)

解答

(1) $(a+b)(a^3+b^3)-(a^2+b^2)^2$

　　まず大−小, つまり (左辺)−(右辺) を準備する

$= (a^4+ab^3+a^3b+b^4)-(a^4+2a^2b^2+b^4)$
$= ab^3+a^3b-2a^2b^2$
$= ab(a^2-2ab+b^2) = ab(a-b)^2$

$a>0$, $b>0$ より, $ab(a-b)^2 \geqq 0$ であるから,

$$(a+b)(a^3+b^3)-(a^2+b^2)^2 \geqq 0$$

となる. したがって,

$$(a+b)(a^3+b^3) \geqq (a^2+b^2)^2$$

(2) $\left\{\sqrt{2(a+b)}\right\}^2 - (\sqrt{a}+\sqrt{b})^2 = 2(a+b)-(a+2\sqrt{ab}+b)$

　　根号があるので, (左辺)−(右辺) ではなく, まず, (左辺)^2−(右辺)^2 を準備する

$= a-2\sqrt{ab}+b$
$= (\sqrt{a}-\sqrt{b})^2$

$(\sqrt{a}-\sqrt{b})^2 \geqq 0$ より, $\left\{\sqrt{2(a+b)}\right\}^2 - (\sqrt{a}+\sqrt{b})^2 \geqq 0$ であるから,

$$\left\{\sqrt{2(a+b)}\right\}^2 \geqq (\sqrt{a}+\sqrt{b})^2 \quad \cdots ①$$

$\sqrt{2(a+b)}>0$, $\sqrt{a}+\sqrt{b}>0$ であるから, ① より,

　　$P>0$, $Q>0$ のとき, $P^2 \geqq Q^2 \iff P \geqq Q$ である

$$\sqrt{2(a+b)} \geqq \sqrt{a}+\sqrt{b}$$

解説講義

不等式「$P \geqq Q$」を証明するときには, 通常, この与えられた式のまま示すことはしない. まず $P-Q$ (つまり, 大−小) を設定して, これを分析する. そして, 「$P-Q \geqq 0$」を示すことができたら, これは「$P \geqq Q$」を証明できたことになる. 『**不等式の証明では, まず大−小を設定する**』ということを覚えておかないといけない.

さらに, "$\geqq 0$" を示すときには平方完成がよく用いられることも常識にしておきたい. 文字が実数であれば 2 乗は 0 以上である, ということを利用している. 平方完成以外には「因数分解して, その符号の組合せを考える」ということもある (例えば, 正×正 >0 など).

文系数学の必勝ポイント

不等式の証明
① まず, 大−小を設定して分析する
② "$\geqq 0$" を示すときには, 平方完成がよく用いられる

II 式と証明

65 相加平均と相乗平均の大小関係

(1) $a>0, b>0$ に対して,不等式 $\dfrac{a+b}{2} \geqq \sqrt{ab}$ が成り立つことを証明せよ. また,等号が成り立つときの a, b の条件を求めよ.

(2) x を正の実数とするとき,$\dfrac{x^2+x+9}{x}$ の最小値を求めよ. （桜美林大）

解答

(1) $\dfrac{a+b}{2}-\sqrt{ab}=\dfrac{a-2\sqrt{ab}+b}{2}=\dfrac{(\sqrt{a}-\sqrt{b})^2}{2}\geqq 0$ …① ☜ 2乗したものを考えなくてもできる

これより,$\dfrac{a+b}{2}\geqq\sqrt{ab}$ である.

また,等号が成り立つ条件は,①で等号が成り立つ場合を考えて,

$$\sqrt{a}-\sqrt{b}=0, \quad すなわち, \quad a=b$$

(2) $P=\dfrac{x^2+x+9}{x}=x+1+\dfrac{9}{x}$ とする. ☜ 分数式の最大最小は,相加相乗の大小関係をよく使う

$x>0$ であるから,相加平均と相乗平均の大小関係を用いて,

$$x+\dfrac{9}{x}\geqq 2\sqrt{x\cdot\dfrac{9}{x}}=6$$

☜ $a+b\geqq 2\sqrt{ab}$ の形で使う（a を x,b を $\dfrac{9}{x}$ と考えた）

両辺に 1 をたすと,

$$x+1+\dfrac{9}{x}\geqq 6+1 \quad \therefore P\geqq 7$$

☜ $a+b\geqq 2\sqrt{ab}$ において等号が成り立つのは,$a=b$ のときである

これらの不等式で等号が成り立つのは,$x=\dfrac{9}{x}$ より $x=3$ のときである.以上より,

最小値 7（$x=3$ のとき）

解説講義

(1)で証明した不等式が「**相加平均と相乗平均の大小関係**」であり,(2)のような分数式の最大値,最小値を求める問題で用いられることが多い.相加平均と相乗平均の大小関係は,分母を払って,$a+b\geqq 2\sqrt{ab}$ の形で使うことが非常に多いということを知っておくとよい.

上の解答では,「$P\geqq 7$」が得られた後に,「最小値7」と一気に答えてはいない.これは「$P\geqq 7$ ならば最小値は7」といえないためである.もし P の最小値が8や9だったとしても「$P\geqq 7$」という不等式は間違っていない.そこで,$P\geqq 7$ という不等式が成り立つことから,最小値が7未満になることはないので,「もし $P\geqq 7$ の不等式で等号が成立したとすれば,最小値は7と確定する」ということになるから,「$P\geqq 7$」が得られた後に,この不等式における等号成立条件を調べているのである.

文系数学の必勝ポイント

相加平均と相乗平均の大小関係

① $a>0, b>0$ に対して,$\dfrac{a+b}{2}\geqq\sqrt{ab}$ が成り立つ

② 分数式の最大最小 ➡ 相加相乗を利用する（等号成立条件を確認!）

66 複素数の計算

i は虚数単位とする．次の数を $a+bi$ (a, b は実数) の形で表せ．
(1) $(4+2i)+(5-7i)$ (2) $\dfrac{(2+i)^2}{2-i}$

解答

(1) $(4+2i)+(5-7i)=(4+5)+(2-7)i=\mathbf{9-5i}$

(2) $\dfrac{(2+i)^2}{2-i}=\dfrac{(2+i)^3}{(2-i)(2+i)}$ ◁ 分母，分子に $2-i$ の共役な複素数 $2+i$ をかける

$=\dfrac{2^3+3\cdot 2^2\cdot i+3\cdot 2\cdot i^2+i^3}{4-i^2}$

$=\dfrac{8+12i+6\cdot(-1)+(-1)i}{4-(-1)}$ ◁ $i^2=-1$ である．$i^3=i^2\cdot i=(-1)i$ となる

$=\dfrac{8+12i-6-i}{5}=\dfrac{\mathbf{2}}{\mathbf{5}}+\dfrac{\mathbf{11}}{\mathbf{5}}i\left(=\dfrac{2+11i}{5}\right)$

解説講義

複素数の計算では，$i^2=-1$ に注意すれば，i を文字と考えて普通の文字式を扱うときと同じように計算できる．

そして，$p+qi$ (p, q は実数) に対して，$p-qi$ を**共役な複素数**と呼ぶことを知っておこう．通常，複素数を取り扱うときには，「分母に i を残さない」ことが普通である．分母から i を追い出すときには，解答のように分母の共役な複素数を分母と分子の両方にかければよい．$(p+qi)(p-qi)=p^2+q^2$ であるから，分母から i を追い出すことができる．

文系数学の必勝ポイント

複素数の計算
① i は普通の文字と同様に扱えばよい．ただし $i^2=-1$ である．
② 分母から i を追い出すときには，共役な複素数を分母と分子にかける

One Point コラム

皆さんが幼少の頃に知っていた数は「整数（しかも 0 以上）」だけであったわけだが，算数，数学を苦しみながら勉強することによって，皆さんの数の世界は，右に示すように大きく広がってきたわけである．数学は正しい用語を使うことが大切である．例えば「有理数とは何か？」ということなども，もう一度教科書で見直しておきたいところである．

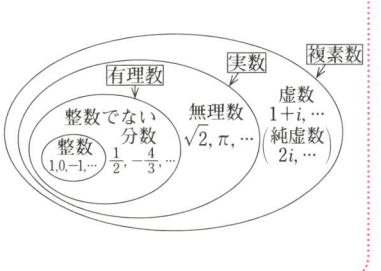

67 複素数の相等

(1) $(2+3i)x+(4+5i)y=6+7i$ を満たす実数 x, y の値を求めよ.
(2) $z^2=-2i$ を満たす複素数 z を求めよ.　　　　　　(桜美林大／明治大)

解答

(1) 与式の左辺を整理すると,
$$(2x+4y)+(3x+5y)i=6+7i$$
x, y は実数であるから,
$$2x+4y=6,\ 3x+5y=7$$
　☞ 両辺の実部と虚部を比較する

これを解くと,
$$x=-1,\ y=2$$

(2) $z=p+qi$ (p, q は実数)とすると, $z^2=-2i$ であるから,
$$(p+qi)^2=-2i$$
$$(p^2-q^2)+2pqi=-2i$$
p, q は実数であるから,
$$\begin{cases} p^2-q^2=0 & \cdots ① \\ 2pq=-2 & \cdots ② \end{cases}$$
　☞ 両辺の実部と虚部を比較する.
右辺の $-2i$ は, $0-2i$ と考える

①より, $(p-q)(p+q)=0$ となるから, $p=q$ または $p=-q$ である.

$p=q$ のとき, ②より,
$$2q^2=-2\ \ \text{すなわち}\ \ q^2=-1$$
となるが, これは q が実数であることに反する.

①を $p^2=q^2$ と変形して, $p=q$ のみしか考えないミスがよくある. $p=-q$ であっても $p^2=q^2$ は成り立つ

$p=-q$ のとき, ②より,
$$-2q^2=-2\ \ \therefore\ q=\pm 1$$
このとき, p の値も求めると, $(p,\ q)=(-1,\ 1),\ (1,\ -1)$ となる.
したがって, $z^2=-2i$ を満たす複素数 z は, $\boldsymbol{z=-1+i,\ 1-i}$

解説講義

複素数 $p+qi$ (p, q は実数)において, p を実部, q を虚部とよぶ. 2つの複素数があって, 実部と虚部がともに等しい場合, その2つの複素数は等しいとする. つまり,
$$p+qi=r+si\ \Longleftrightarrow\ p=r\ \text{かつ}\ q=s\ \ \ (p,\ q,\ r,\ s\ \text{は実数})$$
である.

文系数学の必勝ポイント

複素数の相等
p, q, r, s を実数とするとき,
$$p+qi=r+si\ \Longleftrightarrow\ p=r\ \text{かつ}\ q=s$$

68 解と係数の関係

2次方程式 $2x^2+3x+k=0$ において,2つの解の比が $1:2$ であるとき,定数 k の値を求めよ.　　　　　　　　　　　(神奈川大)

解答

条件から,2つの解は α, 2α とおける ($\alpha \neq 0$).このとき,解と係数の関係より,

$$\begin{cases} \alpha + 2\alpha = -\dfrac{3}{2} & \cdots ① \\ \alpha \cdot 2\alpha = \dfrac{k}{2} & \cdots ② \end{cases}$$

が成り立つ.①より,$\alpha = -\dfrac{1}{2}$ である.②より,$k = 4\alpha^2$ であるから,

$$k = 4\alpha^2 = 4 \cdot \left(-\dfrac{1}{2}\right)^2 = 1$$

解説講義

$$\boxed{?\qquad} = 0 \quad \cdots ①$$

①の解が $x=1$, 3 であるならば,①はどんな方程式だったのだろうか？

難しいことはない.$x=1$, 3 が解として得られるわけであるから,

$$(x-1)(x-3) = 0$$

である.すなわち,

$$x^2 - 4x + 3 = 0$$

が①の正体である.ちなみに,$2x^2 - 8x + 6 = 0$ や $3x^2 - 12x + 9 = 0$ でも正しい.

これと同じように考えてみよう.2次方程式 $ax^2 + bx + c = 0$ (a, b, c は実数で $a \neq 0$) の2つの解を α, β とする.$ax^2 + bx + c = 0$ は $x^2 + \dfrac{b}{a}x + \dfrac{c}{a} = 0$ と変形できるから,これが α, β を解にもつと考えると,

$$x^2 + \dfrac{b}{a}x + \dfrac{c}{a} = (x-\alpha)(x-\beta)$$

すなわち,

$$x^2 + \dfrac{b}{a}x + \dfrac{c}{a} = x^2 - (\alpha+\beta)x + \alpha\beta$$

が成り立つことになる.よって,両辺の係数を比較すると,

$$\alpha + \beta = -\dfrac{b}{a}, \quad \alpha\beta = \dfrac{c}{a}$$

となる.これを「**解と係数の関係**」と呼ぶ.解と係数の関係を用いると,実際に解を求めなくても2つの解の和と積が計算できる.

文系数学の必勝ポイント

2次方程式の解と係数の関係

$ax^2 + bx + c = 0$ の2解が α, β のとき,$\alpha + \beta = -\dfrac{b}{a}$, $\alpha\beta = \dfrac{c}{a}$ が

成り立つ

69 解から方程式をつくる

2次方程式 $x^2-4x-2=0$ の2つの解を α, β とするとき, $\dfrac{\alpha^2}{\beta}$ と $\dfrac{\beta^2}{\alpha}$ を解とする2次方程式を1つ求めよ。　　　　　　　　　　　　　（立教大）

解答

$x^2-4x-2=0$ の2つの解が α, β であるから, 解と係数の関係より,
$$\alpha+\beta=4,\quad \alpha\beta=-2 \quad \cdots ①$$
が成り立つ.

$\dfrac{\alpha^2}{\beta}$ と $\dfrac{\beta^2}{\alpha}$ を解にもつ2次方程式の1つは,
$$\left(x-\dfrac{\alpha^2}{\beta}\right)\left(x-\dfrac{\beta^2}{\alpha}\right)=0$$
すなわち,
$$x^2-\left(\dfrac{\alpha^2}{\beta}+\dfrac{\beta^2}{\alpha}\right)x+\dfrac{\alpha^2}{\beta}\cdot\dfrac{\beta^2}{\alpha}=0 \quad \cdots ②$$

◆ $\dfrac{\alpha^2}{\beta}+\dfrac{\beta^2}{\alpha}$ と, $\dfrac{\alpha^2}{\beta}\cdot\dfrac{\beta^2}{\alpha}$ の値が分かれば, 答えが求められたことになる

ここで, ①を用いると,
$$\begin{aligned}\dfrac{\alpha^2}{\beta}+\dfrac{\beta^2}{\alpha}&=\dfrac{\alpha^3+\beta^3}{\alpha\beta}\\&=\dfrac{(\alpha+\beta)^3-3\alpha\beta(\alpha+\beta)}{\alpha\beta}\\&=\dfrac{4^3-3\cdot(-2)\cdot 4}{-2}=-44\end{aligned}$$
$$\dfrac{\alpha^2}{\beta}\cdot\dfrac{\beta^2}{\alpha}=\alpha\beta=-2$$

◆ $(\alpha+\beta)^3$ を展開すると,
$$(\alpha+\beta)^3=\alpha^3+3\alpha^2\beta+3\alpha\beta^2+\beta^3$$
である. これを変形すると,
$$\begin{aligned}\alpha^3+\beta^3&=(\alpha+\beta)^3-3\alpha^2\beta-3\alpha\beta^2\\&=(\alpha+\beta)^3-3\alpha\beta(\alpha+\beta)\end{aligned}$$
となる. よく使う関係式なので, きちんと覚えておこう

であるから, ②より, 求める2次方程式の1つは,
$$x^2+44x-2=0$$
$(2x^2+88x-4=0$ などでもよい$)$

解説講義

68 の解説講義の中で, 解と係数の関係が成り立つ理由を説明してあるが, それが理解できていれば容易だろう. $x=p$, q を解とする2次方程式（x^2 の係数は1とする）は,
$$(x-p)(x-q)=0 \iff x^2-(p+q)x+pq=0$$
である. よって, 2解の和 $p+q$ と2解の積 pq が分かれば, $x=p$, q を解とする2次方程式は求められたも同然である. この結果を安易に記憶するのではなく, きちんと理解をしておくことが大切である.

文系数学の必勝ポイント

解から方程式を作る

$x=p$, q を解とする2次方程式（x^2 の係数は1とする）は,
$$(x-p)(x-q)=0 \quad \text{すなわち,} \quad x^2-(p+q)x+pq=0$$

70 整式の除法

x の整式 x^4+px^2+q が x^2-2x+4 で割り切れるとき,定数 p, q の値を求めよ. （神戸女子大）

解答

$$
\begin{array}{r}
x^2+2x+p \\
x^2-2x+4\,\overline{\big)\,x^4+px^2+q} \\
\underline{x^4-2x^3+4x^2} \\
2x^3+(p-4)x^2 \\
\underline{2x^3-4x^2+8x} \\
px^2-8x+q \\
\underline{px^2-2px+4p} \\
(2p-8)x+(q-4p)
\end{array}
$$

上の計算から,x^4+px^2+q が x^2-2x+4 で割り切れるとき,

$$2p-8=0 \quad \text{かつ} \quad q-4p=0$$

＜余りが,$(2p-8)x+(q-4p)$ であるから,これが 0 であればよい

であればよいから,これを解いて,

$$p=4, \quad q=16$$

＜別解＞

x^4+px^2+q が x^2-2x+4 で割り切れるとき,

商を x^2+ax+b

＜4次式を2次式で割っているから,商は2次式になる.x^4 の係数は1なので,商は ax^2+bx+c ではなく,x^2+ax+b とおけばよい

とおくと,

$$x^4+px^2+q=(x^2-2x+4)(x^2+ax+b)$$

が成り立つ.右辺を展開して整理すると,

$$x^4+px^2+q=x^4+(a-2)x^3+(-2a+b+4)x^2+(4a-2b)x+4b$$

となる.よって,係数を比較すると,

$$0=a-2, \quad p=-2a+b+4, \quad 0=4a-2b, \quad q=4b$$

が得られる.これを解くと,

$$p=4, \quad q=16$$

解説講義

上の解答のように,整式の割り算は,数のときの割り算と同じ要領で計算できる.

別解は,71 の解説講義の冒頭に書かれている割り算についての等式を用いたものである.71 で学習する「剰余の定理」もこの等式から導ける定理であるが,割り算の問題ではこの等式が活躍する場面が多い.

文系数学 の 必勝 ポイント

整式の除法
　　数の割り算と同じ要領で筆算ができる

71 剰余の定理

(1) 整式 x^3-x^2-2x+1 を $x+2$ で割った余りを求めよ．
(2) x についての整式 $P(x)=x^3+ax^2-16$ が $x-2$ で割り切れるとき，定数 a の値を求めよ．
　　　　　　　　　　　　　　　　　　　　　　　　　　　　（立教大／成蹊大）

解答

(1) $f(x)=x^3-x^2-2x+1$ とする．
　剰余の定理から，$f(x)$ を 1 次式 $x+2$ で割った余りは $f(-2)$ であるから，
$$f(-2)=(-2)^3-(-2)^2-2\cdot(-2)+1=\mathbf{-7}$$

(2) $P(x)$ が $x-2$ で割り切れるとき，$P(2)=0$ が成り立つから，
$$2^3+a\cdot 2^2-16=0$$
$$a=\mathbf{2}$$

解説講義

　x の整式 $f(x)$ を $g(x)$ で割ったときの商を $Q(x)$，余りを $R(x)$ とすると，
$$f(x)=g(x)Q(x)+R(x)$$
である．ただし，$(R(x)$ の次数$)<(g(x)$ の次数$)$，または $R(x)=0$ である．
　整式の割り算についての問題ではこの等式を用いることが多い．余りの $R(x)$ の次数は $g(x)$ の次数より低いことにも注意する．この関係を用いると，剰余の定理を導くことができる．
　整式 $f(x)$ を 1 次式 $x-\alpha$ で割った余りは定数である．そこで，その余りを r，商を $Q(x)$ とすると，
$$f(x)=(x-\alpha)Q(x)+r \quad \cdots ①$$
が成り立つ．①において $x=\alpha$ とすると，
$$f(\alpha)=0+r$$
となるから，
$$余り\ r=f(\alpha)$$
とわかる．つまり，
$$f(x)\ を\ 1\ 次式\ x-\alpha\ で割った余りは\ f(\alpha)$$
である．これを**剰余の定理**という．
　さらに，$f(x)$ が $x-\alpha$ で割り切れるとき，余りは 0 であるから，
$$f(x)\ が\ x-\alpha\ で割り切れる\ \Longleftrightarrow\ f(\alpha)=0$$
となる．これは**因数定理**と呼ばれている．

文系数学の必勝ポイント

1 次式で割った余り
① $f(x)$ を 1 次式 $x-\alpha$ で割った余りは $f(\alpha)$ である　　　＜剰余の定理＞
② $f(x)$ が 1 次式 $x-\alpha$ で割り切れる $\Longleftrightarrow f(\alpha)=0$　　＜因数定理＞

72 余りの問題

整式 $P(x)$ を $(x+1)(x-2)$ で割ると余りは $2x+9$, $(x+1)(x+2)$ で割ると余りは $-10x-3$ になる．このとき，$P(x)$ を $(x+1)(x-2)(x+2)$ で割った余りを求めよ．

(南山大)

解答

整式 $P(x)$ を $(x+1)(x-2)$ で割った商を $Q_1(x)$, $(x+1)(x+2)$ で割った商を $Q_2(x)$ とすると，

$$P(x)=(x+1)(x-2)Q_1(x)+2x+9 \quad \cdots ①$$
$$P(x)=(x+1)(x+2)Q_2(x)-10x-3 \quad \cdots ②$$

が成り立つ．①で $x=-1$, 2 にすると，

$$P(-1)=2\cdot(-1)+9=7 \quad \cdots ③$$
$$P(2)=2\cdot 2+9=13 \quad \cdots ④$$

また，②で $x=-2$ にすると，

$$P(-2)=-10\cdot(-2)-3=17 \quad \cdots ⑤$$

☞ 整式の割り算の問題では，
$$f(x)=g(x)Q(x)+R(x)$$
の形の式を作って考えることが大切である

☞ $x=-1$, 2 にすれば，自分でおいた $Q_1(x)$ は消えてくれる

☞ $x=-1$ にすると③と同じものが得られる

ここで，$P(x)$ を $(x+1)(x-2)(x+2)$ で割った商を $Q_3(x)$, 余りを ax^2+bx+c とすると，

$$P(x)=(x+1)(x-2)(x+2)Q_3(x)+ax^2+bx+c \quad \cdots ⑥$$

が成り立つ．⑥で $x=-1$, 2, -2 にすると，

$$\begin{cases} P(-1)=a-b+c=7 & (③より) \quad \cdots ⑦\\ P(2)=4a+2b+c=13 & (④より) \quad \cdots ⑧\\ P(-2)=4a-2b+c=17 & (⑤より) \quad \cdots ⑨ \end{cases}$$

これを解くと，$a=3$, $b=-1$, $c=3$ となる．

以上より，求める余りは，$\boldsymbol{3x^2-x+3}$

⑧－⑨より，
$$4b=-4$$
$$b=-1$$
このとき，⑦, ⑧から，
$$\begin{cases} a+c=6 \\ 4a+c=15 \end{cases}$$
となる

解説講義

割り算についての等式「$f(x)=g(x)Q(x)+R(x)$」を立てて考える代表的な問題である．

n 次式（n は自然数）で割った余りは，$n-1$ 次以下の式なので，2 次式で割った余りを考えるときには 1 次式で，3 次式で割った余りを考えるときには 2 次式で余りを設定して考える．

$f(x)=g(x)Q(x)+R(x)$ の式を立てたら，求めたいものは余りなので商は邪魔である．商を消すことのできる x の値（本問であれば $x=-1$, 2, -2）を考えて，余りの部分に関する情報（本問であれば⑦, ⑧, ⑨）を手に入れて，それを計算すれば正解である．

文系数学の必勝ポイント

余りの問題
① 割り算についての等式 $f(x)=g(x)Q(x)+R(x)$ を立てて考える
② n 次式で割った余りは，$n-1$ 次式で設定する
③ 商を消すことのできる x の値を考える

73 高次方程式

(1) $x^3 - 21x^2 + 128x - 180 = 0$ を解け．
(2) $2x^3 + 3x^2 + 2x - 2 = 0$ を解け．

(久留米大／法政大)

解答

(1) $\qquad x^3 - 21x^2 + 128x - 180 = 0 \qquad \cdots ①$

左辺に $x=2$ を代入してみると，

$$(左辺) = 8 - 21 \cdot 4 + 128 \cdot 2 - 180 = 0$$

となるから，$x=2$ は①の解である．よって，左辺は $x-2$ を因数にもつ．

①より，

$$(x-2)(x^2 - 19x + 90) = 0$$
$$(x-2)(x-9)(x-10) = 0$$
$$x = 2, \ 9, \ 10$$

	2	1	-21	128	-180
			2	-38	180
		1	-19	90	0

(組立除法)

(2) $\qquad 2x^3 + 3x^2 + 2x - 2 = 0 \qquad \cdots ②$

(1)と同様の手順で，$x = \dfrac{1}{2}$ が②を満たすことを確認して，

$$\left(x - \dfrac{1}{2}\right)(2x^2 + 4x + 4) = 0$$
$$(2x-1)(x^2 + 2x + 2) = 0$$
$$x = \dfrac{1}{2}, \ -1 \pm i$$

	$\dfrac{1}{2}$	2	3	2	-2
			1	2	2
		2	4	4	0

(組立除法)

解説講義

たとえば，3次方程式 $(x-1)(x-2)(x+3)=0$ の解は，$x=1, \ 2, \ -3$ とすぐに分かる．つまり，高次方程式は因数分解できれば解を求めることができる．

高次方程式を解くときには，$1, \ -1, \ 2, \ -2, \ \cdots$ などを順番に代入していき，まず解を1つ見つける．(1)であれば，$x=1$ を代入しても①は成立しないが，$x=2$ を代入すると①が成立することを計算用紙で計算して発見する．$x=2$ が方程式の解であることが分かったので，①は $(x-2)(\cdots\cdots) = 0$ と変形できる．そこで，①の左辺の式を $x-2$ で割って，因数分解した形に変形して考えていく．簡便な割り算の方法である組立除法を用いるとよい．

順番に値を代入していくときには「定数項の約数（負のものまで含めて）」を，易しそうな値から順に代入していくと良い．ただし，(2)のように最高次の項の係数が1でない場合は，その最高次の係数（(2)であれば 2）を分母とする分数が解になっていることもある．整数をいくつか試してみて，なかなか解が見つからない場合は，このような分数を試してみよう．

文系数学の必勝ポイント

高次方程式
① 定数項の約数を代入して解を見つけ，因数分解をする
　　（α が $P(x)=0$ の解 $\Rightarrow$ $P(x)=0$ は $(x-\alpha)(\cdots\cdots)=0$ と変形できる）
② 最高次の項の係数が1でない場合は，分数が解になる可能性も考慮する

74 3次方程式の解と係数の関係

$x^3+x+1=0$ の解を $\alpha,\ \beta,\ \gamma$ とする.
(1) $\alpha^2+\beta^2+\gamma^2$ の値を求めよ.
(2) $\alpha^2,\ \beta^2,\ \gamma^2$ を解にもつ3次方程式を1つ求めよ.

(東京理科大)

解答

(1) $x^3+x+1=0$ の解が $x=\alpha,\ \beta,\ \gamma$ であるから,解と係数の関係より,
$$\alpha+\beta+\gamma=0,\ \alpha\beta+\beta\gamma+\gamma\alpha=1,\ \alpha\beta\gamma=-1$$
が成り立つ.これを用いると,
$$\alpha^2+\beta^2+\gamma^2=(\alpha+\beta+\gamma)^2-2(\alpha\beta+\beta\gamma+\gamma\alpha)=0-2\cdot 1=\boldsymbol{-2}$$

(2) $\alpha^2,\ \beta^2,\ \gamma^2$ を解にもつ3次方程式は,
$$(x-\alpha^2)(x-\beta^2)(x-\gamma^2)=0$$
すなわち,
$$x^3-(\alpha^2+\beta^2+\gamma^2)x^2+(\alpha^2\beta^2+\beta^2\gamma^2+\gamma^2\alpha^2)x-\alpha^2\beta^2\gamma^2=0 \quad \cdots\text{①}$$
ここで,
$\alpha^2+\beta^2+\gamma^2=-2$
$\alpha^2\beta^2+\beta^2\gamma^2+\gamma^2\alpha^2=(\alpha\beta+\beta\gamma+\gamma\alpha)^2-2(\alpha\beta\cdot\beta\gamma+\beta\gamma\cdot\gamma\alpha+\gamma\alpha\cdot\alpha\beta)$
$\qquad\qquad\qquad\quad=(\alpha\beta+\beta\gamma+\gamma\alpha)^2-2\alpha\beta\gamma(\beta+\gamma+\alpha)$
$\qquad\qquad\qquad\quad=1^2-2\cdot(-1)\cdot 0=1$
$\alpha^2\beta^2\gamma^2=(\alpha\beta\gamma)^2=(-1)^2=1$

$\alpha\beta=a,\ \beta\gamma=b,\ \gamma\alpha=c$ とすると,
$\alpha^2\beta^2+\beta^2\gamma^2+\gamma^2\alpha^2$
$=a^2+b^2+c^2$
$=(a+b+c)^2-2(ab+bc+ca)$
$=(\alpha\beta+\beta\gamma+\gamma\alpha)^2-2(\alpha\beta\cdot\beta\gamma+\beta\gamma\cdot\gamma\alpha+\gamma\alpha\cdot\alpha\beta)$
となる

よって,①より,求める3次方程式の1つは,
$$\boldsymbol{x^3+2x^2+x-1=0}$$

解説講義

$ax^3+bx^2+cx+d=0$,すなわち,$x^3+\dfrac{b}{a}x^2+\dfrac{c}{a}x+\dfrac{d}{a}=0$ が $x=\alpha,\ \beta,\ \gamma$ を解にもつとき,
$$x^3+\dfrac{b}{a}x^2+\dfrac{c}{a}x+\dfrac{d}{a}=(x-\alpha)(x-\beta)(x-\gamma)$$
が成り立つ.右辺を展開して整理をして,左辺と比べることにより,
$$\alpha+\beta+\gamma=-\dfrac{b}{a},\ \alpha\beta+\beta\gamma+\gamma\alpha=\dfrac{c}{a},\ \alpha\beta\gamma=-\dfrac{d}{a}$$
が成り立つことが分かる.右辺を展開する計算が大変だが,やってみよう.

文系数学の必勝ポイント

3次方程式の解と係数の関係

$ax^3+bx^2+cx+d=0$ の解が $x=\alpha,\ \beta,\ \gamma$ であるとき,
$$\alpha+\beta+\gamma=-\dfrac{b}{a},\ \alpha\beta+\beta\gamma+\gamma\alpha=\dfrac{c}{a},\ \alpha\beta\gamma=-\dfrac{d}{a}$$

75 共役な解・3次方程式の解と係数の関係

x の3次方程式 $x^3-4x^2+ax+b=0$ が $1+i$ を解にもつとき, 実数 a, b の値と $1+i$ 以外の解を求めよ. 　　　　　　　(神奈川大)

解答

$$x^3-4x^2+ax+b=0 \quad \cdots(*)$$

$x=1+i$ が実数係数の方程式 $(*)$ の解であるから, $x=1-i$ も $(*)$ の解である.
もう1つの解を γ とすると, 解と係数の関係より,

$1+i$ と $1-i$ はセットで解になる

$$\begin{cases} (1+i)+(1-i)+\gamma=4 \\ (1+i)(1-i)+(1-i)\gamma+\gamma(1+i)=a \\ (1+i)(1-i)\gamma=-b \end{cases}$$

が成り立つ. これを整理すると,

$$\begin{cases} 2+\gamma=4 \\ 1-i^2+2\gamma=a \\ (1-i^2)\gamma=-b \end{cases} \therefore \begin{cases} \gamma=2 & \cdots① \\ 2+2\gamma=a & \cdots② \\ 2\gamma=-b & \cdots③ \end{cases}$$

①を②と③に代入すると, $a=6$, $b=-4$ となる. 以上より,

$$a=6,\ b=-4,\ 1+i\ \text{以外の解は}\ 1-i\ \text{と}\ 2$$

<別解>

$x=1+i$ は $(*)$ の解であるから,

$$(1+i)^3-4(1+i)^2+a(1+i)+b=0$$
$$(a+b-2)+(a-6)i=0$$

a, b は実数であるから,

$$a+b-2=0\ \text{かつ}\ a-6=0 \qquad \therefore a=6,\ b=-4$$

このとき $(*)$ は, $x^3-4x^2+6x-4=0$ となり,

$$(x-2)(x^2-2x+2)=0 \qquad \therefore x=2,\ 1\pm i$$

以上より, $a=6$, $b=-4$, $1+i$ 以外の解は $1-i$ と 2

解説講義

係数が実数の方程式においては, $p+qi$ が解ならば, 共役な複素数である $p-qi$ も解になっていることを知っておきたい. これを知っていれば, 上の解答のように解と係数の関係を用いて非常にスッキリと解くことができる.

文系数学の必勝ポイント

実数係数の高次方程式の虚数解
$p+qi$ が解になっている ➡ $p-qi$ も解になっている (セットで解!)

76　1の虚数立方根 ω

ω が $x^2+x+1=0$ の解の1つであるとき，次の式の値を計算せよ．

(1) $\dfrac{1}{\omega^8}+\dfrac{1}{\omega^4}$　　(2) $2\omega^{300}+\omega^{200}+\omega^{100}+1$

(3) $(\omega^{200}+1)^{100}+(\omega^{100}+1)^{10}+2$　　　　　　　　　　　　（西南学院大）

解答

ω が $x^2+x+1=0$ の解であるから，$\omega^2+\omega+1=0$ …① が成り立つ．

①の両辺に $\omega-1$ をかけると，
$$(\omega-1)(\omega^2+\omega+1)=0$$
となる．左辺を展開して整理すると，$\omega^3-1=0$ となるから，$\omega^3=1$ …② である．

(1) $\dfrac{1}{\omega^8}+\dfrac{1}{\omega^4}=\dfrac{1}{(\omega^3)^2\cdot\omega^2}+\dfrac{1}{\omega^3\cdot\omega}=\dfrac{1}{\omega^2}+\dfrac{1}{\omega}$

$\phantom{\dfrac{1}{\omega^8}+\dfrac{1}{\omega^4}}=\dfrac{1+\omega}{\omega^2}=\dfrac{-\omega^2}{\omega^2}=-1$　　　☞ $\omega^2+\omega+1=0$ より，$1+\omega=-\omega^2$

(2) $2\omega^{300}+\omega^{200}+\omega^{100}+1=2(\omega^3)^{100}+(\omega^3)^{66}\cdot\omega^2+(\omega^3)^{33}\cdot\omega+1$

$\phantom{2\omega^{300}+\omega^{200}+\omega^{100}+1}=2+\omega^2+\omega+1=2$

(3) $\omega^{200}=\omega^2$，$\omega^{100}=\omega$ であることに注意すると，

$(\omega^{200}+1)^{100}=(\omega^2+1)^{100}=(-\omega)^{100}=\omega^{100}=\omega$　　☞ $\omega^2+\omega+1=0$ より，$\omega^2+1=-\omega$

$(\omega^{100}+1)^{10}=(\omega+1)^{10}=(-\omega^2)^{10}=\omega^{20}=\omega^2$　　☞ $\omega^2+\omega+1=0$ より，$\omega+1=-\omega^2$

これより，
$$(\omega^{200}+1)^{100}+(\omega^{100}+1)^{10}+2=\omega+\omega^2+2=(-1)+2=1$$

解説講義

3乗すると1になる虚数，すなわち $x^3=1$ を満たす虚数を ω（オメガ）と書くことが多い．問題文の中で，「$x^3=1$ を満たす虚数」と書かれていたら，「あっ！ω の問題だ！」と気がついてほしい．

$x^3=1$ は $(x-1)(x^2+x+1)=0$ と変形できるから，ω は $x^2+x+1=0$ の解とも言える．したがって，問題文の中で，「$x^2+x+1=0$ を満たす虚数」と書かれる場合もあり，本問がそれである．ω の問題では，上の解答でも利用しているが，
$$\omega^3=1,\ \omega^2+\omega+1=0$$
という2つの関係式を使いこなすことが大切である．特に，$\omega^3=1$ を用いると，
$$\omega^3=\omega^6=\omega^9=\omega^{12}=\omega^{15}=\cdots\cdots=1$$
となるから，これを利用して"次数下げ"が可能になる．

文系数学の必勝ポイント

ω の問題
　　$\omega^3=1,\ \omega^2+\omega+1=0$ を利用する

77 分点の公式

座標平面上に3点 A(2, 0), B(4, 2), C(3, 7) がある.
(1) 線分 AB を $2:1$ に内分する点 D の座標を求めよ.
(2) 線分 AB を $4:1$ に外分する点 E の座標を求めよ.
(3) 三角形 ABC の重心 G の座標を求めよ. (東洋大)

解答

(1) D は線分 AB を $2:1$ に内分するから, D は,
$$\left(\frac{1\cdot 2+2\cdot 4}{2+1},\ \frac{1\cdot 0+2\cdot 2}{2+1}\right)\ \text{すなわち,}\ \left(\frac{10}{3},\ \frac{4}{3}\right)$$

(2) E は線分 AB を $4:1$ に外分するから, E は,
$$\left(\frac{(-1)\cdot 2+4\cdot 4}{4+(-1)},\ \frac{(-1)\cdot 0+4\cdot 2}{4+(-1)}\right)\ \text{すなわち,}\ \left(\frac{14}{3},\ \frac{8}{3}\right)$$

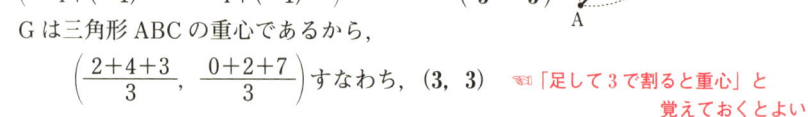

(3) G は三角形 ABC の重心であるから,
$$\left(\frac{2+4+3}{3},\ \frac{0+2+7}{3}\right)\ \text{すなわち,}\ (3,\ 3)$$

◀「足して3で割ると重心」と覚えておくとよい

解説講義

内分, 外分, 重心の座標は確実に求められるようにしよう.
$A(x_1,\ y_1)$, $B(x_2,\ y_2)$, $C(x_3,\ y_3)$ とする. このとき,

・線分 AB を $m:n$ に内分する点は, $\left(\dfrac{nx_1+mx_2}{m+n},\ \dfrac{ny_1+my_2}{m+n}\right)$

・線分 AB を $m:n$ に外分する点は, $\left(\dfrac{(-n)x_1+mx_2}{m+(-n)},\ \dfrac{(-n)y_1+my_2}{m+(-n)}\right)$

・三角形 ABC の重心は, $\left(\dfrac{x_1+x_2+x_3}{3},\ \dfrac{y_1+y_2+y_3}{3}\right)$

外分については「$m:n$ に外分」と言われて, その点がどのあたりにあるか分からないと, 図が描けなくて困る場面が出てくる. 「線分 AB を $m:n$ に外分」という言葉の意味をきちんと理解しておこう.

文系数学の必勝ポイント

内分点, 外分点

P は線分 AB を $m:n$ に内分

$$P\left(\frac{nx_1+mx_2}{m+n},\ \frac{ny_1+my_2}{m+n}\right)$$

Q は線分 AB を $m:n$ に外分

$(m>n)$

$(m<n)$

$$Q\left(\frac{(-n)x_1+mx_2}{m+(-n)},\ \frac{(-n)y_1+my_2}{m+(-n)}\right)$$

78 2直線の位置関係

座標平面上に，直線 $l : 2x+3y-6=0$ がある．点$(2, -1)$を通る直線で，lに平行な直線 l_1 と，lに垂直な直線 l_2 の方程式をそれぞれ求めよ．

(中部大)

解答

$l : 2x+3y-6=0$ を変形すると $y=-\dfrac{2}{3}x+2$ となるから，

$$l\text{の傾きは } -\dfrac{2}{3}$$

である．これより，

$$l\text{に平行な直線 }l_1\text{の傾きは } -\dfrac{2}{3},$$

$$l\text{に垂直な直線 }l_2\text{の傾きは } \dfrac{3}{2}$$

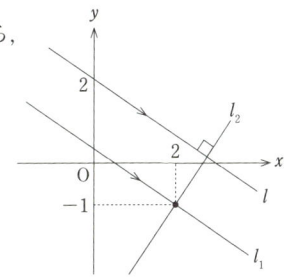

と分かる．

よって，点$(2, -1)$を通り，直線lに平行な直線 l_1 は，

$$y-(-1)=-\dfrac{2}{3}(x-2)$$

$$\therefore y=-\dfrac{2}{3}x+\dfrac{1}{3}$$

　直線の方程式は，通る1点と傾きから求められるようにしよう

また，点$(2, -1)$を通り，直線lに垂直な直線 l_2 は，

$$y-(-1)=\dfrac{3}{2}(x-2) \qquad \therefore y=\dfrac{3}{2}x-4$$

解説講義

点 (x_1, y_1) を通り，傾きが m の直線の方程式は，

$$y-y_1=m(x-x_1)$$

である．直線を扱うときには，この形の式がよく用いられる．

2直線 $l_1 : y=m_1x+n_1$ と $l_2 : y=m_2x+n_2$ が平行になる条件，垂直になる条件は，傾きについて次の関係が成立することである．

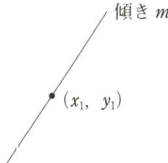

(i) 2直線 l_1, l_2 が平行になる条件は，

$$m_1=m_2 \text{ (傾きが等しい)}$$

(さらに，$n_1=n_2$ が成り立つときは「2直線が一致している状態」である)

(ii) 2直線 l_1, l_2 が垂直になる条件は，

$$m_1 m_2=-1 \text{ (傾きの積が}-1\text{)}$$

文系数学の必勝ポイント

直線の方程式

① 点(x_1, y_1)を通り，傾きが m の直線の方程式は，$y-y_1=m(x-x_1)$ である

② 2直線の位置関係は，傾きに注目する

　　平行 ➡ 傾きが等しい　　　垂直 ➡ 傾きの積が-1

79 線対称

Oを原点とする座標平面上に，2点 A(1, 2)，P(4, 3) がある．
(1) 点Aに関して，Pと対称な点Rの座標を求めよ．
(2) 直線OAに関して，Pと対称な点Qの座標を求めよ． (北海道工業大)

解答

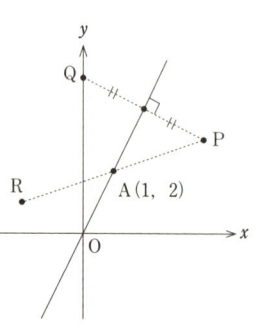

(1) R(m, n) とすると，点Aが線分PRの中点になるから，
$$\frac{4+m}{2}=1,\quad \frac{3+n}{2}=2$$
となる．これを解くと，$m=-2$，$n=1$ となるから
$$\mathbf{R(-2,\ 1)}$$

(2) 直線OAの式は $y=2x$ である．Q(a, b) とする．
線分PQの中点 $\left(\dfrac{4+a}{2},\ \dfrac{3+b}{2}\right)$ が $y=2x$ 上にあるから，
$$\frac{3+b}{2}=2\cdot\frac{4+a}{2} \quad \therefore\ -2a+b=5 \quad \cdots ①$$
また，直線PQの傾きは $\dfrac{b-3}{a-4}$ であるが，直線PQと $y=2x$ は直交するから，
$$\frac{b-3}{a-4}\times 2=-1$$
$$(b-3)\cdot 2=-(a-4)$$
$$a+2b=10 \quad\cdots ②$$

※1 2直線が垂直になるのは，傾きの積が -1 のときである

①，②を解くと，$a=0$，$b=5$ となるから，
$$\mathbf{Q(0,\ 5)}$$

解説講義

(1)のようなPとRの関係を点対称，(2)のようなPとQの関係を線対称という．
点対称はとても易しい．線分PRの中点がAになっていることに注目するだけである．
線対称は点対称に比べると複雑であるが，これも決して難しい話ではない．「2点P，Qが直線 l について対称」とは「直線 l で折り曲げるとPとQが重なる」ということである．したがって，

(i) 線分PQの中点が l 上にある
(ii) (直線PQ) $\perp l$

という2つのことに注目して式を立てて考えればよい．

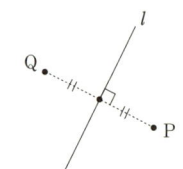

文系数学の必勝ポイント

線対称 (2点P，Qが直線 l について対称)
(i) 線分PQの中点が l 上にある
(ii) (直線PQ) $\perp l$
が成り立つことに注目する

80 点と直線の距離の公式

座標平面上に 3 点 A$(-4, 3)$, B$(-1, 2)$, C$(3, -1)$ がある.
(1) 直線 BC の方程式を求めよ.
(2) 点 A と直線 BC の距離を求めよ.
(3) 三角形 ABC の面積を求めよ.

(広島修道大)

解答

(1) (BC の傾き)$=\dfrac{(-1)-2}{3-(-1)}=-\dfrac{3}{4}$

よって, 直線 BC は,
$$y-2=-\dfrac{3}{4}(x+1)$$
$$y=-\dfrac{3}{4}x+\dfrac{5}{4}$$

☜ 通る 1 点と傾きから求める

(2) 直線 BC の式は, $3x+4y-5=0$ と変形できる.

A$(-4, 3)$ から直線 BC までの距離を d とすると,
$$d=\dfrac{|3\cdot(-4)+4\cdot 3-5|}{\sqrt{3^2+4^2}}=\dfrac{|-5|}{\sqrt{25}}=\dfrac{5}{5}=1$$

☜ 点と直線の距離の公式は, 直線の式を $ax+by+c=0$ の形に変形してから使う

(3) 線分 BC の長さを求めると,
$$BC=\sqrt{(3+1)^2+(-1-2)^2}=5$$

☜ 2 点間の距離の公式

よって, 三角形 ABC の面積は, 底辺を BC, 高さを d と考えて,
$$\triangle ABC=\dfrac{1}{2}\cdot 5\cdot 1=\dfrac{5}{2}$$

解説講義

(2)では「点と直線の距離の公式」を用いている.

点 (x_1, y_1) から直線 $ax+by+c=0$ までの距離を d とすると,
$$d=\dfrac{|ax_1+by_1+c|}{\sqrt{a^2+b^2}}$$

である. 直線は $y=mx+n$ の形では公式は使えないので, 直線を $ax+by+c=0$ の形に変形しておこう. これは円と直線の位置関係を調べる問題などでもよく用いる重要な公式なので, 正確に使えるようにしておかないといけない.

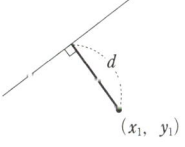

(3)では「2 点間の距離の公式」を用いている. 2 点 (x_1, y_1), (x_2, y_2) を結ぶ線分の長さを L とすると, $L=\sqrt{(x_2-x_1)^2+(y_2-y_1)^2}$ である.

文系数学 の 必勝ポイント

点と直線の距離の公式

点 (x_1, y_1) から直線 $ax+by+c=0$ までの距離を d とすると,
$$d=\dfrac{|ax_1+by_1+c|}{\sqrt{a^2+b^2}}$$

81 円の方程式

(1) 2点 A$(5-2\sqrt{2}, 1+2\sqrt{2})$，B$(5+2\sqrt{2}, 1-2\sqrt{2})$ を直径の両端とする円の方程式を求めよ．

(2) 座標平面上に 3 点 A$(1, 3)$，B$(5, -5)$，C$(4, 2)$ がある．三角形 ABC の外接円の中心と半径を求めよ．

(3) x 軸と y 軸に接し，P$(2, 1)$ を通る円の方程式を求めよ．

(4) $x^2+y^2-2mx+2my+3m^2-2m-5=0$ が円を表すような定数 m の値の範囲を求めよ． (西南学院大／大分大／京都産業大／関西学院大)

解答

(1) 線分 AB の中点を M とすると，

$$\begin{cases} \dfrac{(5-2\sqrt{2})+(5+2\sqrt{2})}{2}=5, \\ \dfrac{(1+2\sqrt{2})+(1-2\sqrt{2})}{2}=1 \end{cases}$$

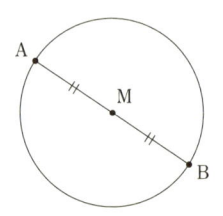

より，M$(5, 1)$ であり，M が円の中心である．

次に，線分 BM の長さを求めると，

$$BM=\sqrt{\{(5+2\sqrt{2})-5\}^2+\{(1-2\sqrt{2})-1\}^2}=\sqrt{(2\sqrt{2})^2+(-2\sqrt{2})^2}=4$$

であり，これが半径である．したがって，求める円の方程式は，

$$(x-5)^2+(y-1)^2=16$$

(2) 三角形 ABC の外接円は，3 点 A，B，C を通る円である．三角形 ABC の外接円を，

$$x^2+y^2+lx+my+n=0 \quad \cdots ①$$

とおくと，①が A，B，C を通ることから，

$$\begin{cases} 1+9+l+3m+n=0 & \cdots ② \\ 25+25+5l-5m+n=0 & \cdots ③ \\ 16+4+4l+2m+n=0 & \cdots ④ \end{cases}$$

☞ ①の x, y に A，B，C の座標を代入する

②−③，③−④より n を消去すると，

$$\begin{cases} -40-4l+8m=0 \\ 30+l-7m=0 \end{cases} \quad \therefore \quad \begin{cases} -l+2m=10 \\ l-7m=-30 \end{cases}$$

これを解くと，$l=-2$，$m=4$ となり，②に代入すると，$n=-20$ となる．

したがって，外接円の方程式は，①より，

$$x^2+y^2-2x+4y-20=0$$

☞ このままでは中心，半径は分からないので，x と y のそれぞれについて平方完成をする

これを変形すると，

$$(x-1)^2+(y+2)^2=25$$

となるから，
$$\text{中心 }(1, -2),\ \text{半径 }5$$

(3) 半径を $r(>0)$ とすると，$(2, 1)$ を通るから，中心は第1象限に存在して，(r, r) と表せる．

よって，求める円の方程式は，
$$(x-r)^2+(y-r)^2=r^2 \quad \cdots ⑤$$
とおける．

⑤が $(2, 1)$ を通るから，
$$(2-r)^2+(1-r)^2=r^2$$
$$r^2-6r+5=0$$
$$r=1,\ 5$$

よって，⑤より，
$$(x-1)^2+(y-1)^2=1,\ (x-5)^2+(y-5)^2=25$$

(4) $x^2+y^2-2mx+2my+3m^2-2m-5=0$ を変形すると，
$$(x-m)^2-m^2+(y+m)^2-m^2+3m^2-2m-5=0$$
$$(x-m)^2+(y+m)^2=-m^2+2m+5$$

これが円を表すのは，
$$-m^2+2m+5>0$$
が成り立つときであるから，
$$m^2-2m-5<0 \quad \text{☜ } m^2-2m-5=0\text{ より，}m=1\pm\sqrt{6}$$
$$\therefore\ 1-\sqrt{6}<m<1+\sqrt{6}$$

解説講義

中心が (a, b) で半径が $r(>0)$ の円の方程式は，
$$(x-a)^2+(y-b)^2=r^2$$
である．円を扱うときには，問題文から，まず中心と半径の情報を把握することが大切である．

しかし，問題の条件からいつでも中心や半径の情報が読み取れるわけではない．(2)のように，これらの情報が読み取れない場合には，$x^2+y^2+lx+my+n=0$ とおいて考える．

なお，円の問題では中心と半径が重要な情報になるので，$x^2+y^2+lx+my+n=0$ の形の式は，x と y に関して平方完成をして $(x-a)^2+(y-b)^2=r^2$ の形に変形して考えることが大切である．

文系数学の必勝ポイント

円の方程式

① 中心が (a, b) で半径が $r(>0)$ の円の方程式は，
$$(x-a)^2+(y-b)^2=r^2 \quad \text{（中心や半径につながる情報を見逃さない！）}$$

② $x^2+y^2+lx+my+n=0$ は，平方完成すると，中心と半径が分かる

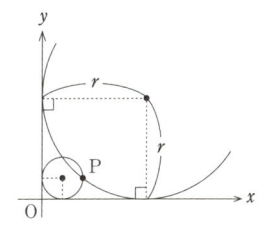

82 円と直線の位置関係

座標平面上に円 $C:(x-2)^2+(y+3)^2=13$ と直線 $l:2x-y+k=0$ がある.
(1) C と l が異なる2点で交わるような定数 k の値の範囲を求めよ.
(2) C と l の交点を P, Q とする. $PQ=\dfrac{2\sqrt{5}}{5}$ となる定数 k の値を求めよ.

(高崎経済大)

解答

(1) 円 C は中心が $A(2, -3)$ で半径が $\sqrt{13}$ の円である.

中心 $A(2, -3)$ から直線 $l:2x-y+k=0$ までの距離を d とすると, 点と直線の距離公式より,

$$d=\frac{|2\cdot 2-(-3)+k|}{\sqrt{2^2+(-1)^2}}=\frac{|7+k|}{\sqrt{5}} \quad \cdots ①$$

C と l が異なる2点で交わるのは, $d<\sqrt{13}$ (半径) のときであるから,

$$\frac{|7+k|}{\sqrt{5}}<\sqrt{13} \quad \therefore |7+k|<\sqrt{65} \quad \cdots ②$$

②より, $-\sqrt{65}<7+k<\sqrt{65}$ となるから, $\boldsymbol{-7-\sqrt{65}<k<-7+\sqrt{65}}$

(2) 右の図のように, 線分 PQ の中点を M とすると,

$$PM=QM=\frac{\sqrt{5}}{5}, \quad \angle AMP=\angle AMQ=90°$$

である. 三角形 APM に三平方の定理を用いると,

$$d^2+\left(\frac{\sqrt{5}}{5}\right)^2=(\sqrt{13})^2 \quad \therefore d^2=\frac{64}{5}$$

$d>0$ より, $d=\dfrac{8}{\sqrt{5}}$ であるから, ①より,

$$\frac{|7+k|}{\sqrt{5}}=\frac{8}{\sqrt{5}} \quad \therefore |7+k|=8 \quad \cdots ③$$

③より, $7+k=8, -8$ となるから,

$$\boldsymbol{k=1, -15}$$

<補足>

②は次のように解いてもよい.

②の両辺は正であるから, 両辺を2乗すると, $49+14k+k^2<65$ となり,

$$k^2+14k-16<0 \quad \therefore -7-\sqrt{65}<k<-7+\sqrt{65}$$

同様に, ③も両辺を2乗して, 次のように解いてもよい.

$$49+14k+k^2=64$$
$$k^2+14k-15=0$$
$$k=1, -15$$

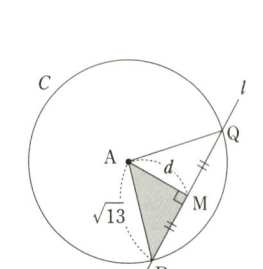

解説講義

円と直線の位置関係を調べるときには，**円の中心から直線までの距離 d と円の半径 r の大小関係**に注目するとよい．つまり，次の図のように整理することができる．

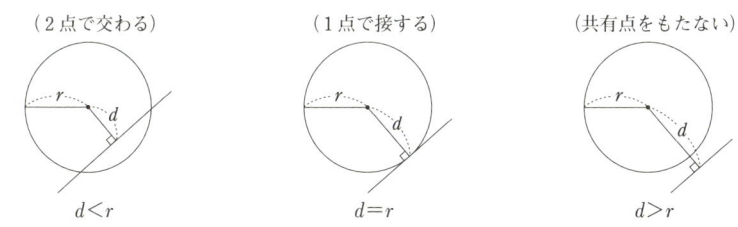

（2点で交わる） 　　　（1点で接する） 　　　（共有点をもたない）

$d < r$ 　　　　　　　$d = r$ 　　　　　　　$d > r$

また(2)のような弦の長さの問題では，交点の座標を求めたりはせずに，図を使いながら解決することが大切である．もちろん，円の中心と弦の中点を結ぶ直線が弦を垂直に二等分していることは，絶対に忘れてはいけない基本事項の1つである．

文系数学の必勝ポイント

円と直線の位置関係（円と直線が交わるか交わらないか）
　中心から直線までの距離 d と半径 r の大小に注目する
弦の長さ
　直角三角形に注目して，三平方の定理を利用する

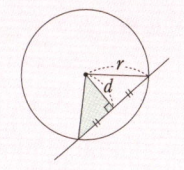

One Point コラム

教科書には，円と直線の位置関係を「判別式を使って考える方法」が出ている．その方法を使うと，(1)は次のように解くことになる．

円 $C : (x-2)^2 + (y+3)^2 = 13$ と直線 $l : 2x - y + k = 0$ $(y = 2x + k)$ から，y を消去すると，
$$(x-2)^2 + (2x+k+3)^2 = 13$$
$$\therefore \ 5x^2 + 4(k+2)x + k^2 + 6k = 0 \quad \cdots ①$$

①の実数解が C と l の交点の x 座標なので，①が異なる2つの実数解をもてばよく，

判別式 $\dfrac{D}{4} = 4(k+2)^2 - 5(k^2 + 6k) = -k^2 - 14k + 16 > 0$

$$k^2 + 14k - 16 < 0$$

$$\therefore \ -7 - \sqrt{65} < k < -7 + \sqrt{65}$$

このような解答も間違っていないが，計算量を考えると実戦的なやり方ではない．解答に示した d と r の大小に注目するやり方がオススメである．

83 原点が中心の円の接線

点 $(2, -4)$ を通り，円 $x^2+y^2=10$ に接する直線を求めよ．

(慶應義塾大)

解答

＜解法1：原点が中心の円の接線の公式を利用する＞

接点を $P(a, b)$ とすると，P における接線の方程式は，
$$ax+by=10 \quad \cdots ①$$
であり，これが $(2, -4)$ を通るから，
$$2a-4b=10$$
$$a=2b+5 \quad \cdots ②$$ 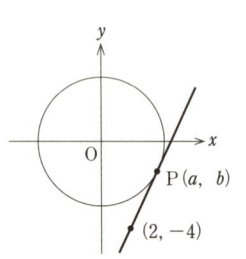
$P(a, b)$ は円 $x^2+y^2=10$ 上にあるから，
$$a^2+b^2=10 \quad \cdots ③$$
②を③に代入すると，$(2b+5)^2+b^2=10$ となり，整理すると，
$$(b+1)(b+3)=0$$
$$b=-1, -3$$
②から a の値も求めると，
$$(a, b)=(3, -1), (-1, -3)$$
したがって，求める接線は，①より，
$$3x-y=10, \quad -x-3y=10$$

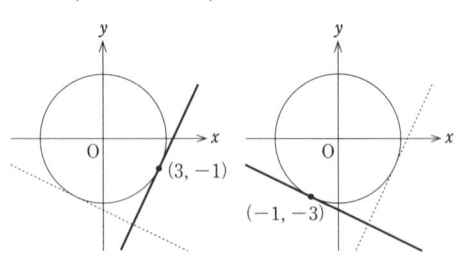

＜解法2：中心からの距離に注目する考え方＞

$(2, -4)$ を通り傾きが m の直線は，$y+4=m(x-2)$，すなわち，
$$mx-y-2m-4=0 \quad \cdots ④$$
と表せる．④が円 $x^2+y^2=10$ に接するのは，
$$\frac{|0-0-2m-4|}{\sqrt{m^2+(-1)^2}}=\sqrt{10}$$

☞ 円の中心 $(0, 0)$ から $mx-y-2m-4=0$ までの距離が，円の半径 $\sqrt{10}$ と一致したときに，④は円 $x^2+y^2=10$ に接する

が成り立つときであり，
$$|-2m-4|=\sqrt{10}\sqrt{m^2+1}$$
両辺を2乗して整理すると，
$$4m^2+16m+16=10(m^2+1)$$
$$(m-3)(3m+1)=0$$
$$m=3, -\frac{1}{3}$$ 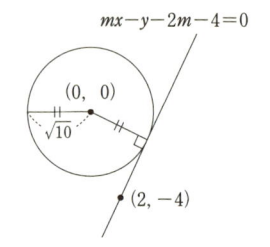
したがって，求める接線は，④より，
$$3x-y=10, \quad -x-3y=10$$

解説講義

円の接線は「(中心から直線までの距離)=(円の半径)」となることに注目して解くことが基本である。その解答が解法2である。

しかし、円の中心が原点の場合には、
$$(a, b) \text{ で円 } x^2+y^2=r^2 \text{ に接する接線は, } ax+by=r^2$$
であることを利用するのもよい。その解答が解法1である。

文系数学の必勝ポイント

原点が中心の円の接線

(a, b) で円 $x^2+y^2=r^2$ に接する接線は、
$$ax+by=r^2$$
である

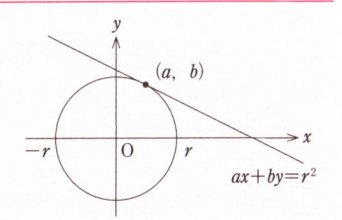

---

84 定点を通る図形

円 $x^2+y^2-2mx-2m-2=0$ は定数 m の値に関係なくある定点を通る。その定点の座標を求めよ。

(早稲田大)

解答

求める定点を (a, b) とすると、m の値に関係なく、
$$a^2+b^2-2ma-2m-2=0$$
すなわち、
$$(a^2+b^2-2)-2(a+1)m=0$$
が成り立つから、
$$\begin{cases} a^2+b^2-2=0 & \cdots ① \\ a+1=0 & \cdots ② \end{cases}$$

②より、$a=-1$ である。①に代入すると、$1+b^2-2=0$ となり、$b=\pm 1$ である。したがって、求める定点は、$(-1, 1)$, $(-1, -1)$

※ 点 (a, b) が円 $x^2+y^2-2mx-2m-2=0$ 上にある条件は、
$a^2+b^2-2ma-2m-2=0$
が成り立つことである。
どのような m に対してもこれが成り立つための a, b の条件を考える

解説講義

「m の値に関係なく」と書かれているから、m に注目して式を整理していけばよい。つまり、m を含む項と m を含まない項に分けて整理する。あとは、すべての m に対して成り立つことから、恒等式で学習した係数比較法の要領で計算を進めればよい。

文系数学の必勝ポイント

定点を通る図形

m の値に関係なく ➡ m について整理して恒等式と見る

85 軌跡(1)

座標平面上に2点 A$(-2, 0)$, B$(1, 0)$ がある．PA：PB＝2：1 を満たす点Pの描く軌跡を求めよ． (福岡大)

解答

点Pを (X, Y) とする． ☜ Pの軌跡を求めたいから，Pを (X, Y) とおいて，X, Y の満たす関係を考える

PA：PB＝2：1 より，PA＝2PB であるから，

$$\sqrt{(X+2)^2+Y^2}=2\sqrt{(X-1)^2+Y^2}$$ ☜ 2点間の距離の公式

両辺を2乗して整理すると，

$$X^2+4X+4+Y^2=4(X^2-2X+1+Y^2)$$
$$3X^2-12X+3Y^2=0$$
$$X^2-4X+Y^2=0$$
$$(X-2)^2+Y^2=4$$

したがって，点Pの描く軌跡は，

$$円\ (x-2)^2+y^2=4$$

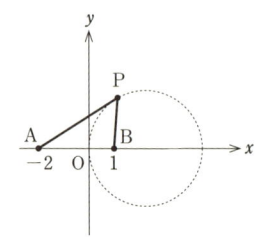

解説講義

条件を満たす点の集まりが **軌跡** である．問題文の「点Pの描く軌跡を求めよ」というのは，「PA：PB＝2：1 を満たす点Pはいくつもあるが，その点をつないでいくとどのような図形になるかを考えてみなさい」という意味である．

上の解答では，条件を満たす点Pを (X, Y) としたときに，$(X-2)^2+Y^2=4$ が成り立つことがわかったので，点Pは円 $(x-2)^2+y^2=4$ 上にあることになる．つまり，点Pの描く軌跡はこの円であることが分かる．少し乱暴にまとめてしまうと，軌跡を求めることは，**条件を満たす点の座標を (X, Y) としたときに，X, Y が満たす関係式を求めることである**．

軌跡を求めるときの一般的な手順は次のようになる．なお，次の（手順4）は，行わなくてもよいことも多い．

(手順1) 条件を満たす点を (X, Y) とおく
(手順2) 問題で与えられた条件（言葉などで書かれている条件）を，X, Y を使って書いてみる
(手順3) 手順2で得られた式を整理して，X, Y について成り立つ関係式を求める（どのような図形か分かる形まで変形する）
(手順4) 手順3で導かれた関係式が表す図形上で，点 (X, Y) が動く範囲を調べる
(手順5) X, Y で書かれた関係式を x, y を使って書きかえて答えとする

文系数学の必勝ポイント

軌跡
　求める軌跡上の点を (X, Y) とおき，X, Y が満たす関係式を導く

86 軌跡(2)

(1) 放物線 $y=x^2-2(k-1)x-k^2-5k+10$ の頂点を P とする．k が正の値をとって変化するとき，P の描く軌跡を求めよ．

(2) 2点 A(0, 3), B(0, 1) と円 $C:(x-2)^2+(y-2)^2=1$ がある．点 Q が円 C の周上を動くとき，三角形 ABQ の重心 G の軌跡を求めよ．

(日本大／高崎経済大)

解答

(1) $y=x^2-2(k-1)x-k^2-5k+10$
$\quad =\{x-(k-1)\}^2-2k^2-3k+9$

これより，頂点 P を (X, Y) とすると，

$$\begin{cases} X=k-1 & \cdots ① \\ Y=-2k^2-3k+9 & \cdots ② \end{cases}$$

①より，$k=X+1$ …③ であり，②に代入すると，

$Y=-2(X+1)^2-3(X+1)+9$
$\quad =-2X^2-7X+4$ ☜ k を消去して，X と Y の関係式を導く

また，$k>0$ のとき，③より，$X+1>0$ となるから，$X>-1$ である．

以上より，P の描く軌跡は， ☜ $k>0$ から，X の範囲に制限があることに注意する（手順4）

放物線 $y=-2x^2-7x+4$ の $x>-1$ の部分

(2) Q(s, t) とすると，Q は円 C の周上を動くから，

$(s-2)^2+(t-2)^2=1.$ …①

G を (X, Y) とすると，G は三角形 ABQ の重心であるから，

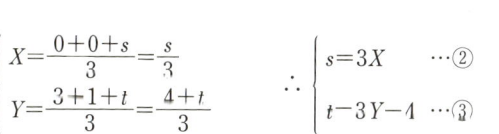

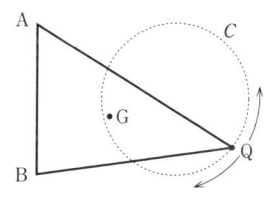

$$\begin{cases} X=\dfrac{0+0+s}{3}=\dfrac{s}{3} \\ Y=\dfrac{3+1+t}{3}=\dfrac{4+t}{3} \end{cases} \therefore \begin{cases} s=3X & \cdots ② \\ t=3Y-4 & \cdots ③ \end{cases}$$

②，③を①に代入すると，

$(3X-2)^2+(3Y-6)^2=1$ ☜ この式は，展開しないで次のように整理しよう

となり，整理すると

$\left(X-\dfrac{2}{3}\right)^2+(Y-2)^2=\dfrac{1}{9}$

$\{3(X-\dfrac{2}{3})\}^2+\{3(Y-2)\}^2=1$
$9\left(X-\dfrac{2}{3}\right)^2+9(Y-2)^2=1$
$\left(X-\dfrac{2}{3}\right)^2+(Y-2)^2=\dfrac{1}{9}$

以上より，G の軌跡は，

円 $\left(x-\dfrac{2}{3}\right)^2+(y-2)^2=\dfrac{1}{9}$

解説講義

(1)では，求める軌跡上の点を (X, Y) としたときに，①，②のように X, Y はどちらも k を用いて表されている．このときの k を媒介変数と呼ぶ．媒介変数を用いて X, Y が表されているときには，媒介変数を消去して X, Y の満たす関係式を求めればよい．

文系数学の必勝ポイント

媒介変数で表される軌跡の問題
　　媒介変数を消去して，X, Y の満たす関係式を導く

87 領域の図示

xy 平面で，不等式 $(y-x^2)(y-3x)<0$ で表される領域を図示せよ．

(山梨大)

解答

$(y-x^2)(y-3x)<0$ より，

$$\begin{cases} y-x^2>0 \\ y-3x<0 \end{cases} \quad \text{または} \quad \begin{cases} y-x^2<0 \\ y-3x>0 \end{cases}$$

すなわち，

$$\begin{cases} y>x^2 \\ y<3x \end{cases} \quad \text{または} \quad \begin{cases} y<x^2 \\ y>3x \end{cases}$$

よって，求める領域は右図の網掛け部分で境界は含まない．

解説講義

不等式で表された領域を図示するときの基本は，
　　$y>f(x)$ は $y=f(x)$ の上側，$y<f(x)$ は $y=f(x)$ の下側
　　$(x-a)^2+(y-b)^2>r^2$ は円の外側，$(x-a)^2+(y-b)^2<r^2$ は円の内側
ということである．

なお，( )( )<0，( )( )>0 のような，因数分解された式で表される不等式の領域を考えることもよくある．この場合は，展開して式をグチャグチャにするのではなく，符号の組合せを考えて解決する．本問であれば，掛け算して負になるから「正×負」または「負×正」であればよい，と考える．

文系数学の必勝ポイント

領域の図示
　　( )( )>0, ( )( )<0 の領域 ➡ 符号の組合せを考える

88 領域と最大最小

実数 x, y が3つの不等式 $3x-y-6 \leqq 0$, $x+3y-12 \leqq 0$, $2x+y-4 \geqq 0$ を同時に満たしている．

(1) 3つの不等式を満たす (x, y) の存在する領域 D を図示せよ．

(2) x, y が3つの不等式を満たして変化するとき，$x+y$ の最大値，最小値を求めよ．

(3) x, y が3つの不等式を満たして変化するとき，x^2+y^2 の最大値，最小値を求めよ．

(愛知学院大)

解答

(1) 与えられた3つの不等式は，
$$y \geqq 3x-6, \quad y \leqq -\frac{1}{3}x+4, \quad y \geqq -2x+4$$
と変形できる．

したがって，求める領域 D は右の図の網掛け部分．
(ただし，境界を含む)

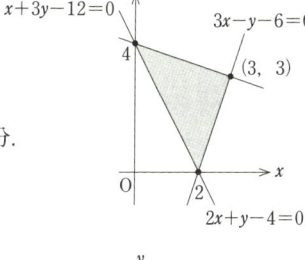

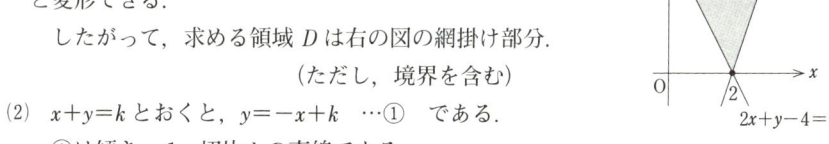

(2) $x+y=k$ とおくと，$y=-x+k$ …① である．

①は傾き -1，切片 k の直線である．

①を D と共有点をもつ範囲で動かして，切片 k の最大値，最小値に注目する．

(ア) ①が $(3, 3)$ を通るときに切片 k は最大になり，
$$k=x+y=3+3=6$$

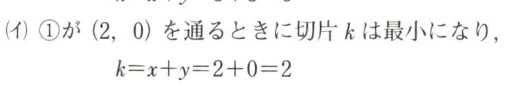

(イ) ①が $(2, 0)$ を通るときに切片 k は最小になり，
$$k=x+y=2+0=2$$

(ア)，(イ) より，

最大値 6，最小値 2

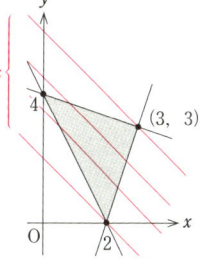

(3) $x^2+y^2=k$ とおくと，k は

原点と点 $P(x, y)$ との距離 OP の2乗

である．そこで $P(x, y)$ を D 内で動かして，距離 OP の最大値，最小値に注目する．

(ウ) $P(x, y)$ が $(3, 3)$ であるときに k は最大になり，
$$k=x^2+y^2=3^2+3^2=18$$

(エ) $P(x, y)$ が，原点から直線 $2x+y-4=0$ に下ろした垂線の足になっているときに k は最小になる．このとき，
$$OP=\frac{|0+0-4|}{\sqrt{2^2+1^2}}=\frac{4}{\sqrt{5}}$$

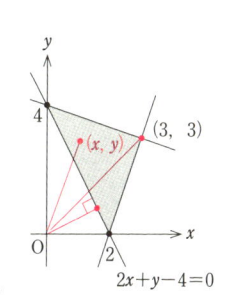

II 図形と式

となるから，$k=\left(\dfrac{4}{\sqrt{5}}\right)^2=\dfrac{16}{5}$ である．　　← k は距離 OP の 2 乗である

(ウ)，(エ)より，

最大値 18, 最小値 $\dfrac{16}{5}$

解説講義

領域を用いた最大最小問題は，考えたい式を「$=k$」とおいて，k の図形的な意味を考えて解いていく．

(2)は $x+y$ の最大最小を求めたいのであるが，$x+y=k$ とおいたので k の最大最小を求めればよい．ところで「この k は何か？」と考えてみると，$y=-x+k$ と変形できることから「k は傾き -1 の直線の切片」になっていることが分かる．そこで，傾き -1 の直線をいろいろ考えてみて，切片 k が最大になるときと最小になるときを図から見つければよい．ただし，(x, y) は領域 D 内にしか存在しないので，D と共有点をもつ範囲内でしか直線 $y=-x+k$ は動かせない．

(3)は k が距離 OP の 2 乗になっているから，原点からの距離の最大最小に注目すればよい．

文系数学の必勝ポイント

領域を用いる最大最小問題
考えたい式を「$=k$」とおいて，k の図形的な意味を考えてみる
- $ax+by=k$ とおくと，k は直線の切片に関係してくる
- $(x-a)^2+(y-b)^2=k$ とおくと，k は「2 点 (x, y) と (a, b) の距離の 2 乗」である

One Point コラム

円と直線の位置関係はすでに学習した重要事項であるが，ここでは 2 円の位置関係についてコメントしておく．

半径が r_1, r_2（$r_1 > r_2$）である 2 つの円の中心を C_1, C_2 とし，C_1 と C_2 の距離を d とする．2 円の位置関係は，この d と r_1, r_2 の和や差を考える．つまり，次の通りである．

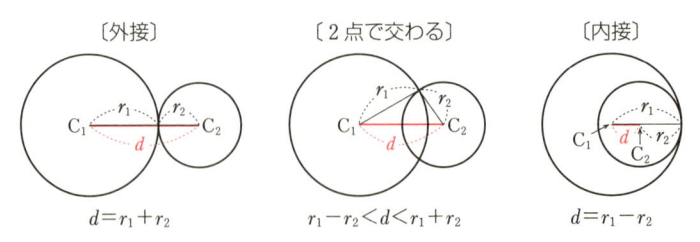

〔外接〕　　　　〔2 点で交わる〕　　　　〔内接〕

$d=r_1+r_2$　　$r_1-r_2<d<r_1+r_2$　　$d=r_1-r_2$

89 単位円の使い方

$-\pi < \theta < \pi$ において，$\sin\left(\theta - \dfrac{\pi}{3}\right) = \dfrac{1}{2}$ を満たす θ を求めよ． (立教大)

解答

$$\begin{cases} \sin\left(\theta - \dfrac{\pi}{3}\right) = \dfrac{1}{2} & \cdots ① \\ -\pi < \theta < \pi & \cdots ② \end{cases}$$

$\theta - \dfrac{\pi}{3} = t$ とおくと，$-\dfrac{4}{3}\pi < \theta - \dfrac{\pi}{3} < \dfrac{2}{3}\pi$ であるから，①，②は，

$$\begin{cases} \sin t = \dfrac{1}{2} & \cdots ③ \\ -\dfrac{4}{3}\pi < t < \dfrac{2}{3}\pi & \cdots ④ \end{cases}$$

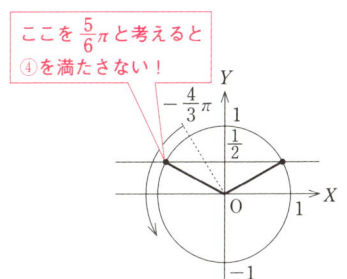

となる．

ここを $\dfrac{5}{6}\pi$ と考えると ④を満たさない！

③，④を満たす t は，④の範囲に注意すると，

$$t = -\dfrac{7}{6}\pi, \ \dfrac{\pi}{6}$$

である．したがって，

$$\theta - \dfrac{\pi}{3} = -\dfrac{7}{6}\pi, \ \dfrac{\pi}{6} \quad \text{※1 } t \text{ から } \theta \text{ に戻していく}$$

$$\theta = -\dfrac{5}{6}\pi, \ \dfrac{\pi}{2}$$

解説講義

三角関数 $\sin\theta$，$\cos\theta$ は，単位円（半径1の円）で定義される．すなわち，

$\sin\theta$ とは，図の点 P の Y 座標 (高さ)，

$\cos\theta$ とは，図の点 P の X 座標 (左右方向の位置)

と定められている．

したがって，「$\sin\theta = \dfrac{1}{2}$ を満たす θ を求める」ということは「単位円上において"高さ"が $\dfrac{1}{2}$ になるような角 θ は？」と問われていると考えればよい．

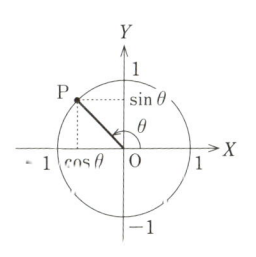

本問は角 θ についての方程式というより，角 $\theta - \dfrac{\pi}{3}$ についての方程式である．いきなり θ を求めることは難しい．置きかえを利用するなどして1つずつ丁寧に処理する必要がある．

文系数学の必勝ポイント

単位円による三角関数の定義

単位円において，サインは "高さ (Y 座標)"，コサインは "左右の位置 (X 座標)"

90 $\sin\theta+\cos\theta$ と $\sin\theta\cos\theta$ の値

$\sin\theta+\cos\theta=\dfrac{\sqrt{5}}{2}$ のとき,次の値を求めよ.
(1) $\sin\theta\cos\theta$ (2) $\sin^6\theta+\cos^6\theta$ (西南学院大)

解答

(1) $\sin\theta+\cos\theta=\dfrac{\sqrt{5}}{2}$ の両辺を2乗すると,

$\sin^2\theta+2\sin\theta\cos\theta+\cos^2\theta=\dfrac{5}{4}$ すなわち,$1+2\sin\theta\cos\theta=\dfrac{5}{4}$

となるから,
$$\sin\theta\cos\theta=\dfrac{1}{8}$$

☜ $\sin^2\theta+\cos^2\theta=1$ である

(2) $\sin^2\theta=a,\ \cos^2\theta=b$ とすると,

☜ 次数が高くて考えにくいので,置きかえをして考えやすい形で表してみる

$\sin^6\theta+\cos^6\theta=(\sin^2\theta)^3+(\cos^2\theta)^3$
$=a^3+b^3$
$=(a+b)^3-3ab(a+b)$ ☜ 対称式の変形を見直そう
$=(\sin^2\theta+\cos^2\theta)^3-3\sin^2\theta\cos^2\theta(\sin^2\theta+\cos^2\theta)$
$=1^3-3(\sin\theta\cos\theta)^2\cdot 1$
$=1-3\cdot\dfrac{1}{64}\cdot 1$
$=\dfrac{61}{64}$

〈別解〉

$\sin^3\theta+\cos^3\theta=(\sin\theta+\cos\theta)^3-3\sin\theta\cos\theta(\sin\theta+\cos\theta)$
$=\left(\dfrac{\sqrt{5}}{2}\right)^3-3\cdot\dfrac{1}{8}\cdot\dfrac{\sqrt{5}}{2}=\dfrac{7\sqrt{5}}{16}$

☜ $\sin^3\theta+\cos^3\theta$
$=(\sin\theta+\cos\theta)(\sin^2\theta-\sin\theta\cos\theta+\cos^2\theta)$
と考えてもよい

$\sin^3\theta=c,\ \cos^3\theta=d$ とすると,

$\sin^6\theta+\cos^6\theta=(\sin^3\theta)^2+(\cos^3\theta)^2=c^2+d^2=(c+d)^2-2cd$
$=(\sin^3\theta+\cos^3\theta)^2-2\sin^3\theta\cos^3\theta$
$=\left(\dfrac{7\sqrt{5}}{16}\right)^2-2\left(\dfrac{1}{8}\right)^3=\dfrac{49\cdot 5}{256}-\dfrac{1}{256}=\dfrac{61}{64}$

解説講義

$\sin\theta+\cos\theta$(和)の値が分かっているときに $\sin\theta\cos\theta$(積)を作るときには,解答のように両辺を2乗して整理すればよい.この変形は **97** でも用いるので,よく覚えておこう.

文系数学の必勝ポイント

$\sin\theta+\cos\theta$ と $\sin\theta\cos\theta$ の値
$\sin\theta+\cos\theta$ を2乗すると $\sin\theta\cos\theta$ が分かる

91 加法定理

$0<\alpha<\dfrac{\pi}{2}$,$\dfrac{\pi}{2}<\beta<\pi$ とする.$\cos\alpha=\dfrac{3}{5}$,$\sin\beta=\dfrac{5}{13}$ であるとき,$\sin(\alpha+\beta)$ の値を求めよ.

(同志社大)

解答

$\cos\alpha=\dfrac{3}{5}$ より,
$$\sin^2\alpha=1-\cos^2\alpha=1-\dfrac{9}{25}=\dfrac{16}{25}$$
であり,$0<\alpha<\dfrac{\pi}{2}$ より $\sin\alpha>0$ なので,$\sin\alpha=\dfrac{4}{5}$ である.

$\sin\beta=\dfrac{5}{13}$ より,
$$\cos^2\beta=1-\sin^2\beta=1-\dfrac{25}{169}=\dfrac{144}{169}$$
であり,$\dfrac{\pi}{2}<\beta<\pi$ より $\cos\beta<0$ なので,$\cos\beta=-\dfrac{12}{13}$ である.

したがって,加法定理を用いると,
$$\sin(\alpha+\beta)=\sin\alpha\cos\beta+\cos\alpha\sin\beta=\dfrac{4}{5}\cdot\left(-\dfrac{12}{13}\right)+\dfrac{3}{5}\cdot\dfrac{5}{13}=-\dfrac{33}{65}$$

解説講義

まず注意しておきたいことは,三角関数の値の正負をいい加減に済ませないことである.単位円を考えれば明らかであるが,$\sin\theta$ は単位円では"高さ(Y座標の値)"になるので,単位円の上半分にある角 (たとえば,$0<\theta<\pi$) において正の値をとる.同様に,$\cos\theta$ は右半分にある角 (たとえば,$-\dfrac{\pi}{2}<\theta<\dfrac{\pi}{2}$) において正の値をとる.

加法定理は三角関数のいろいろな公式のもとになる重要な公式である.次の 92 では「2倍角の公式」を使う問題を勉強するが,2倍角の公式は,次の加法定理,
$$\sin(\alpha+\beta)=\sin\alpha\cos\beta+\cos\alpha\sin\beta,\quad \cos(\alpha+\beta)=\cos\alpha\cos\beta-\sin\alpha\sin\beta$$
において,α と β を両方とも θ にすることによって,
$$\sin(\theta+\theta)=\sin\theta\cos\theta+\cos\theta\sin\theta,\quad \cos(\theta+\theta)=\cos\theta\cos\theta-\sin\theta\sin\theta$$
となって,
$$\sin 2\theta=2\sin\theta\cos\theta,\quad \cos 2\theta=\cos^2\theta-\sin^2\theta$$
が得られる.さらに,$\sin^2\theta+\cos^2\theta=1$ を用いて $\cos 2\theta$ は,
$$\cos 2\theta=1-2\sin^2\theta,\quad \cos 2\theta=2\cos^2\theta-1$$
の形で表せることが分かる.

さあ,次に勉強する2倍角の公式の証明も終わったぞ!どんどん進めていこう!

文系数学の必勝ポイント

加法定理
$$\sin(\alpha\pm\beta)=\sin\alpha\cos\beta\pm\cos\alpha\sin\beta$$
$$\cos(\alpha\pm\beta)=\cos\alpha\cos\beta\mp\sin\alpha\sin\beta$$
$$\tan(\alpha\pm\beta)=\dfrac{\tan\alpha\pm\tan\beta}{1\mp\tan\alpha\tan\beta}$$

92　2倍角の公式

$0 \leq \theta < 2\pi$ とする．次の方程式，不等式を解け．
(1) $\cos 2\theta - \sin \theta = 0$　　(2) $1 + 3\cos \theta > \cos 2\theta$　　(3) $\sin 2\theta = \cos \theta$

(福岡大／関西学院大／神戸学院大)

解答

(1) $\cos 2\theta - \sin \theta = 0$ より，
$$1 - 2\sin^2 \theta - \sin \theta = 0$$
$$2\sin^2 \theta + \sin \theta - 1 = 0$$
$$(2\sin \theta - 1)(\sin \theta + 1) = 0$$
$$\sin \theta = \frac{1}{2}, \ -1$$

☜ 左辺に2倍角の公式を用いて，$\sin \theta$ のみで表した

したがって，
$$\theta = \frac{\pi}{6}, \ \frac{5}{6}\pi, \ \frac{3}{2}\pi$$

(2) $1 + 3\cos \theta > \cos 2\theta$ より，
$$1 + 3\cos \theta > 2\cos^2 \theta - 1$$
$$2\cos^2 \theta - 3\cos \theta - 2 < 0$$
$$(2\cos \theta + 1)(\cos \theta - 2) < 0$$

☜ 右辺に2倍角の公式を用いて，$\cos \theta$ のみで表した

$-1 \leq \cos \theta \leq 1$ より，
$$-\frac{1}{2} < \cos \theta \leq 1$$

したがって，
$$0 \leq \theta < \frac{2}{3}\pi, \ \frac{4}{3}\pi < \theta < 2\pi$$

(3) $\sin 2\theta = \cos \theta$ より，
$$2\sin \theta \cos \theta = \cos \theta$$
$$2\sin \theta \cos \theta - \cos \theta = 0$$
$$\cos \theta (2\sin \theta - 1) = 0$$

☜ これを $\cos \theta$ で割ってはいけない

☜ $\cos \theta$ でくくった

これより，$\cos \theta = 0$ または $\sin \theta = \frac{1}{2}$ であるから，
$$\theta = \frac{\pi}{6}, \ \frac{\pi}{2}, \ \frac{5}{6}\pi, \ \frac{3}{2}\pi$$

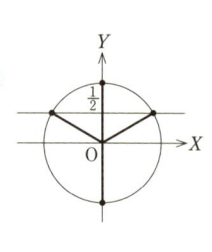

解説講義

　三角関数の問題を考えるときには，「角と三角比の種類（サイン・コサイン）をそろえて考える」ということが基本方針である．本問では，問題の中に出てくる角が 2θ と θ であるから，まず2倍角の公式を使って角を θ に，もっと言えば，(1)では $\sin \theta$ で，(2)では $\cos \theta$ でそろえている．
　ただ，(3)では，$2\sin \theta \cos \theta = \cos \theta$ と変形した後で，両辺を $\cos \theta$ で割って $2\sin \theta = 1$ とし

てしまう間違いがよく見られる．$\cos\theta=0$ の場合は割り算ができないので，このような変形はできない．

文系数学の必勝ポイント

三角方程式・不等式
　　角と三角比の種類をそろえて考える

2倍角の公式
　　$\sin 2\theta = 2\sin\theta\cos\theta$,
　　$\cos 2\theta = \cos^2\theta - \sin^2\theta = 1-2\sin^2\theta = 2\cos^2\theta - 1$

One Point コラム

「3倍角の公式は覚えたほうがいいですか？」という相談をよく受ける．2倍角の公式は頻繁に使うから暗記しておくべきであるが，3倍角の公式は2倍角の公式に比べると出題頻度は非常に低いため，無理に覚える必要はない．

「加法定理と2倍角の公式で導ける」ということを，自分の手を一度動かして経験しておけば，試験場で必要に応じて準備することができるだろう．なお，入試では「3倍角の公式を導け」という出題もしばしば見られる．

「$\cos 3\theta = 4\cos^3\theta - 3\cos\theta$」は次のように導かれる．

$$\begin{aligned}
\cos 3\theta &= \cos(2\theta+\theta) \\
&= \cos 2\theta\cos\theta - \sin 2\theta\sin\theta & (\because 加法定理) \\
&= (2\cos^2\theta-1)\cos\theta - 2\sin\theta\cos\theta\cdot\sin\theta & (\because 2倍角の公式) \\
&= (2\cos^2\theta-1)\cos\theta - 2\cos\theta(1-\cos^2\theta) & (\because 相互関係) \\
&= 2\cos^3\theta - \cos\theta - 2\cos\theta + 2\cos^3\theta \\
&= 4\cos^3\theta - 3\cos\theta.
\end{aligned}$$

「$\sin 3\theta = 3\sin\theta - 4\sin^3\theta$」も同じようにして導いてみよう．

3倍角の公式を用いる方程式を1題紹介しておくので，公式の導出をマスターできたらやってみよう．

$0\leq\theta\leq\pi$ とするとき，方程式 $\cos 3\theta + 3\cos 2\theta + 5\cos\theta + 3 = 0$ を満たす θ を求めよ．
(立教大)

解答

$\cos 3\theta = 4\cos^3\theta - 3\cos\theta$ であるから，与式より，

$$(4\cos^3\theta - 3\cos\theta) + 3(2\cos^2\theta - 1) + 5\cos\theta + 3 = 0$$
$$4\cos^3\theta + 6\cos^2\theta + 2\cos\theta = 0$$
$$2\cos\theta(2\cos^2\theta + 3\cos\theta + 1) = 0$$
$$2\cos\theta(\cos\theta + 1)(2\cos\theta + 1) = 0$$
$$\cos\theta = 0,\ -1,\ -\frac{1}{2}$$

$0\leq\theta\leq\pi$ であるから，

$$\theta = \frac{\pi}{2},\ \frac{2}{3}\pi,\ \pi$$

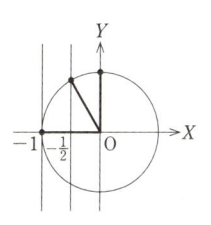

93 合成(1)

$f(x) = \sin x + \sqrt{3}\cos x$ について，
(1) x がすべての値をとって変化するとき，$f(x)$ の最大値，最小値を求めよ．
(2) x が $0 \leqq x \leqq \dfrac{\pi}{2}$ の範囲を変化するとき，$f(x)$ の最大値，最小値を求めよ．

(上智大)

解答

$f(x) = \sin x + \sqrt{3}\cos x = 2\sin\left(x + \dfrac{\pi}{3}\right)$ と変形できる． ☜ 合成は次の図を使うと便利である

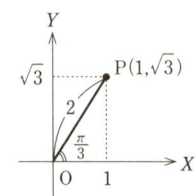

(1) x がすべての値をとって変化するとき，$x + \dfrac{\pi}{3}$ もすべての値をとって変化する．よって，
$$-1 \leqq \sin\left(x + \dfrac{\pi}{3}\right) \leqq 1$$
であるから，$-2 \leqq 2\sin\left(x + \dfrac{\pi}{3}\right) \leqq 2$ となる．したがって，

最大値 2，最小値 -2

(2) $0 \leqq x \leqq \dfrac{\pi}{2}$ より，$\dfrac{\pi}{3} \leqq x + \dfrac{\pi}{3} \leqq \dfrac{5}{6}\pi$ であるから，
$$\dfrac{1}{2} \leqq \sin\left(x + \dfrac{\pi}{3}\right) \leqq 1$$

☜ 単位円から，高さの変化する範囲を読み取る

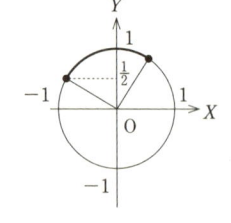

であるから，$1 \leqq 2\sin\left(x + \dfrac{\pi}{3}\right) \leqq 2$ となる．したがって，

最大値 2，最小値 1

解説講義

サインとコサインが $a\sin\theta + b\cos\theta$ という形で混ざっている場合には**三角関数の合成**を行って，$r\sin(\theta + \alpha)$ というサインだけの式にして考えるとよい．実際に $a\sin\theta + b\cos\theta$ を $r\sin(\theta + \alpha)$ の形に合成をするときには，次のような手順が分かりやすい．

(手順1) 原点を O とする座標平面上に点 P(a, b) をとる．
(手順2) 線分 OP の長さ r と，動径 OP を表す角 α を求める．
(手順3) 求めた r と α を用いて $r\sin(\theta + \alpha)$ と表す．

なお，本問のように，合成を行った後に三角関数の式のとり得る値の範囲を考える問題は，極めて頻出の重要問題である．単位円を使って "高さの変化する範囲がサインの値の変化する範囲" と解釈するところを十分にトレーニングしておきたい．

文系数学の必勝ポイント

$a\sin\theta + b\cos\theta$ の取り扱い

$a\sin\theta + b\cos\theta$ は，(a, b) に点を打ち，
"長さ r" と "角度 α"
を読み取り，$r\sin(\theta + \alpha)$ の形に変形（合成）する

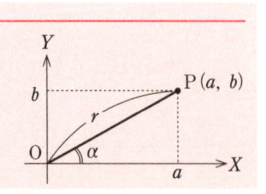

94 合成(2)

$f(x) = 3\sin x + 4\cos x$ とする。
(1) x を $0 \leq x < 2\pi$ の範囲で変化させるとき,$f(x)$ の最大値,最小値を求めよ.
(2) x を $0 \leq x \leq \pi$ の範囲で変化させるとき,$f(x)$ の最大値,最小値を求めよ.

(明治学院大)

解答

$f(x) = 3\sin x + 4\cos x$ より,
$$f(x) = 5\sin(x+\alpha)$$
と変形できる.ただし,α は
$$\sin\alpha = \frac{4}{5}, \quad \cos\alpha = \frac{3}{5}$$
を満たす右の図の角とする.

☞ 合成したときの角 α が不明の場合は,一旦,α のまま合成をしておき,$\sin\alpha$ と $\cos\alpha$ の値を書き添えておく

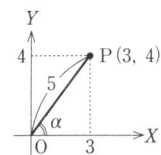

(1) $0 \leq x < 2\pi$ より,$\alpha \leq x+\alpha < 2\pi+\alpha$ である.よって,
$$-1 \leq \sin(x+\alpha) \leq 1$$
であるから,$-5 \leq 5\sin(x+\alpha) \leq 5$ となる.したがって,

最大値 5,最小値 −5

(2) $0 \leq x \leq \pi$ より,$\alpha \leq x+\alpha \leq \pi+\alpha$ である.よって,
$$-\frac{4}{5} \leq \sin(x+\alpha) \leq 1$$

☞ 高さの変化を読み取る

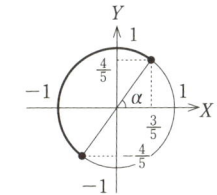

であるから,$-4 \leq 5\sin(x+\alpha) \leq 5$ となる.したがって,

最大値 5,最小値 −4

<補足>
$\sin(x+\alpha)$ が最小になるのは,角 $x+\alpha$ が $\pi+\alpha$ になったときである.そこで $\sin(x+\alpha)$ の最小値は,加法定理を用いて,
$$\sin(\pi+\alpha) = \sin\pi\cos\alpha + \cos\pi\sin\alpha = 0 + (-1)\cdot\frac{4}{5} = -\frac{4}{5}$$
と計算してもよい.

解説講義

$r\sin(\theta+\alpha)$ の形に合成をしたときに,角 α が具体的に求められない場合がある.この場合には,上の解答のように,α を使って合成を行っておき,その α に関する情報として $\sin\alpha$ と $\cos\alpha$ の値を書き添えることが一般的である.

α を使ったままだと「大丈夫かな?」と不安になるかも知れないが,合成した後は前問と同じように単位円を使ってとり得る値の範囲を求めればよい.高さの変化に注目だ!

文系数学の必勝ポイント

角 α が具体的に分からない場合の合成
α のまま合成を行い,$\sin\alpha$ と $\cos\alpha$ の値を書き添えておく

95 三角関数の最大最小(1) 〜倍角戻し〜

関数 $y = 3\sin^2 x + 4\sin x \cos x - \cos^2 x$ $(0 \leq x \leq \frac{\pi}{2})$ の最大値, 最小値を求めよ.

(小樽商科大)

解答

2倍角の公式を用いると,

$\sin 2x = 2\sin x \cos x$ より, $\sin x \cos x = \frac{1}{2}\sin 2x$

$\cos 2x = 1 - 2\sin^2 x$ より, $\sin^2 x = \frac{1}{2}(1 - \cos 2x)$

$\cos 2x = 2\cos^2 x - 1$ より, $\cos^2 x = \frac{1}{2}(1 + \cos 2x)$

☞ 角 x の式を, すべて角 $2x$ で表すことを考える

これを用いると, 与式から,

$y = 3 \cdot \frac{1}{2}(1 - \cos 2x) + 4 \cdot \frac{1}{2}\sin 2x - \frac{1}{2}(1 + \cos 2x)$

$= 2\sin 2x - 2\cos 2x + 1$

$= 2\sqrt{2}\sin\left(2x - \frac{\pi}{4}\right) + 1$

☞ 角が $2x$ であるが, これまでと同じ手順で合成をする. ただし, α は $\frac{7}{4}\pi$ より $-\frac{\pi}{4}$ とした方がこの後の計算がラクである

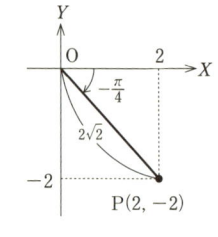

$0 \leq x \leq \frac{\pi}{2}$ より, $0 \leq 2x \leq \pi$ であり,

$-\frac{\pi}{4} \leq 2x - \frac{\pi}{4} \leq \frac{3}{4}\pi$

このとき, 単位円を用いると,

$-\frac{1}{\sqrt{2}} \leq \sin\left(2x - \frac{\pi}{4}\right) \leq 1$

☞ 高さの変化を読み取る

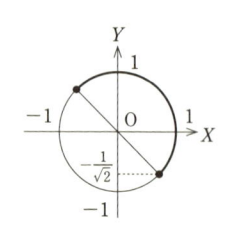

$-2 \leq 2\sqrt{2}\sin\left(2x - \frac{\pi}{4}\right) \leq 2\sqrt{2}$

$-1 \leq 2\sqrt{2}\sin\left(2x - \frac{\pi}{4}\right) + 1 \leq 2\sqrt{2} + 1$

☞ これより, $-1 \leq y \leq 2\sqrt{2} + 1$ である

したがって,

最大値 $2\sqrt{2} + 1$, 最小値 -1

解説講義

2倍角の公式を使うと角 x の式を角 $2x$ の式で表すことも可能である. 本書では, その操作を記憶に残してもらうために「倍角戻し」と名付けておく. 文系の入試で「倍角戻し」が行われるのは, 本問のような,

$a\sin^2 x + b\cos^2 x + c\sin x \cos x$ (a, b, c は定数)

の場合が圧倒的に多い. x の式を $2x$ の式で表せたら, あとは合成して前問と同様に考える.

文系数学の必勝ポイント

$a\sin^2 x + b\cos^2 x + c\sin x \cos x$ の式
2倍角の公式で, x の式を $2x$ の式で表して考える

96 三角関数の最大最小(2) 〜$\cos x = t$ とおく〜

関数 $y = 3\sin^2 x + \cos 2x + \cos x - 3$ $(0 \leq x < 2\pi)$ の最大値,最小値,およびそのときの x の値をそれぞれ求めよ. (山形大)

解答

$\sin^2 x = 1 - \cos^2 x$, $\cos 2x = 2\cos^2 x - 1$ であるから,

$$y = 3\sin^2 x + \cos 2x + \cos x - 3$$
$$= 3(1 - \cos^2 x) + (2\cos^2 x - 1) + \cos x - 3 \quad \text{☜ } \cos x \text{ のみで表す}$$
$$= 3 - 3\cos^2 x + 2\cos^2 x - 1 + \cos x - 3$$
$$= -\cos^2 x + \cos x - 1 \quad \cdots ①$$

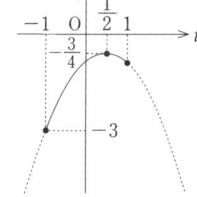

ここで,$\cos x = t$ とすると,①より,

$$y = -t^2 + t - 1 = -\left(t - \frac{1}{2}\right)^2 - \frac{3}{4} \quad \cdots ②$$

$0 \leq x < 2\pi$ より,

$$-1 \leq t \leq 1 \quad \text{☜ 範囲を確認する!!}$$

であり,この範囲において②のグラフは右のようになる.グラフより,

$$t = \frac{1}{2} \text{ のときに最大値 } -\frac{3}{4},\ t = -1 \text{ のときに最小値 } -3$$

をとることが分かる.

また,$t = \frac{1}{2}$ のときの x の値は,$\cos x = \frac{1}{2}$ より,$x = \frac{\pi}{3},\ \frac{5}{3}\pi$ である.

さらに,$t = -1$ のときの x の値は,$\cos x = -1$ より,$x = \pi$ である.

以上より,

$$\text{最大値 } -\frac{3}{4}\ \left(x = \frac{\pi}{3},\ \frac{5}{3}\pi \text{ のとき}\right),\ \text{最小値 } -3\ (x = \pi \text{ のとき})$$

解説講義

文系の数学では,見た目は三角関数の最大最小問題であるが,置きかえをすることによって2次関数や3次関数の最大最小を考える問題になるものがよく出題される.本問では,相互関係 $\sin^2 x + \cos^2 x = 1$ と2倍角の公式を用いて $\cos x$ のみの式にして,$\cos x = t$ と置きかえた.三角比の種類を1種類にして考える,という基本を確認しよう.

また,2次関数で学習したように,関数の最大最小を考えるときには **正しい範囲で正しい関数を分析** しなければならない.よって,$0 \leq x < 2\pi$ から t のとり得る範囲は $-1 \leq t \leq 1$ であることを確認し,この範囲でグラフを描かなければいけない.置きかえをしたら範囲を確認する習慣をつけておこう.

文系数学の必勝ポイント

三角関数の最大最小問題

置きかえて2次関数や3次関数に持ち込むタイプでは,範囲に注意して,正しい範囲でグラフや増減表を書く

97 三角関数の最大最小(3) 〜$\sin\theta+\cos\theta$ と $\sin\theta\cos\theta$ の式〜

関数 $y=4\sin\theta\cos\theta+2(\sin\theta+\cos\theta)+1$ $(0\leqq\theta\leqq\pi)$ について,
(1) $\sin\theta+\cos\theta=t$ とする. y を t を用いて表せ.
(2) t のとり得る値の範囲を求めよ.
(3) y の最大値, 最小値を求めよ.

(奈良女子大)

解答

(1) $\sin\theta+\cos\theta=t$ を 2 乗すると,
$$1+2\sin\theta\cos\theta=t^2 \quad\therefore\ \sin\theta\cos\theta=\frac{t^2-1}{2}$$
☞ **90** を見直そう

これを用いると,
$$y=4\sin\theta\cos\theta+2(\sin\theta+\cos\theta)+1$$
$$=4\cdot\frac{t^2-1}{2}+2t+1 \quad\therefore\ y=2t^2+2t-1$$

(2) 合成すると, $t=\sin\theta+\cos\theta=\sqrt{2}\sin\left(\theta+\dfrac{\pi}{4}\right)$ である.

$0\leqq\theta\leqq\pi$ より, $\dfrac{\pi}{4}\leqq\theta+\dfrac{\pi}{4}\leqq\dfrac{5}{4}\pi$ であるから,

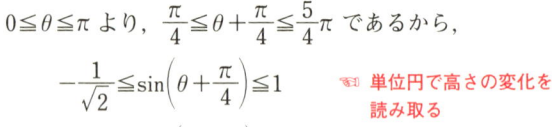

$$-\frac{1}{\sqrt{2}}\leqq\sin\left(\theta+\frac{\pi}{4}\right)\leqq 1$$

☞ 単位円で高さの変化を読み取る

$$-1\leqq\sqrt{2}\sin\left(\theta+\frac{\pi}{4}\right)\leqq\sqrt{2} \quad\therefore\ -1\leqq t\leqq\sqrt{2}$$

(3) (1)の結果より,
$$y=2t^2+2t-1=2\left(t+\frac{1}{2}\right)^2-\frac{3}{2} \quad\cdots\text{①}$$

$-1\leqq t\leqq\sqrt{2}$ で①のグラフは右のようになり,

最大値 $2\sqrt{2}+3$, 最小値 $-\dfrac{3}{2}$

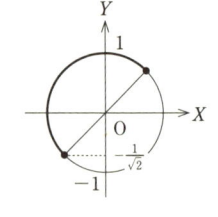

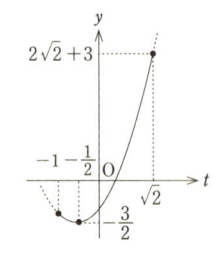

解説講義

「$\sin\theta+\cos\theta$ と $\sin\theta\cos\theta$ が混在している問題は, $\sin\theta+\cos\theta=t$ とおいて t の式で考える」ということをきちんと覚えておこう. 本問は, 誘導の設問がなくても(3)の問題を解けるようにすることを目標にしたい. 文系の入試でも, ヒントの設問を設けずに, ダイレクトに「y の最大値, 最小値を求めよ」と出題されているケースがある. なお, $\sin\theta-\cos\theta$ と $\sin\theta\cos\theta$ が混在している場合も方針は同じである.

本問でも, t と置きかえたときに t のとり得る値の範囲を確認し, その範囲で y のグラフを描かなければならない. 重ねての注意であるが, きちんと範囲を確認して最大最小を考えよう.

文系数学の必勝ポイント

$\sin\theta\pm\cos\theta$ と $\sin\theta\cos\theta$ の混在した式
$\sin\theta\pm\cos\theta=t$ とおいて考えてみる
（t のとり得る値の範囲をきちんと確認すること！）

98 指数法則

(1) 次の計算をせよ．

 (i) $(3\cdot 2^6)^{\frac{2}{3}} \div \sqrt[3]{81} \div 2^{-\frac{4}{3}} \times \left(\dfrac{3}{4}\right)^{\frac{2}{3}}$ 　　(ii) $\sqrt[3]{24} + \dfrac{4}{3}\sqrt[6]{9} - \sqrt[3]{\dfrac{1}{9}}$

(2) $a^{2x}=5$ のとき，$\dfrac{a^{3x}+a^{-3x}}{a^x+a^{-x}}$ の値を求めよ．

(3) $x^{\frac{1}{4}} - x^{-\frac{1}{4}} = 3$ のとき，$x^{\frac{1}{2}} + x^{-\frac{1}{2}}$ の値を求めよ． 　　　　　　（立教大／東洋大）

解答

(1)(i) $(3\cdot 2^6)^{\frac{2}{3}} = 3^{\frac{2}{3}} \cdot (2^6)^{\frac{2}{3}} = 3^{\frac{2}{3}} \cdot 2^4$,

 $\sqrt[3]{81} = (3^4)^{\frac{1}{3}} = 3^{\frac{4}{3}}$,

 $\left(\dfrac{3}{4}\right)^{\frac{2}{3}} = (3\cdot 2^{-2})^{\frac{2}{3}} = 3^{\frac{2}{3}} \cdot 2^{-\frac{4}{3}}$

※ 累乗根などは使わずに，$a^{\bullet}$ の形で表して考える

これより，

 (与式) $= (3^{\frac{2}{3}} \cdot 2^4) \div 3^{\frac{4}{3}} \div 2^{-\frac{4}{3}} \times (3^{\frac{2}{3}} \cdot 2^{-\frac{4}{3}})$

 $= 3^{\frac{2}{3}-\frac{4}{3}+\frac{2}{3}} \cdot 2^{4-(-\frac{4}{3})+(-\frac{4}{3})}$

 $= 3^0 \cdot 2^4 = \mathbf{16}$

※ 解説講義の(I), (II)の公式でまとめていく

(ii) $\sqrt[3]{24} = (2^3 \cdot 3)^{\frac{1}{3}} = 2\cdot 3^{\frac{1}{3}}$, 　$\dfrac{4}{3}\sqrt[6]{9} = \dfrac{4}{3}(3^2)^{\frac{1}{6}} = \dfrac{4}{3} \cdot 3^{\frac{1}{3}} = 4\cdot 3^{-1} \cdot 3^{\frac{1}{3}} = 4\cdot 3^{-\frac{2}{3}}$

 $\sqrt[3]{\dfrac{1}{9}} = (3^{-2})^{\frac{1}{3}} = 3^{-\frac{2}{3}}$

これより，

 (与式) $= 2\cdot 3^{\frac{1}{3}} + 4\cdot 3^{-\frac{2}{3}} - 3^{-\frac{2}{3}}$

 $= 2\cdot 3^{\frac{1}{3}} + 3\cdot 3^{-\frac{2}{3}}$ 　　　　※ $(4-1)\cdot 3^{-\frac{2}{3}} = 3\cdot 3^{-\frac{2}{3}}$

 $= 2\cdot 3^{\frac{1}{3}} + 3^{\frac{1}{3}}$

 $= 3\cdot 3^{\frac{1}{3}}$

 $= 3^{\frac{4}{3}} (= 3\sqrt[3]{3})$

(2) $\dfrac{a^{3x}+a^{-3x}}{a^x+a^{-x}} = \dfrac{(a^x+a^{-x})(a^{2x}-a^x\cdot a^{-x}+a^{-2x})}{a^x+a^{-x}}$

 $= a^{2x} - a^x\cdot a^{-x} + a^{-2x}$

 $= a^{2x} - a^0 + \dfrac{1}{a^{2x}}$

 $= 5 - 1 + \dfrac{1}{5}$

 $= \dfrac{\mathbf{21}}{\mathbf{5}}$

※ $a^x = p$，$a^{-x} = q$ と置きかえてみてもよい．
$a^{3x} = p^3$，$a^{-3x} = q^3$ となるので，
$\dfrac{p^3+q^3}{p+q}$
$= \dfrac{(p+q)(p^2-pq+q^2)}{p+q}$
$= p^2 - pq + q^2$
$= a^{2x} - a^x \cdot a^{-x} + a^{-2x}$
となる

(3) $x^{\frac{1}{4}} - x^{-\frac{1}{4}} = 3$ の両辺を 2 乗すると，

$$(x^{\frac{1}{4}})^2 - 2 \cdot x^{\frac{1}{4}} \cdot x^{-\frac{1}{4}} + (x^{-\frac{1}{4}})^2 = 9$$

$$x^{\frac{1}{2}} - 2 + x^{-\frac{1}{2}} = 9$$

$$x^{\frac{1}{2}} + x^{-\frac{1}{2}} = 11$$

解説講義

指数を含む式の計算や変形では，次の(I)から(VI)の関係を用いる．

(I) $a^m \times a^n = a^{m+n}$ (II) $a^m \div a^n = a^{m-n}$ (III) $(a^m)^n = (a^n)^m = a^{mn}$

(IV) $\dfrac{1}{a^n} = a^{-n}$ (V) $\sqrt[n]{a} = a^{\frac{1}{n}}$ (VI) $a^0 = 1$

指数を含む式の計算をするときは，$\sqrt[n]{a}$ や $\dfrac{1}{a^n}$ の形ではなく，$a^{\frac{1}{n}}$ や a^{-n} の形に直したうえで，(I)，(II)を使って計算を進めていくとよい．なお，(I)，(II)を使って計算するためには底をそろえる必要があるので，「まず底をそろえる」ことも重要事項の1つである．

文系数学の必勝ポイント

指数を含む式の計算
　　底を統一して，$a^{\bullet}$ の形に変形してから考えるとよい

One Point コラム

指数の次に対数を勉強する．対数の定義は，($a > 0$, $a \neq 1$ として，正の実数 N に対して)

「$a^p = N$ が成り立つとき，$p = \log_a N$ とする」

である．これをもう少し易しい言葉で言うと，

「$2^x = 8$ ならば $x = 3$ と答えられるけど，$2^x = 7$ となる x は正確に答えられない．そこで，この x を正確に表すために新しい記号を導入して $x = \log_2 7$ と書こう」

ということである．

103 で紹介してあるが，対数でも公式が6つ出てくる．対数は指数と密接な関係があるので，対数の公式は，ここで勉強した指数法則をもとにして導くことができる．この中の1つを導いておく．

$\begin{cases} a^p = M \\ a^q = N \end{cases}$ とすると，$\begin{cases} p = \log_a M \\ q = \log_a N \end{cases}$ である．

ここで，指数法則の(I)から，

$$a^{p+q} = a^p a^q$$

となるから，これを変形していくと，

$$a^{p+q} = MN$$

$$\iff p + q = \log_a MN$$

$$\iff \log_a M + \log_a N = \log_a MN$$

となる．これが 103 で紹介してある(I)の公式である．

99 指数の大小関係

(1) $2^{0.5}$, $\sqrt[5]{16}$, $8^{-\frac{1}{3}}$ を小さい順に並べよ.

(2) $10^{\frac{1}{3}}$ と $3^{\frac{4}{7}}$ の大小を比較せよ.

(徳島大／久留米大)

解答

(1) $2^{0.5}=2^{\frac{1}{2}}$, $\sqrt[5]{16}=(2^4)^{\frac{1}{5}}=2^{\frac{4}{5}}$, $8^{-\frac{1}{3}}=(2^3)^{-\frac{1}{3}}=2^{-1}$

$-1<\frac{1}{2}<\frac{4}{5}$ より, $2^{-1}<2^{\frac{1}{2}}<2^{\frac{4}{5}}$ であるから, ☜ $p<q<r$ のとき, $2^p<2^q<2^r$

$$8^{-\frac{1}{3}}<2^{0.5}<\sqrt[5]{16}$$

(2) $10^{\frac{1}{3}}$ と $3^{\frac{4}{7}}$ を,ともに 3 乗すると, $(10^{\frac{1}{3}})^3=10$, $(3^{\frac{4}{7}})^3=3^{\frac{12}{7}}$ である.ここで,

$$3^{\frac{12}{7}}<3^2=9 \quad \text{☜ } 3^{\frac{12}{7}} \text{は 9 より小さい}$$

であるから, $3^{\frac{12}{7}}<10$ である.

したがって, $(3^{\frac{4}{7}})^3<(10^{\frac{1}{3}})^3$ であるから,

$$3^{\frac{4}{7}}<10^{\frac{1}{3}}$$

解説講義

指数の大小関係は,底をそろえて右肩の指数部分の大小に注目することが基本である.底の値に注意して,

底 a が $1<a$ の場合, $p<q \iff a^p<a^q$

底 a が $0<a<1$ の場合, $p<q \iff a^p>a^q$

であることを利用する.これは,指数関数のグラフとあわせて理解しておくとよい.

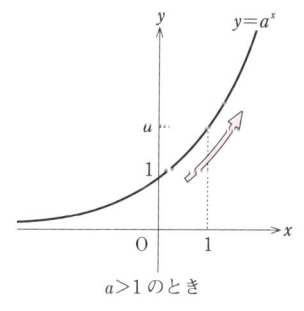

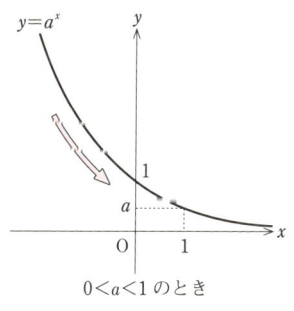

$a>1$ のとき　　　　　　$0<a<1$ のとき

一方,(2)は底をそろえられないので,2 つの数をともに 3 乗して比較している.

文系数学の必勝ポイント

指数の大小比較
① 底をそろえて,指数部分の大小に注目する
② 比較したい数を何乗かして考える

100 指数方程式・不等式

次の方程式,不等式を解け.

(1) $2^{2x} = \dfrac{1}{8}$ (2) $9^x < 27^{5-x} < 81^{2x+1}$ (3) $\left(\dfrac{1}{2}\right)^{2x+2} < \left(\dfrac{1}{16}\right)^{x-1}$

(4) $4^x - 3 \cdot 2^{x+1} - 16 = 0$ (5) $2^{2x+1} - 2^{x+3} - 2^x + 4 \leqq 0$

(立教大／中央大／大阪経済大／中部大／津田塾大)

解答

(1) 与式より,
$$2^{2x} = 2^{-3}$$
$$2x = -3$$
$$x = -\dfrac{3}{2}$$

☞ $a^p = a^q \iff p = q$

(2) $9^x < 27^{5-x} < 81^{2x+1}$ より,

$$\begin{cases} 9^x < 27^{5-x} \\ 27^{5-x} < 81^{2x+1} \end{cases} \therefore \begin{cases} 3^{2x} < 3^{15-3x} & \cdots ① \\ 3^{15-3x} < 3^{8x+4} & \cdots ② \end{cases}$$

①, ②より,指数部分に注目すると,

$$\begin{cases} 2x < 15-3x \\ 15-3x < 8x+4 \end{cases} \therefore \begin{cases} x < 3 \\ 1 < x \end{cases}$$

☞ $a > 1$ のとき,
$a^p < a^q \iff p < q$

したがって,
$$1 < x < 3$$

(3) 与式より,

$$\left(\dfrac{1}{2}\right)^{2x+2} < \left\{\left(\dfrac{1}{2}\right)^4\right\}^{x-1} \quad \therefore \left(\dfrac{1}{2}\right)^{2x+2} < \left(\dfrac{1}{2}\right)^{4x-4}$$

底 $\dfrac{1}{2}$ は $0 < \dfrac{1}{2} < 1$ であるから,指数部分に注目すると,

$$2x + 2 > 4x - 4$$
$$x < 3$$

☞ $0 < a < 1$ のとき,
$a^p < a^q \iff p > q$
(不等号の向きに注意する)

(4) $4^x = (2^2)^x = (2^x)^2$, $2^{x+1} = 2 \cdot 2^x$

であるから,与式より,

$$(2^x)^2 - 3 \cdot 2 \cdot 2^x - 16 = 0 \quad \cdots ①$$

$2^x = t$ とすると,$t > 0$ であり,①より,

$$t^2 - 6t - 16 = 0$$
$$(t+2)(t-8) = 0$$

☞ $t = 2^x$ のグラフから,$t > 0$ と分かる

$t > 0$ であるから,$t = 8$ である.よって,
$$2^x = 8 (= 2^3)$$
$$x = 3$$

(5) $\quad 2^{2x+1}=2\cdot 2^{2x}=2\cdot(2^x)^2,\ 2^{x+3}=2^3\cdot 2^x=8\cdot 2^x$

これより，与式は，
$$2\cdot(2^x)^2-8\cdot 2^x-2^x+4\leqq 0$$
$$2\cdot(2^x)^2-9\cdot 2^x+4\leqq 0 \quad \cdots ①$$

$2^x=t$ とすると，$t>0$ であり，①より，　☞ $t>0$ の確認を忘れずに行う
$$2t^2-9t+4\leqq 0$$
$$(2t-1)(t-4)\leqq 0$$
$$\frac{1}{2}\leqq t\leqq 4 \quad \text{☞ これは，} t>0 \text{ を満たしている}$$

よって，
$$2^{-1}\leqq 2^x\leqq 2^2$$
$$-1\leqq x\leqq 2$$

解説講義

指数方程式，不等式は，「左辺に指数1つ，右辺に指数1つになったら，両辺の比較をする」ということが基本である．たとえば，

(i) $\quad 2^x=2^5 \quad \Longleftrightarrow \quad x=5$
(ii) $\quad 2^x>2^5 \quad \Longleftrightarrow \quad x>5$
(iii) $\quad \left(\frac{1}{2}\right)^x>\left(\frac{1}{2}\right)^5 \quad \Longleftrightarrow \quad x<5$

である．底が1よりも小さい場合の不等式では，両辺の指数部分を比較したときに，不等号の向きが逆転することに注意しないといけない．これは **99** の解説講義でも触れていることである．

式が複雑になってくると次のようにやってしまう人が多いので確認しておくが，
$$2^x+2^3=2^5 \quad \Longleftrightarrow \quad x+3=5 \quad \text{☞ これは間違いである！！！！}$$
という間違いには注意したい．指数部分を比較できるのは，

左辺に指数1つ，右辺に指数1つになったとき

に限られる．左辺の項が2つあるのに，指数部分を取り出して比較することはできない！！ そのため，(4)，(5)では置きかえをして2次方程式，2次不等式に帰着させて考えているのである．(4)，(5)ではどちらも $2^x=t$ と置きかえているが，このとき t が正の値しかとらないことにも注意しよう．

文系数学の必勝ポイント

指数方程式・不等式

① 左辺，右辺の項が1つになったら，指数部分の比較を行う
$\quad a^p=a^q \quad \Longleftrightarrow \quad p=q$
$\quad a^p<a^q \quad \Longleftrightarrow \quad p<q \ (a>1 \text{ のとき})$
$\quad a^p<a^q \quad \Longleftrightarrow \quad p>q \ (0<a<1 \text{ のとき，不等号の向きに注意})$

② 置きかえて2次方程式や2次不等式に持ち込むパターンも頻出

101 指数関数の最大最小

(1) 関数 $y=9^x-4\cdot 3^x+10$ $(0\leqq x\leqq 2)$ の最大値,最小値を求めよ.
(2) 関数 $y=2^{3-x}+2^{1+x}$ の最小値とそのときの x の値を求めよ.

(新潟大／山形大)

解答

(1) $$y=9^x-4\cdot 3^x+10=(3^x)^2-4\cdot 3^x+10 \quad \cdots ①$$

$3^x=t$ とすると,①より,
$$y=t^2-4t+10=(t-2)^2+6 \quad \cdots ②$$

ここで,t の動く範囲を考えると,$0\leqq x\leqq 2$ より,
$$3^0\leqq 3^x\leqq 3^2 \qquad \therefore\ 1\leqq 3^x\leqq 9$$

となるから,$1\leqq t\leqq 9$ である.この範囲で②のグラフを考えると,

最大値 55,最小値 6

(2) $$y=2^{3-x}+2^{1+x}=8\cdot\frac{1}{2^x}+2\cdot 2^x \quad \cdots ③$$

$2^x=u$ とすると,$u>0$ であり,③より,$y=\dfrac{8}{u}+2u$ である.

$u>0$ であるから,相加平均と相乗平均の大小関係を用いると,

$$\frac{8}{u}+2u\geqq 2\sqrt{\frac{8}{u}\cdot 2u}=2\cdot 4=8$$

$$\therefore\ y\geqq 8$$

⇐ $a+b\geqq 2\sqrt{ab}$ において,a を $\dfrac{8}{u}$,b を $2u$ にした

ここで,等号が成り立つ条件は,$\dfrac{8}{u}=2u$ より,$u^2=4$ となるから,$u=2$ である.
すなわち,$2^x=2$ であるから,$x=1$ である.以上より,

最小値 8($x=1$ のとき)

解説講義

100 で $a^x=t$ とおいて解く指数方程式,不等式を勉強した.これと同様にして,(1)では $3^x=t$ とおけば y は t の2次関数で表されるので,t の動く範囲が $1\leqq t\leqq 9$ であることに注意をしてグラフを描けば,最大値,最小値は容易に求められる.

(2)では $2^x=u$ とおけば,y は u の分数式で表される.分数式の最小値を求める問題では「相加平均と相乗平均の大小関係」が有効であることを **65** で学習している.相加平均と相乗平均の大小関係は,分母を払って,$a+b\geqq 2\sqrt{ab}$ の形で使うことが多いことも見直しておきたい.

指数関数の最大最小問題では,置きかえをすることで2次関数や3次関数(場合によっては分数式)の最大最小問題に持ち込める問題が多い.置きかえの可能性にも注意しながら式を変形していこう.

文系数学の必勝ポイント

指数関数の最大最小
　置きかえて考える問題が多いことにも注意する

102 $2^x+2^{-x}=t$ とおく

関数 $y=4^x+4^{-x}+6\cdot 2^x+6\cdot 2^{-x}+4$ について,次の問に答えよ.
(1) $2^x+2^{-x}=t$ とする.y を t の式で表せ.
(2) t のとり得る値の範囲を求めよ.
(3) y の最小値を求めよ.

(武庫川女子大)

解答

(1) $2^x+2^{-x}=t$ …① の両辺を2乗すると,
$$(2^2)^x+2+(2^2)^{-x}=t^2$$
　　　　　　　　　　　　☜ $(2^2)^x=(2^2)^x$,$2^x\cdot 2^{-x}=2^0=1$
$$4^x+4^{-x}=t^2-2$$

これと①を用いると,
$$y=(4^x+4^{-x})+6(2^x+2^{-x})+4=(t^2-2)+6t+4$$
$$\therefore\ y=t^2+6t+2$$

(2) $2^x>0$,$2^{-x}>0$ であり,相加平均と相乗平均の大小関係を用いると,
$$2^x+2^{-x}\geqq 2\sqrt{2^x\cdot 2^{-x}}=2$$
$\therefore\ t\geqq 2$(等号は $2^x=2^{-x}$ より $x=0$ で成立)

したがって,t のとり得る値の範囲は,**$t\geqq 2$**

(3) (1)より,
$$y=(t+3)^2-7 \quad\cdots ①$$
であり,$t\geqq 2$ において①のグラフを考えると,
　　$t=2$ のときに最小
になることが分かる.グラフより y の最小値は,
$$(2+3)^2-7=\mathbf{18}$$

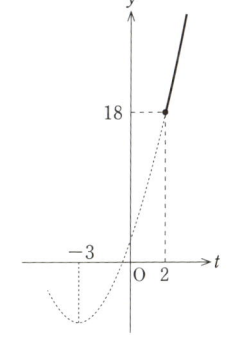

解説講義

このタイプは,文系では本問のように誘導がついて出題されるケースが多いが,誘導なしでも最後まで解けるようにしたい頻出問題の1つである.

ここまでに何度も出てきているが,置きかえをしたときには,とり得る値の範囲を確認することが大切である.本問の最大のポイント(それがこのタイプの問題の差がつくところ!)は,$2^x+2^{-x}=t$ としたときの t の範囲を,相加平均と相乗平均の大小関係を使って考察するところにある.安易に「$2^x>0$,$2^{-x}>0$ だから $t=2^x+2^{-x}>0$」としてはいけない.相加平均と相乗平均の大小関係から $t\geqq 2$ が正しい t の範囲と分かる.実際に $2^x+2^{-x}=1$ などにはならない.

文系数学の必勝ポイント

$a^x+a^{-x}=t$ とおく問題
① $a^{2x}+a^{-2x}=t^2-2$ と表せる
② t の範囲は「相加平均と相乗平均の大小関係」で調べる($t\geqq 2$ と分かる)

103 対数の計算

次の式を計算せよ.
(1) $\log_2 12 + 4\log_2 \dfrac{2}{3} + 6\log_2 \sqrt{3}$
(2) $(\log_2 9 + \log_4 3)\log_3 4$　　（駒澤大）

解答

(1) $4\log_2 \dfrac{2}{3} = \log_2 \left(\dfrac{2}{3}\right)^4 = \log_2 \dfrac{2^4}{3^4}$, $6\log_2 \sqrt{3} = \log_2 (\sqrt{3})^6 = \log_2 3^3$

これらを用いると,

$$(与式) = \log_2 12 + \log_2 \dfrac{2^4}{3^4} + \log_2 3^3 = \log_2 \dfrac{12 \times 2^4 \times 3^3}{3^4}$$

◁ 下の公式(I)でまとめる

$= \log_2 2^6$
$= 6\log_2 2$　◁ 下の公式(III)を用いて，指数の 6 を log の前に出した
$= \mathbf{6}$

(2) $\log_4 3$, $\log_3 4$ の底を 2 にすると,

$$\log_4 3 = \dfrac{\log_2 3}{\log_2 4} = \dfrac{\log_2 3}{\log_2 2^2} = \dfrac{\log_2 3}{2}$$

◁ 公式(IV)で底を 2 に変換する.
分母は，(III)，(VI)を用いて，
$\log_2 4 = \log_2 2^2 = 2\log_2 2 = 2$
と計算している

$$\log_3 4 = \dfrac{\log_2 4}{\log_2 3} = \dfrac{\log_2 2^2}{\log_2 3} = \dfrac{2}{\log_2 3}$$

これらを用いると,

$$(与式) = \left(2\log_2 3 + \dfrac{\log_2 3}{2}\right)\dfrac{2}{\log_2 3} = \dfrac{5}{2}\log_2 3 \times \dfrac{2}{\log_2 3} = \mathbf{5}$$

◁ カッコ内は,
$\left(2 + \dfrac{1}{2}\right)\log_2 3$
$= \dfrac{5}{2}\log_2 3$

解説講義

対数の計算では，次の(I)から(VI)の公式をきちんと覚えて，正しく使えるようにすることが大切である.

(I) $\log_a M + \log_a N = \log_a MN$　　(II) $\log_a M - \log_a N = \log_a \dfrac{M}{N}$

(III) $\log_a M^n = n\log_a M$　　(IV) $\log_a b = \dfrac{\log_c b}{\log_c a}$　（底の変換公式）

(V) $\log_a 1 = 0$　　(VI) $\log_a a = 1$

対数の計算では「**底をそろえて計算すること**」が重要である．(I)，(II)の公式はいくつかの対数をまとめていくときに用いるが，底がそろっていないと使えない．底がそろっていない式を扱うときには，(IV)の公式を使って，まず底をそろえることが解答の第一歩である．

なお，公式だけに目が向いてしまうと危険である．対数の定義は 98 の OnePoint コラムに書いてあるが，「$a^p = N \iff p = \log_a N$」である．この対数の定義（指数と対数の関係）も忘れてはいけない．

文系数学の必勝ポイント

対数の計算
　底をそろえて考える．底がズレていたら $\log_a b = \dfrac{\log_c b}{\log_c a}$ を用いて，底を変換する

104 対数方程式

次の方程式を解け．
(1) $\log_2(2x-1)=-1$
(2) $\log_{10}(x-15)+\log_{10}x=2$
(3) $\log_3 x+\log_9(x+2)+\log_{\frac{1}{3}}(x+2)=0$

(青山学院大／名城大／京都産業大)

解答

(1) $\log_2(2x-1)=-1$ …①

真数は正であるから，$2x-1>0$ より，$x>\dfrac{1}{2}$ ☜ まず，真数が正である条件を確認する（ウッカリ忘れる人が多い！）

①より，
$$\log_2(2x-1)=\log_2\dfrac{1}{2}$$

☜ 右辺を対数の形にする．-1を $-1=(-1)\cdot 1=(-1)\cdot\log_2 2=\log_2 2^{-1}$ と考えている

これより，
$$2x-1=\dfrac{1}{2}$$

☜ 左辺と右辺に対数が１つになったら，両辺の真数を比較する

$$x=\dfrac{3}{4}$$

(2) $\log_{10}(x-15)+\log_{10}x=2$ …②

真数は正であるから，
$$x-15>0 \quad かつ \quad x>0$$
$$x>15 \quad かつ \quad x>0$$
$$\therefore\ x>15 \quad \cdots ③$$

☜ ２つの真数は，両方とも正でなければならない

②より，
$$\log_{10}(x-15)x=\log_{10}10^2$$
$$\log_{10}(x^2-15x)=\log_{10}100$$

☜ ③の右辺の２は，$2=2\cdot 1=2\cdot\log_{10}10=\log_{10}10^2$ と考えている

これより，
$$x^2-15x=100$$
$$(x+5)(x-20)=0$$

③を考えると，
$$x=20$$

(3) $\log_3 x+\log_9(x+2)+\log_{\frac{1}{3}}(x+2)=0$ …④

真数は正であるから，
$$x>0 \quad かつ \quad x+2>0$$
$$x>0 \quad かつ \quad x>-2$$
$$\therefore\ x>0 \quad \cdots ⑤$$

☜ 底が$3, 9, \dfrac{1}{3}$でバラバラなので，底を３にそろえて考えていく

④の第２項と第３項はそれぞれ，
$$\log_9(x+2)=\dfrac{\log_3(x+2)}{\log_3 9}=\dfrac{\log_3(x+2)}{2}$$

☜ 底の変換公式を用いる

131

II 指数・対数

$$\log_{\frac{1}{3}}(x+2) = \frac{\log_3(x+2)}{\log_3 \frac{1}{3}} = \frac{\log_3(x+2)}{-1}$$

☞ 分母は,
$$\log_3 \frac{1}{3} = \log_3 3^{-1} = -1 \cdot \log_3 3 = -1$$

であるから, ④より,

$$\log_3 x + \frac{\log_3(x+2)}{2} - \log_3(x+2) = 0$$

$$2\log_3 x + \log_3(x+2) - 2\log_3(x+2) = 0 \quad \text{☞ 両辺に2をかけて分母を払った}$$

$$\log_3 x^2 = \log_3(x+2) \quad \text{☞ 上の式の第2項と第3項を右辺に移項した}$$

これより,

$$x^2 = x + 2 \qquad \therefore (x+1)(x-2) = 0$$

⑤を考えると,

$$x = 2$$

解説講義

対数方程式を解くときの基本となることは,

$$\log_a x = \log_a p \iff x = p$$

である. つまり, 左辺と右辺に対数が1つになったら, 両辺の真数を比較すればよいのである.
対数が2つ以上残っているのに,

$$\log_a x = \log_a p + \log_a q \text{ より, } x = p + q \quad \text{☞ これは間違い!!!!}$$

とやってはいけない!
式を変形するには, 底をそろえることが必要で, (3)では底を3にそろえて考えている.
また, 真数は正であるから, この条件(真数条件とも呼ぶ)も忘れないようにしよう.

文系数学の必勝ポイント

対数方程式
① 左辺, 右辺に対数が1つになったら, 真数の比較を行う
$$\log_a x = \log_a p \iff x = p$$
② 真数が正である条件も忘れずに!

One Point コラム

底に文字 x が入った対数方程式もしばしば出題される. **底は1以外の正の数**しか許されない. 真数の条件と同時に, この「底の条件」もチェックし忘れないように注意しよう. 問題を1題紹介しておく.

$\log_x(5x+6) = 2$ を満たす x を求めよ.

解答

真数と底の条件から,
$$\begin{cases} 5x+6 > 0 & \cdots ① \\ 0 < x < 1, \ 1 < x & \cdots ② \end{cases}$$

このとき, 与式より,
$$\log_x(5x+6) = \log_x x^2$$

となるから,

$$5x + 6 = x^2$$
$$x^2 - 5x - 6 = 0$$
$$(x+1)(x-6) = 0$$
$$x = -1, \ 6$$

①, ②を考えると,
$$x = 6$$

105 対数不等式

次の不等式を解け．
(1) $\log_{10}(x+3) < \log_{10}(9-2x)$
(2) $\log_{\frac{1}{2}}(x-2) + \log_{\frac{1}{2}}(x-3) > -2$

(名城大／立教大)

解答

(1) $\log_{10}(x+3) < \log_{10}(9-2x)$ ……①

真数は正であるから，
$$x+3>0 \quad \text{かつ} \quad 9-2x>0$$
$$x>-3 \quad \text{かつ} \quad x<\frac{9}{2}$$
$$\therefore \quad -3<x<\frac{9}{2} \quad \cdots\text{②}$$

①において，底は1より大きいので，
$$x+3<9-2x, \quad \text{すなわち} \quad x<2 \quad \cdots\text{③}$$

したがって，②，③より，
$$-3<x<2$$

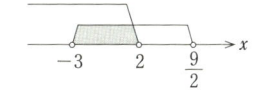

☞ $a>1$ のとき，
$\log_a p < \log_a q \iff p<q$

(2) $\log_{\frac{1}{2}}(x-2) + \log_{\frac{1}{2}}(x-3) > -2$ ……④

真数は正であるから，
$$x-2>0 \quad \text{かつ} \quad x-3>0$$
$$x>2 \quad \text{かつ} \quad x>3$$
$$\therefore \quad x>3 \quad \cdots\text{⑤}$$

④より，
$$\log_{\frac{1}{2}}(x-2)(x-3) > \log_{\frac{1}{2}} 4$$

底 $\frac{1}{2}$ は，$0<\frac{1}{2}<1$ であることに注意すると，
$$(x-2)(x-3)<4$$
$$x^2-5x+2<0$$
$$\frac{5-\sqrt{17}}{2} < x < \frac{5+\sqrt{17}}{2} \quad \cdots\text{⑥}$$

☞ 右辺は，
$-2 = -2\cdot 1 = -2\cdot\log_{\frac{1}{2}}\frac{1}{2}$
$= \log_{\frac{1}{2}}\left(\frac{1}{2}\right)^{-2} = \log_{\frac{1}{2}}(2^{-1})^{-2} = \log_{\frac{1}{2}} 2^2$

☞ $0<a<1$ のとき
$\log_a p > \log_a q \iff p<q$
(不等号の向きに注意する)

したがって，⑤，⑥より，
$$3 < x < \frac{5+\sqrt{17}}{2}$$

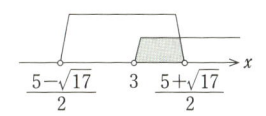

解説講義

100 で勉強した指数不等式の注意点は，指数部分を比較するときに底の値に注意することであった．対数不等式でも同じである．たとえば，

(i) $\log_2 x > \log_2 5 \iff x>5$
(ii) $\log_{\frac{1}{2}} x > \log_{\frac{1}{2}} 5 \iff x<5$

II 指数・対数

ということである．底が1よりも小さい場合の不等式では，両辺の真数を比較したときに，不等号の向きが逆転することに注意しよう．

文系数学の必勝ポイント

対数不等式
真数を比較するときに，底の値に注意する．（以下，$x, p > 0$ として）
$a > 1$ のとき，　　$\log_a x > \log_a p \iff x > p$
$0 < a < 1$ のとき，$\log_a x > \log_a p \iff x < p$（不等号の向きに注意!!）

---

106 置きかえをする対数方程式・不等式

不等式 $(\log_2 x)^2 - \log_{\frac{1}{4}} x^4 - 8 < 0$ を解け． （法政大）

解答

真数は正であるから，$x > 0$ である．ここで，与式の第2項は，
$$\log_{\frac{1}{4}} x^4 = \frac{\log_2 x^4}{\log_2 \frac{1}{4}} = \frac{4 \log_2 x}{-2} = -2 \log_2 x$$
であるから，与式は，
$$(\log_2 x)^2 + 2 \log_2 x - 8 < 0 \qquad \cdots ①$$
となる．ここで，$\log_2 x = t$ とすると，①より，
$$t^2 + 2t - 8 < 0 \qquad \therefore \ -4 < t < 2$$

◁ $t^2 + 2t - 8 < 0$ より，$(t+4)(t-2) < 0$ となる

よって，
$$-4 < \log_2 x < 2$$
となるから，
$$\log_2 \frac{1}{16} < \log_2 x < \log_2 4$$

◁ $-4 = -4 \cdot 1 = -4 \cdot \log_2 2 = \log_2 2^{-4} = \log_2 \frac{1}{16}$
$2 = 2 \cdot 1 = 2 \cdot \log_2 2 = \log_2 2^2 = \log_2 4$

$$\frac{1}{16} < x < 4$$

解説講義

105 では，左辺と右辺に対数が1つになるタイプの対数方程式，不等式を紹介したが，本問は $(\log_2 x)^2$ という項があるから 105 と同じように両辺の対数を1つずつにして考えることは困難である．そこで，$\log_{\frac{1}{4}} x^4$ は $\log_2 x$ で表せることに注目し，$\log_2 x = t$ と置きかえて2次不等式に持ち込んだ．

文系数学の必勝ポイント

$(\log_a x)^2$ を含む対数方程式・不等式
$\log_a x = t$ とおいて，2次方程式，不等式などに持ち込む

107 対数関数の最大最小

(1) 関数 $y=\log_2(1+x)+\log_2(7-x)$ の最大値とそのときの x の値を求めよ。
(2) 正の実数 x, y が $xy=100$ を満たすとき，$(\log_{10}x)^3+(\log_{10}y)^3$ の最小値とそのときの x, y の値を求めよ。 (和歌山大／広島大)

解答

(1) 　　　　$y=\log_2(1+x)+\log_2(7-x)$ 　　　…①

真数は正であるから，
　　$1+x>0$ 　かつ　 $7-x>0$
　　$x>-1$ 　かつ　 $x<7$
　　$\therefore\ -1<x<7$

①より，
$$y=\log_2(1+x)(7-x)=\log_2(-x^2+6x+7)$$
$$=\log_2\{-(x-3)^2+16\}\ \cdots②$$

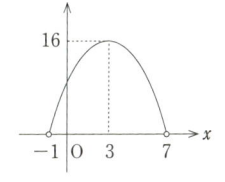

②において，y が最大になるのは真数が最大になるときである．

$-1<x<7$ の範囲で真数の $-(x-3)^2+16$ は，$x=3$ のときに最大値16をとる．このときの y の値は，
$$\log_2 16=\log_2 2^4=4$$
である．以上より，

　　最大値 4 （$x=3$ のとき）

(2) $P=(\log_{10}x)^3+(\log_{10}y)^3$ とする．$xy=100$ より，$y=\dfrac{100}{x}$ であるから，
$$P=(\log_{10}x)^3+\left(\log_{10}\dfrac{100}{x}\right)^3 \quad \text{☜ x だけの式にして考える}$$
$$=(\log_{10}x)^3+(\log_{10}100-\log_{10}x)^3$$
$$=(\log_{10}x)^3+(2-\log_{10}x)^3 \quad \cdots③$$

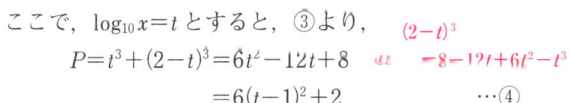

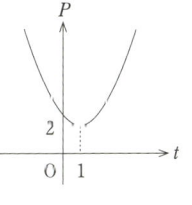

ここで，$\log_{10}x=t$ とすると，③より，
$$P=t^3+(2-t)^3=6t^2-12t+8 \quad \text{☜ $(2-t)^3=8-12t+6t^2-t^3$}$$
$$=6(t-1)^2+2 \quad \cdots④$$

④のグラフから，P は $t=1$ において最小となり，最小値は2である．

$t=1$ のときの x は，$\log_{10}x=1$ より $x=10$ である．さらに，$xy=100$ より $y=10$ である．

以上より，

　　最小値 2 （$x=y=10$ のとき）

解説講義

(1)は1つの対数にまとめることができ，底が1より大きい対数であるから，真数が最大に

II 指数・対数

なる場合を考えればよい．この「真数に注目する」という考え方をしっかりつかんでおきたい．
　(2)は 2 変数の問題である．2 次関数のところでも学習したように，条件式の $xy=100$ を用いて y を消去し，x だけにして考える．あとは $\log_{10} x=t$ とおくことによって，2 次関数の最大最小問題に持ち込める．

文系数学の必勝ポイント

真数が変化する対数関数 $y=\log_a f(x)$ の最大最小
　$a>1$ のとき　　　　　$f(x)$ が最大 $\iff$ y が最大
　$0<a<1$ のとき　　　　$f(x)$ が最大 $\iff$ y が最小

108 桁数・小数首位

$\log_{10} 2=0.3010$, $\log_{10} 3=0.4771$ とする．
(1) 18^{18} の桁数を求めよ．
(2) $\left(\dfrac{1}{45}\right)^{54}$ は小数第何位にはじめて 0 でない数が現れるか． (立命館大)

解答

(1) 　$\log_{10} 18^{18} = 18 \log_{10} 18$
　　　　　　　　$= 18(\log_{10} 2 + 2\log_{10} 3)$
　　　　　　　　$= 18(0.3010 + 2 \times 0.4771)$
　　　　　　　　$= 22.5936$

☞ 桁数の問題では，知りたい数の常用対数の値を，まず計算してみる

これより，$22 < \log_{10} 18^{18} < 23$ が成り立つから，
　　　　$\log_{10} 10^{22} < \log_{10} 18^{18} < \log_{10} 10^{23}$ 　　☞ $22 = 22 \cdot 1 = 22 \cdot \log_{10} 10 = \log_{10} 10^{22}$
　　　　　　$10^{22} < 18^{18} < 10^{23}$ 　　　　　　　　　　　　　$23 = 23 \cdot 1 = 23 \cdot \log_{10} 10 = \log_{10} 10^{23}$
したがって，
　　　　　　　　　　　　X が n 桁 $\iff$ $10^{n-1} \leqq X < 10^n$
　　　　　　18^{18} は **23 桁** 　　☞ であるから，
　　　　　　　　　　　　　　$10^{22} < 18^{18} < 10^{23}$ より 18^{18} は 23 桁

(2) 　$\log_{10}\left(\dfrac{1}{45}\right)^{54} = \log_{10} 45^{-54}$
　　　　　　　　　$= -54 \cdot \log_{10} 45$
　　　　　　　　　$= -54(\log_{10} 5 + \log_{10} 9)$
　　　　　　　　　$= -54(\log_{10} 5 + 2\log_{10} 3)$ 　　　…①

ここで，
　$\log_{10} 5 = \log_{10} \dfrac{10}{2} = \log_{10} 10 - \log_{10} 2 = 1 - \log_{10} 2$ 　☞ このようにして，$\log_{10} 2$ を使って $\log_{10} 5$ が計算できることは知っておきたい

である．よって，①より，

136

$$\log_{10}\left(\frac{1}{45}\right)^{54} = -54(1-\log_{10}2 + 2\log_{10}3)$$
$$= -54(1 - 0.3010 + 2 \times 0.4771)$$
$$= -89.2728$$

これより，$-90 < \log_{10}\left(\frac{1}{45}\right)^{54} < -89$ が成り立つから，

$$\log_{10} 10^{-90} < \log_{10}\left(\frac{1}{45}\right)^{54} < \log_{10} 10^{-89}$$

$$10^{-90} < \left(\frac{1}{45}\right)^{54} < 10^{-89}$$

したがって，はじめて 0 でない数が現れるのは，**小数第 90 位**

小数首位が第 n 位 $\iff$ $10^{-n} \leq X < 10^{-n+1}$ であるから，
$$10^{-90} < \left(\frac{1}{45}\right)^{54} < 10^{-89}$$
より，$\left(\frac{1}{45}\right)^{54}$ の小数首位は第 90 位

解説講義

次の関係が桁数の問題を考える上での基本となる．

$$X が n 桁 \iff 10^{n-1} \leq X < 10^n \quad \cdots ①$$

これは暗記するほどのものではない．ある数 X が 3 桁であるならば，X は 100 以上 1000 未満であるから，

$$X が 3 桁 \iff 10^2 \leq X < 10^3$$

が成り立つことは容易にわかる．このことから「n 桁ならばどうか？」ということをその場で考えればよい．

そして，①の不等式で常用対数（底が 10 の対数）を考えると，

$$X が n 桁 \iff 10^{n-1} \leq X < 10^n \iff n-1 \leq \log_{10} X < n$$

となる．したがって，桁数を知りたいときには，まず知りたい数の常用対数の値を計算してみることになる．

小数首位（小数第何位にはじめて 0 でない数が現れるか）の問題も桁数と同様である．ある数 x は，小数第 3 位に初めて 0 でない数が現れたとする．このとき，x は 0.001 以上 0.010 未満であるから，

$$X の小数首位が第 3 位 \iff 10^{-3} \leq x < 10^{-2}$$

となる．ここから，

$$X の小数首位が第 n 位 \iff 10^{-n} \leq X < 10^{-n+1}$$
$$\iff -n \leq \log_{10} X < -n+1$$

であることがわかる．

文系数学の必勝ポイント

桁数・小数首位

知りたい数の常用対数の値を計算してみる

$$X が n 桁 \iff 10^{n-1} \leq X < 10^n \iff n-1 \leq \log_{10} X < n$$
$$X の小数首位が第 n 位 \iff 10^{-n} \leq X < 10^{-n+1}$$
$$\iff -n \leq \log_{10} X < -n+1$$

109 導関数の定義

(1) $f(x)$ の $x=1$ における微分係数が存在するとき，$\displaystyle\lim_{x \to 1}\frac{f(x)-x^3 f(1)}{x-1}$ を $f(1)$，$f'(1)$ で表せ．

(2) $f(x)=x^2$ のとき，定義に基づいて導関数 $f'(x)$ を求めよ．

(明治大／佐賀大)

解答

(1) $\displaystyle\lim_{x \to 1}\frac{f(x)-x^3 f(1)}{x-1} = \lim_{x \to 1}\frac{f(x)-f(1)-x^3 f(1)+f(1)}{x-1}$ ☜ $-f(1)$ と $f(1)$ は打ち消される

$\displaystyle = \lim_{x \to 1}\left\{\frac{f(x)-f(1)}{x-1} - \frac{x^3-1}{x-1}\cdot f(1)\right\} = \lim_{x \to 1}\left\{\frac{f(x)-f(1)}{x-1} - \frac{(x-1)(x^2+x+1)}{x-1}\cdot f(1)\right\}$

$\displaystyle = \lim_{x \to 1}\frac{f(x)-f(1)}{x-1} - \lim_{x \to 1}(x^2+x+1)\cdot f(1)$

$= f'(1)-(1+1+1)\cdot f(1)$

$= f'(1)-3f(1)$

(2) $f(x)=x^2$ のとき， ☜ このとき，x を $x+h$ とすると，$f(x+h)=(x+h)^2$ である

$\displaystyle f'(x) = \lim_{h \to 0}\frac{f(x+h)-f(x)}{h} = \lim_{h \to 0}\frac{(x+h)^2-x^2}{h} = \lim_{h \to 0}\frac{2xh+h^2}{h} = \lim_{h \to 0}(2x+h) = 2x$

解説講義

x が a から b まで変化するときの平均変化率は $\dfrac{f(b)-f(a)}{b-a}$ であり，微分係数 $f'(a)$ はこの式で b を a に近づけたときの極限で，$f'(a)=\displaystyle\lim_{b \to a}\frac{f(b)-f(a)}{b-a}$ …① である．ここで $a=1$ にすると，$f'(1)=\displaystyle\lim_{b \to 1}\frac{f(b)-f(1)}{b-1}$ であり，b を x に書きかえると $f'(1)=\displaystyle\lim_{x \to 1}\frac{f(x)-f(1)}{x-1}$ となる．(1)ではこれを用いた．なお，微分係数の定義である①は，$b=a+h$ と置きかえて，
$f'(a)=\displaystyle\lim_{h \to 0}\frac{f(a+h)-f(a)}{h}$ …② と書かれることも多い．

②で a を x に書きかえると導関数 $f'(x)$ の定義になる．つまり，$f'(x)=\displaystyle\lim_{h \to 0}\frac{f(x+h)-f(x)}{h}$ である．

(2)では「定義に基づいて $f'(x)$ を求めよ」と要求されているから，この定義を用いて計算していないものは0点である．ただし，微分する（導関数を求める）ときに，毎回このような計算をしていたら大変である．そこで，$n=1, 2, 3, \cdots$ に対して，

$$f(x)=x^n \text{ のとき, } f'(x)=nx^{n-1}$$

ということを「公式」として，単に微分するだけのときは，「$f(x)=x^2$ のとき，$f'(x)=2x$」とアッサリやればよい．

文系数学の必勝ポイント

導関数 $f'(x)$ の定義

関数 $f(x)$ に対して，導関数 $f'(x)=\displaystyle\lim_{h \to 0}\frac{f(x+h)-f(x)}{h}$ である

110 接線

(1) 曲線 $y=2x^3-5x^2$ 上の点 $(1, -3)$ における接線の方程式を求めよ.
(2) 2次関数 $y=x^2+2$ に点 $(-1, -1)$ から引いた接線の方程式を求めよ.

(日本大／名城大)

解答

(1) $f(x)=2x^3-5x^2$ とすると,$f'(x)=6x^2-10x$ である.
点 $(1, -3)$ における接線は,
$$y-f(1)=f'(1)(x-1)$$
$$y-(-3)=-4(x-1) \qquad \therefore y=-4x+1$$

(2) $f(x)=x^2+2$ とすると,$f'(x)=2x$ である.
接点を $(t, f(t))$ とすると,この点における接線は, ☞ 接点が不明の場合は,接点を自分で設定して考える
$$y-(t^2+2)=2t(x-t)$$
$$y=2tx-t^2+2 \qquad \cdots ①$$
①が $(-1, -1)$ を通るとき,
$$-1=2t(-1)-t^2+2$$
$$t^2+2t-3=0$$
これより,$t=1, -3$ となるから,求める接線は,①より,
$$y=2x+1, \quad y=-6x-7$$

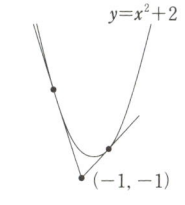

解説講義

$y=f(x)$ 上の点 $(t, f(t))$ における接線の傾きは $f'(t)$ である.したがって,$y=f(x)$ 上の点 $(t, f(t))$ における接線は,「$(t, f(t))$ を通り,傾きが $f'(t)$」であることから,
$$y-f(t)=f'(t)(x-t) \qquad \cdots(*)$$
となる.(1)は $(1, -3)$ における接線を求めたいから,$t=1$ として $(*)$ を用いればよい.
(2)はどこで接しているのか,つまり接点が分かっていない.接点が分からないと $(*)$ は使えないから,まず接点を $(t, f(t))$ とおいて接線の式を①で表したのである.このように,**接点が分かっていない場合には,まず接点を自分で設定することが重要である**.そのうえで,何らかの条件が与えられているはずなので,その条件を使って t の値を決定する.まとめとして,次の一文を覚えておこう!

"接点分からずして,接線は求まらず"

文系数学の必勝ポイント

接線

"接点分からずして,接線は求まらず" が原則である
(I) 接点が分かっている ➡ 公式 $y-f(t)=f'(t)(x-t)$ で一発解決
(II) 接点が分かっていない
　　 ➡ まず接点を $(t, f(t))$ とおいて,条件から t を決定する

111 3次関数の極値の存在条件

(1) $y = x^3 - 3x$ の極値を求め,グラフを描け.
(2) 関数 $y = x^3 - 3x^2 + 3ax$ が極値をもつような a の値の範囲を求めよ.

(中央大／上智大)

解答

(1) $f(x) = x^3 - 3x$ とすると,
$$f'(x) = 3x^2 - 3 = 3(x+1)(x-1)$$
これより,$f(x)$ の増減表は次のようになる.

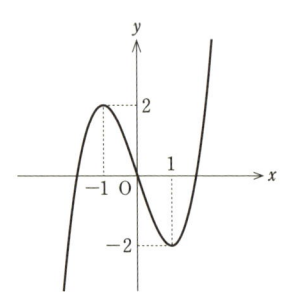

x	$\cdots$	-1	$\cdots$	1	$\cdots$
$f'(x)$	$+$	0	$-$	0	$+$
$f(x)$	↗	2	↘	-2	↗

増減表より,
　　　　極大値 2,極小値 -2

また,$y = x^3 - 3x$ のグラフは右のようになる.

(2) $f(x) = x^3 - 3x^2 + 3ax$ とすると,
$$f'(x) = 3x^2 - 6x + 3a = 3(x^2 - 2x + a)$$

$f(x)$ が極値をもつのは,$f'(x)$ の符号が変化するとき,すなわち,
　　2次方程式 $f'(x) = 0$ が異なる2つの実数解をもつとき
である.よって,$x^2 - 2x + a = 0$ の判別式を D とすると,
$$\frac{D}{4} = (-1)^2 - 1 \cdot a > 0$$
$$\therefore\ a < 1$$

$f'(x) = 3(x^2 - 2x + a)$

$f'(x)$ がこのようになっていれば,$f'(x)$ が正→負→正と変化する

解説講義

「関数 $f(x)$ が $x = \alpha$ で極値をとる」というのは,「$x = \alpha$ の前後で $f'(x)$ の符号が変化する」ということである.したがって,$f'(x)$ は2次関数であるから,$f'(x) = 0$ が異なる2つの実数解をもてば,$f'(x)$ の符号は正→負→正,あるいは負→正→負になり,極値をもつことになる.
なお,$D \geqq 0$ としてはいけない.$D = 0$ の場合には $f'(x) = 0$ になるが,その x の値の前後で $f'(x)$ の符号は変化していない.(本問では,$D = 0$ の場合は $a = 1$ であるが,このときは $f'(x) = 3(x-1)^2$ となって符号は変化しない)

文系数学の必勝ポイント

3次関数の極値の存在条件
　極値がある ➡ $f'(x) = 0$ が異なる2つの実数解をもてばよい
　　　　　　 ➡ $f'(x) = 0$ の判別式を D とすると,$D > 0$ であればよい

112 極値の条件を使う

関数 $f(x)=x^3+ax^2+bx-2$ が $x=-1$ で極大値 -1 をとるとき,定数 a, b の値を求めよ. (広島修道大)

解答

$f(x)=x^3+ax^2+bx-2$ より, $f'(x)=3x^2+2ax+b$ である.

$f(x)$ が $x=-1$ で極大値 -1 をとるとき,

$$\begin{cases} f'(-1)=3-2a+b=0 \\ f(-1)=-1+a-b-2=-1 \end{cases}$$

すなわち,

$$\begin{cases} -2a+b+3=0 \\ a-b-2=0 \end{cases}$$

が必要である.これを解くと,$a=1$, $b=-1$ となる. ☞ ここで答えにしてはいけない!

x	$\cdots$	-1	$\cdots$
$f'(x)$	$+$	0	$-$
$f(x)$	↗	-1	↘

☞ このような増減表になっているはずである

逆に,$a=1$, $b=-1$ のとき,

$$f(x)=x^3+x^2-x-2, \quad f'(x)=3x^2+2x-1=(x+1)(3x-1)$$

であり,$f(x)$ の増減表は次のようになる.

x	$\cdots$	-1	$\cdots$	$\dfrac{1}{3}$	$\cdots$
$f'(x)$	$+$	0	$-$	0	$+$
$f(x)$	↗	-1	↘		↗

☞ 増減表から,$x=-1$ の前後で $f'(x)$ は負から正ではなく,正から負に変化することが確かめられた

増減表より,確かに,$x=-1$ で極大値 -1 をとる.以上より,

$$a=1, \quad b=-1$$

解説講義

「$x=-1$ で極大値 -1 をとる」ための条件が「$f'(-1)=0$ かつ $f(-1)=-1$」であることは,増減表を思い浮かべればすぐに分かるだろう.そこから $a=1$, $b=-1$ が得られたわけであるが,これをそのまま答えとしてはいけない.

極大値とは「$f'(x)$ が**正から負に変化するときの値**」である.$f'(-1)=0$ だけでは,$f'(x)$ が負から正に変化している可能性もある.(問題が「$x=-1$ で極小値 -1 をとるように…」と出されても,君は同じ式を立てるのではないか?)そのため,$a=1$, $b=-1$ の場合に,確かに $x=-1$ で極大になっている,ということを確認しなければならない.

文系数学の必勝ポイント

極値の条件の利用

$x=\alpha$ で極値 M をとる ➡ $f'(\alpha)=0$ かつ $f(\alpha)=M$ を立てる
(きちんと条件を満たしているかを確認することが必要)

113 図形と最大最小

半径1の球面に内接する円柱について考える.このような円柱の高さを h, 底面の円の半径を r, 体積を V とする.
(1) r を h で表せ. (2) V の最大値を求めよ. (長崎大)

解答

(1) 図の三角形 OAB に三平方の定理を用いると,
$$r^2 + \left(\frac{h}{2}\right)^2 = 1 \text{ より, } r^2 = 1 - \frac{h^2}{4} = \frac{4-h^2}{4}$$
よって,
$$r = \frac{\sqrt{4-h^2}}{2}$$

(2) $V = \pi r^2 h$
$$= \pi \cdot \frac{4-h^2}{4} \cdot h = \frac{\pi}{4}(4-h^2)h \quad \text{☜ } h \text{ だけの式にする}$$
ここで, $f(h) = \frac{\pi}{4}(4-h^2)h = \frac{\pi}{4}(4h - h^3)$ とすると,
$$f'(h) = \frac{\pi}{4}(4-3h^2) = -\frac{\pi}{4}(\sqrt{3}h+2)(\sqrt{3}h-2)$$

図より, h の範囲は $0 < h < 2$ であり, この範囲における増減表は右のようになる.

したがって, V は $h = \frac{2}{\sqrt{3}}$ で最大になり, 最大値は,
$$f\left(\frac{2}{\sqrt{3}}\right) = \frac{\pi}{4}\left(4 - \frac{4}{3}\right) \cdot \frac{2}{\sqrt{3}} = \frac{4\sqrt{3}}{9}\pi$$

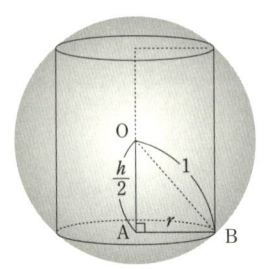

h	0	$\cdots$	$\frac{2}{\sqrt{3}}$	$\cdots$	2
$f'(h)$		+	0	−	
$f(h)$		↗	最大	↘	

解説講義

2次関数の最大最小問題では「頂点」と「定義域の端の値」に注目した.3次関数の最大最小問題では「極値」と「定義域の端の値」に注目してみるとよい.ただし,2次関数のときと同じように,定義域をきちんと確認しないといけない.本問では,円柱が球に内接しているので,高さ h は $0 < h < 2$ である.

このような定義域(範囲の制限)のある関数の増減表を書くときは,定義域の左端と右端が入る欄を用意して書くことが一般的である.また,増減表の3行目の矢印から $h = \frac{2}{\sqrt{3}}$ のときに最大になることは明白なので,グラフを描く必要はない.

文系数学の必勝ポイント

3次関数の最大最小問題
「極値」と「定義域の端の値」に注目する

114 方程式への応用

p を実数とする．方程式 $2x^3-3x^2-12x+5-p=0$ …① について，
(1) ①が異なる3つの実数解をもつような p の値の範囲を求めよ．
(2) ①が正の解を1個，異なる負の解を2個もつような p の値の範囲を求めよ．

(中央大)

解答

①は，$2x^3-3x^2-12x+5=p$ …② と変形できる． ☜ p だけを独立させる

①すなわち②の実数解は，

「$y=2x^3-3x^2-12x+5$ と $y=p$ のグラフの交点の x 座標」

と一致する．

$f(x)=2x^3-3x^2-12x+5$ とすると，

$f'(x)=6x^2-6x-12=6(x+1)(x-2)$

となり，$f(x)$ の増減表は次のようになる．

x	…	-1	…	2	…
$f'(x)$	$+$	0	$-$	0	$+$
$f(x)$	↗	12	↘	-15	↗

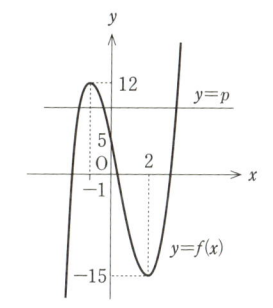

増減表より，$y=f(x)$ のグラフは，右のようになる．

(1) $y=f(x)$ と $y=p$ のグラフが交点を3個もつような p の範囲を求めればよく，

$$-15<p<12$$

(2) $y=f(x)$ と $y=p$ のグラフが，$x>0$ に1個，$x<0$ に2個の交点をもつような p の範囲を求めればよく，

$$5<p<12$$

解説講義

与えられた①式のままでは p を含んでいて考えにくいので，②のように p だけを独立させて (p を右辺に分離して) 考えるところが本問の1つ目のポイントである．

$f(x)=0$ の実数解は「$y=f(x)$ と x 軸 ($y=0$) の交点の x 座標」である．同様に，$f(x)=p$ の実数解は「$y=f(x)$ と $y=p$ の交点の x 座標」である．(1)であれば，$y=f(x)$ のグラフを描いておき，$y=f(x)$ と $y=p$ が3個の交点をもつような p の値の範囲を求めればよい．このように「グラフを使って方程式の実数解を考える」ということが，本問の2つ目のポイントである．

文系数学の必勝ポイント

3次方程式 $f(x)=p$ の実数解

「方程式 $f(x)=p$ の実数解」⟺「$y=f(x)$ と $y=p$ の交点の x 座標」

★方程式の実数解の個数は，グラフの交点の個数に注目する

115 不等式への応用

不等式 $x^4+2x^3-2x^2+k>0$ がすべての実数 x に対して成り立つような定数 k の範囲を求めよ。
(高崎経済大)

解答

$f(x)=x^4+2x^3-2x^2+k$ とすると、
$$f'(x)=4x^3+6x^2-4x$$
$$=2x(2x^2+3x-2)=2x(x+2)(2x-1)$$

$f'(x)=0$ となる x は $x=-2,\ 0,\ \dfrac{1}{2}$ であり、$f(x)$ の増減表は次のようになる。

x	$\cdots$	-2	$\cdots$	0	$\cdots$	$\dfrac{1}{2}$	$\cdots$
$f'(x)$	$-$	0	$+$	0	$-$	0	$+$
$f(x)$	↘	$k-8$	↗	k	↘	$k-\dfrac{3}{16}$	↗

ここで、
$$f(-2)=16+2(-8)-2\cdot 4+k=k-8,\quad f\left(\dfrac{1}{2}\right)=\dfrac{1}{16}+2\cdot\dfrac{1}{8}-2\cdot\dfrac{1}{4}+k=k-\dfrac{3}{16}$$

となるから、$f(-2)<f\left(\dfrac{1}{2}\right)$ である。つまり、

$k-8<k-\dfrac{3}{16}$ であるから、$f(-2)<f\left(\dfrac{1}{2}\right)$

$f(x)$ の最小値は、$f(-2)=k-8$

である。したがって、すべての実数 x に対して $f(x)>0$ となる条件は、

最小値：$k-8>0$

を考えればよく、

$$k>8$$

解説講義

4次関数の基本的な取り扱いにも慣れておきたい。4次関数 $f(x)$ を微分すると導関数 $f'(x)$ は3次関数になるから、3次関数のグラフの概形を考えれば、4次関数 $f(x)$ の増減表やグラフを描くことができる。

本問は、4次関数の値の変化の様子を微分して調べ、不等式がつねに成り立つ条件を求める問題である。最小値が $f(-2)$ であることから、$f(x)$ の値は $f(-2)$ の値を下回ることはないので、$f(-2)>0$ が成り立てば「つねに $f(x)>0$」が成り立つと言える。不等式が成立する条件を考える問題では、このように最大値や最小値に注目すると考えやすい。これと同じ考え方は、2次不等式の成立条件を考える問題でも学習している。

文系数学の必勝ポイント

不等式の成立条件

最大値や最小値に注目して考えるとよい

116 不定積分

$f'(x)=3x^2-4x-1$, $f(1)=0$ を満たす関数 $f(x)$ を求めよ． (立教大)

解答

$f'(x)=3x^2-4x-1$ より，
$$f(x)=\int(3x^2-4x-1)dx=x^3-2x^2-x+C \quad \cdots ①$$
(C は積分定数)

①で $x=1$ とすると，
$$f(1)=1-2-1+C=-2+C$$
となるが，$f(1)=0$ より，$C=2$ である．したがって，
$$f(x)=x^3-2x^2-x+2$$

解説講義

微分した関数 $f'(x)$ が分かっているから，微分する前の関数 $f(x)$ は $f'(x)$ の不定積分として求めることができる．ただし，不定積分を行ったときには積分定数 C がつくが，これは $f(1)=0$ の条件から決定できる．

文系数学の必勝ポイント

不定積分

$f'(x)$ から $f(x)$ を求める ➡ $f(x)=\int f'(x)dx$ である．

117 定積分の計算

(1) $\int_1^3(x^2-4x+2)dx$ を計算せよ．

(2)(i) $\int_\alpha^\beta(x-\alpha)(x-\beta)dx=-\dfrac{1}{6}(\beta-\alpha)^3$ を示せ．

(ii) $\int_1^3(x^2-4x+3)dx$ を計算せよ．

解答

(1) $\int_1^3(x^2-4x+2)dx=\left[\dfrac{1}{3}x^3-2x^2+2x\right]_1^3$

$\qquad\qquad\qquad\qquad =\left(\dfrac{1}{3}\cdot 3^3-2\cdot 3^2+2\cdot 3\right)-\left(\dfrac{1}{3}\cdot 1^3-2\cdot 1^2+2\cdot 1\right)$

$\qquad\qquad\qquad\qquad =-\dfrac{10}{3}$

Ⅱ 微分・積分

＜補足＞
順番を変えて書いているだけであるが，次のように計算してもよい．
$$\int_1^3 (x^2-4x+2)dx = \left[\frac{1}{3}x^3 - 2x^2 + 2x\right]_1^3$$
$$= \frac{1}{3}(3^3-1^3) - 2(3^2-1^2) + 2(3-1) = -\frac{10}{3}$$

(2)(ⅰ) $\int_\alpha^\beta (x-\alpha)(x-\beta)dx$

$$= \int_\alpha^\beta \{x^2 - (\alpha+\beta)x + \alpha\beta\}dx$$

$$= \left[\frac{1}{3}x^3 - \frac{1}{2}(\alpha+\beta)x^2 + \alpha\beta x\right]_\alpha^\beta$$

$$= \frac{1}{3}(\beta^3-\alpha^3) - \frac{1}{2}(\alpha+\beta)(\beta^2-\alpha^2) + \alpha\beta(\beta-\alpha)$$

$$= \frac{1}{3}(\beta-\alpha)(\beta^2+\alpha\beta+\alpha^2) - \frac{1}{2}(\alpha+\beta)(\beta-\alpha)(\beta+\alpha) + \alpha\beta(\beta-\alpha)$$

$$= \frac{1}{6}(\beta-\alpha)\{2(\beta^2+\alpha\beta+\alpha^2) - 3(\alpha+\beta)^2 + 6\alpha\beta\}$$

$$= \frac{1}{6}(\beta-\alpha)(2\beta^2+2\alpha\beta+2\alpha^2-3\alpha^2-6\alpha\beta-3\beta^2+6\alpha\beta)$$

$$= \frac{1}{6}(\beta-\alpha)(-\beta^2+2\alpha\beta-\alpha^2)$$

$$= -\frac{1}{6}(\beta-\alpha)(\beta^2-2\alpha\beta+\alpha^2)$$

$$= -\frac{1}{6}(\beta-\alpha)^3$$

(ⅱ) $\int_1^3 (x^2-4x+3)dx = \int_1^3 (x-1)(x-3)dx$

$$= -\frac{1}{6}(3-1)^3$$

$$= -\frac{1}{6} \cdot 2^3 = -\frac{4}{3}$$

◁ 因数分解すると，$\int_\alpha^\beta (x-\alpha)(x-\beta)dx$ の形になっているから，(ⅰ)の結果を使って計算を済ませる

解説講義

(2)(ⅰ)で証明した関係式，すなわち，
$$\int_\alpha^\beta (x-\alpha)(x-\beta)dx = -\frac{1}{6}(\beta-\alpha)^3$$
を，本書では「6分の1公式」と呼ぶことにする．
　文系の入試では，「6分の1公式」を使う積分の問題が非常に多く出題されている．**121**，**122** でその使い方を紹介することとしよう．

文系数学の必勝ポイント

6分の1公式
$$\int_\alpha^\beta (x-\alpha)(x-\beta)dx = -\frac{1}{6}(\beta-\alpha)^3 \text{ は重要!!}$$

118 絶対値を含む関数の積分

(1) 定積分 $\int_{-1}^{2}(|x^2-1|-1)dx$ を計算せよ.

(2) $1<x$ の範囲で x が変化するとき，関数 $f(x)=\int_{1}^{2}|t^2-xt|dt$ を最小にする x の値を求めよ．

(立教大／学習院大)

解答

(1) $x^2-1\geqq 0$ になるのは $x\leqq -1$，$1\leqq x$ であることに注意すると，

$$|x^2-1|=\begin{cases} x^2-1 & (x\leqq -1,\ 1\leqq x) \\ -(x^2-1) & (-1<x<1) \end{cases} \cdots ①$$

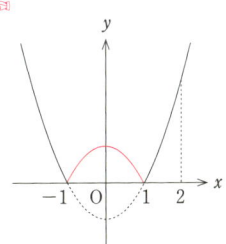

であるから，

$x\leqq -1$，$1\leqq x$ において，
$$|x^2-1|-1=x^2-1-1=x^2-2$$

$-1<x<1$ において，
$$|x^2-1|-1=-(x^2-1)-1=-x^2$$

である．したがって，

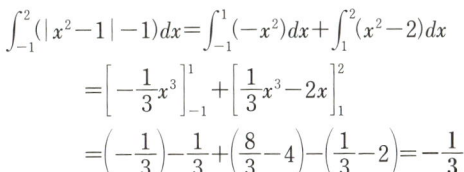

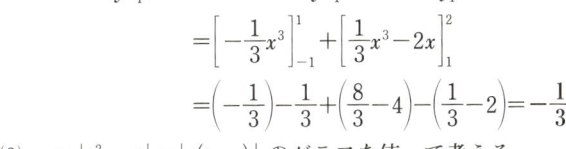

$$\int_{-1}^{2}(|x^2-1|-1)dx=\int_{-1}^{1}(-x^2)dx+\int_{1}^{2}(x^2-2)dx$$

$$=\left[-\frac{1}{3}x^3\right]_{-1}^{1}+\left[\frac{1}{3}x^3-2x\right]_{1}^{2}$$

$$=\left(-\frac{1}{3}\right)-\frac{1}{3}+\left(\frac{8}{3}-4\right)-\left(\frac{1}{3}-2\right)=-\frac{1}{3}$$

グラフを使って絶対値を処理してみるのもよい

(2) $y=|t^2-xt|=|t(t-x)|$ のグラフを使って考える．

(ア) $1<x<2$ のとき

$$f(x)=\int_{1}^{x}(-t^2+xt)dt+\int_{x}^{2}(t^2-xt)dt$$

$$=\left[-\frac{1}{3}t^3+\frac{1}{2}xt^2\right]_{1}^{x}+\left[\frac{1}{3}t^3-\frac{1}{2}xt^2\right]_{x}^{2}$$

$$=\left(-\frac{1}{3}x^3+\frac{1}{2}x^3\right)-\left(-\frac{1}{3}+\frac{1}{2}x\right)+\left(\frac{8}{3}-2x\right)-\left(\frac{1}{3}x^3-\frac{1}{2}x^3\right)$$

$$=\frac{1}{3}x^3-\frac{5}{2}x+3$$

$$f'(x)=x^2-\frac{5}{2}=\left(x+\sqrt{\frac{5}{2}}\right)\left(x-\sqrt{\frac{5}{2}}\right)=\left(x+\frac{\sqrt{10}}{2}\right)\left(x-\frac{\sqrt{10}}{2}\right)$$

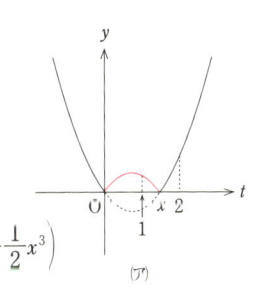

(イ) $2\leqq x$ のとき

$$f(x)=\int_{1}^{2}(-t^2+xt)dt=\left[-\frac{1}{3}t^3+\frac{1}{2}xt^2\right]_{1}^{2}$$

$$=\frac{3}{2}x-\frac{7}{3}$$

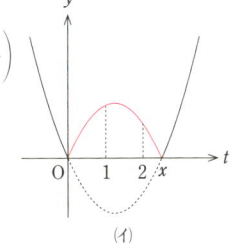

$$f'(x) = \frac{3}{2} > 0$$

(ア), (イ) より，$x>1$ における $f(x)$ の増減表は次のようになる．

x	1	$\cdots$	$\dfrac{\sqrt{10}}{2}$	$\cdots$	2	$\cdots$
$f'(x)$		$-$	0	$+$		$+$
$f(x)$		↘	最小	↗		↗

増減表より，$f(x)$ を最小にする x の値は，$x = \dfrac{\sqrt{10}}{2}$

解説講義

絶対値をつけたまま積分することはできない．絶対値を扱うときの基本は「絶対値の中身の正負に注目して絶対値を外すこと」である．$x^2-1 \geqq 0$ や $x^2-1<0$ を解いて，解答の①を求めてもよいが，$y=|x^2-1|$ のグラフを考えてみると様子がつかみやすい．$y=|f(x)|$ のグラフは，$y=f(x)$ のグラフの x 軸の下側にはみ出した部分を上に折り返すだけであり，数秒で描くことができる．(絶対値がついているので，負になる部分を正に変えればよいからである)

(2)はグラフを使った考察を行わないと苦しい．

$y=|t^2-xt|=|t(t-x)|$ は，$y=t^2-xt$ と $y=-t^2+xt$ のグラフから構成されていて，"グラフが切り替わるところ" は $t=0$ と $t=x$ である．そこで，積分区間の1から2の間に $t=x$ が含まれる場合と，含まれない場合に分けて考えることになる．(ア), (イ) の2通りに分けて $f(x)$ を準備したら，$1<x<2$ では(ア)の関数を，$2 \leqq x$ では(イ)の関数を使い，増減表を作って $f(x)$ の変化する様子を捉えればよい．

文系数学の必勝ポイント

絶対値を含む関数の積分

① 絶対値を外して，範囲に応じて関数を使い分けて積分する（グラフが便利！）
　（注）$y=|f(x)|$ のグラフは，$y=f(x)$ の x 軸の下側の部分を上に折り返せばよい

② 文字を含む場合は "グラフが切り替わるところ" が積分区間に含まれるかに注意する

One Point コラム

(2)は，$f(x)=\displaystyle\int_1^2 |t^2-xt|\,dt$ であったが，t と x で混乱しなかっただろうか？

この積分は「dt」となっているから，絶対値を含む t の関数の定積分を計算せよということである．この定積分の計算によって t には 2 や 1 が代入されて，残る文字は x のみとなる．そこで，その計算結果を x の関数 $f(x)$ と定めているのである．

複数の文字が入っている積分は，どの文字について積分するのかをきちんと把握しよう．

119 積分方程式（定積分で定められる関数）

(1) 等式 $f(x)=2x+\int_0^2 f(t)dt$ を満たす関数 $f(x)$ を求めよ．

(2) $\int_a^x f(t)dt=x^3-x^2-2x+a^2\ (a>0)$ を満たす関数 $f(x)$ と定数 a の値を求めよ．

(早稲田大)

解答

(1) $$f(x)=2x+\int_0^2 f(t)dt \quad \cdots ①$$

☞ これは積分区間に文字 x を含まないタイプである

$\int_0^2 f(t)dt=k$ (定数) $\cdots ②$ とおくと，①より，

$$f(x)=2x+k \quad \cdots ③$$

である．よって，$f(t)=2t+k$ であるから，②に代入すると，

$$\int_0^2 (2t+k)dt=k$$

☞ この条件式から k を求めて，その値を③に代入すれば $f(x)$ が得られる

$$\left[t^2+kt \right]_0^2 =k$$

$$4+2k=k$$

$$k=-4$$

したがって，③より，

$$f(x)=2x-4$$

(2) $$\int_a^x f(t)dt=x^3-x^2-2x+a^2 \quad \cdots ④$$

☞ これは積分区間に文字 x を含むタイプである

④の両辺を x で微分すると，

$$\frac{d}{dx}\int_a^x f(t)dt=3x^2-2x-2$$

$$f(x)=3x^2-2x-2$$

☞ $\frac{d}{dx}\int_a^x f(t)dt=f(x)$ である

また，④で $x=a$ とすると，

$$\int_a^a f(t)dt=a^3-a^2-2a+a^2$$

$$0=a^3-2a$$

☞ $\int_a^a f(t)dt=0$ である

$$a(a^2-2)=0$$

$a>0$ であるから，

$$a=\sqrt{2}$$

解説講義

定積分を含む条件式から関数を決定する問題は，文系の入試では極めて頻出の定番の問題である．この問題には2つのタイプがあり，それぞれの解法の特徴を覚えておきたい．タイプの違いは「積分区間に x があるかどうか」である．

(1)は「積分区間に x がないタイプ」である．a, b が定数のとき，$\int_a^b f(t)dt$ は定数である．そこで，このタイプの問題では，$\int_a^b f(t)dt=k$ (定数) とおいて考える．

Ⅱ 微分・積分

(2)は「積分区間に x を含むタイプ」である．このタイプでは，両辺を微分して考える．そのときに次の関係を利用する．

$$\frac{d}{dx}\int_a^x f(t)dt = f(x)$$

ここで，a は定数であり，$\frac{d}{dx}$ は「x で微分すること」を表している．

さらに，(2)のタイプでは $\int_a^a f(t)dt = 0$ であることを利用して未知の定数を求めることがよくある．

どちらのタイプも，それぞれの解法の手順と特徴をよく覚えておきたい．

文系数学の必勝ポイント

定積分で表される関数

① 積分区間に x がないタイプ ➡ $\int_a^b f(t)dt = k$ とおく

② 積分区間に x があるタイプ

➡ x で微分して，$\frac{d}{dx}\int_a^x f(t)dt = f(x)$ を利用する

One Point コラム

(1)のタイプの問題をもう1題紹介する．下に解答があるが，まず考えてみよう．

$f(x) = 3x^2 + \int_0^1 xf(t)dt + 1$ を満たす関数 $f(x)$ を求めよ．

この問題で $\int_0^1 xf(t)dt = k$ としてはいけない!! 文字 t についての定積分であることに注意をし，積分にとって定数である x はインテグラルの前に出す．そして条件式を，$f(x) = 3x^2 + x\int_0^1 f(t)dt + 1$ と整理して，$\int_0^1 f(t)dt = k$ とおいて考える．間違えやすいので注意しよう．

解答

$f(x) = 3x^2 + \int_0^1 xf(t)dt + 1 = 3x^2 + x\int_0^1 f(t)dt + 1$ ……①

$\int_0^1 f(t)dt = k$（定数）……② とおくと，①より，

$f(x) = 3x^2 + kx + 1$ ……③

である．よって，$f(t) = 3t^2 + kt + 1$ であるから，②に代入すると，

$$\int_0^1 (3t^2 + kt + 1)dt = k$$

$$\left[t^3 + \frac{1}{2}kt^2 + t\right]_0^1 = k$$

$$\frac{1}{2}k + 2 = k$$

$$k = 4$$

したがって，③より，

$$f(x) = 3x^2 + 4x + 1$$

120 面積(1) 〜面積の計算〜

3つの放物線 $C_1: y=x^2$, $C_2: y=(x-3)^2$, $C_3: y=(x-2)^2-4$ がある．
(1) C_1 と C_2, C_2 と C_3, C_3 と C_1 の交点の x 座標をそれぞれ求めよ．
(2) 3つの放物線 C_1, C_2, C_3 で囲まれた部分の面積を求めよ．

(センター試験)

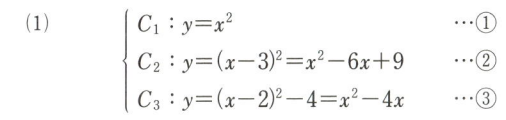

解答

(1)
$$\begin{cases} C_1: y=x^2 & \cdots ① \\ C_2: y=(x-3)^2=x^2-6x+9 & \cdots ② \\ C_3: y=(x-2)^2-4=x^2-4x & \cdots ③ \end{cases}$$

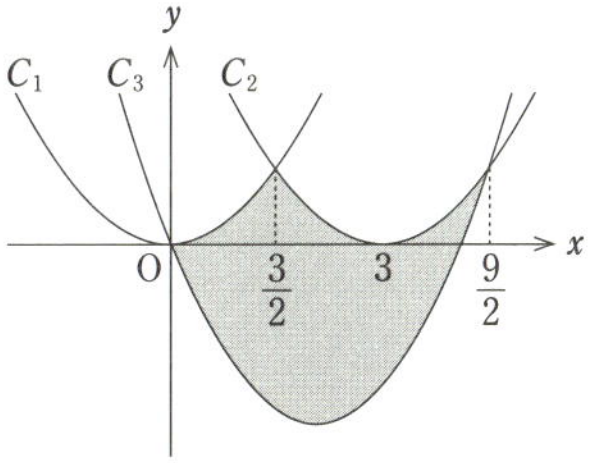

①，②より y を消去すると，
$$x^2=x^2-6x+9 \qquad \therefore x=\frac{3}{2}$$

②，③より y を消去すると，
$$x^2-6x+9=x^2-4x \qquad \therefore x=\frac{9}{2}$$

③，①より y を消去すると，
$$x^2-4x=x^2 \qquad \therefore x=0$$

以上より，C_1 と C_2，C_2 と C_3，C_3 と C_1 の交点の x 座標は，順に，$\dfrac{3}{2}$, $\dfrac{9}{2}$, 0

(2) 求める面積 S は，
$$S=\int_0^{\frac{3}{2}}\{x^2-(x^2-4x)\}dx+\int_{\frac{3}{2}}^{\frac{9}{2}}\{(x^2-6x+9)-(x^2-4x)\}dx$$

$$=\int_0^{\frac{3}{2}}4x\,dx+\int_{\frac{3}{2}}^{\frac{9}{2}}(-2x+9)dx=\left[2x^2\right]_0^{\frac{3}{2}}+\left[-x^2+9x\right]_{\frac{3}{2}}^{\frac{9}{2}}$$

$$=2\cdot\frac{9}{4}-0+\left(-\frac{81}{4}+9\cdot\frac{9}{2}\right)-\left(-\frac{9}{4}+9\cdot\frac{3}{2}\right)=\frac{9}{2}+\frac{81}{4}-\frac{45}{4}=\frac{27}{2}$$

解説講義

右の図の網掛け部分の面積 S は，$S=\int_a^b\{f(x)-g(x)\}dx$ で計算できる．どの区間で積分をするのかという "左端と右端の x 座標"，そして，"2つのグラフの上下関係" という2つの情報がつかめたら，$S=\int_{左}^{右}(上-下)dx$ の要領で積分の計算を実行すればよい．

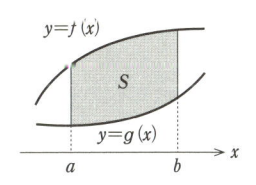

文系数学の必勝ポイント

面積の計算
面積は，$S=\displaystyle\int_{左}^{右}(上-下)\,dx$ で計算する

121 面積(2) 〜6分の1公式の利用〜

2つの放物線 $y=x^2-4x+2$ と $y=-x^2+2x+2$ で囲まれた部分の面積を求めよ。
(中央大)

解答

$$\begin{cases} y=x^2-4x+2 & \cdots ① \\ y=-x^2+2x+2 & \cdots ② \end{cases}$$

①, ②から y を消去すると,

$$x^2-4x+2=-x^2+2x+2$$
$$2x(x-3)=0 \quad \therefore x=0, 3$$

これより, ①と②の交点の x 座標は, $x=0, 3$ である。
求める面積を S とすると,

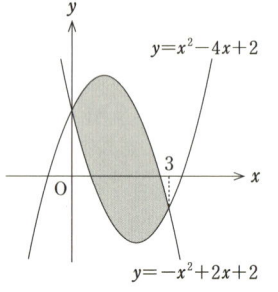

$$S=\int_0^3 \{(-x^2+2x+2)-(x^2-4x+2)\}dx$$
$$=\int_0^3 (-2x^2+6x)dx$$
$$=-2\int_0^3 x(x-3)dx$$
$$=-2\left\{-\frac{1}{6}(3-0)^3\right\}$$
$$=9$$

☞ 6分の1公式を使って計算する.
$$\int_\alpha^\beta (x-\alpha)(x-\beta)dx=-\frac{1}{6}(\beta-\alpha)^3$$
において, $\alpha=0, \beta=3$ になっている

解説講義

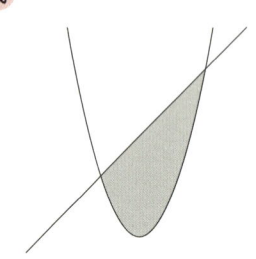

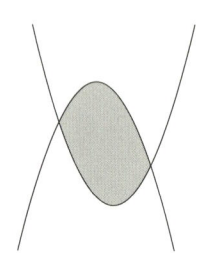

上のような, 放物線と直線で囲まれた部分の面積, 2つの放物線で囲まれる部分の面積は, 文系の入試では極めて頻出である。これらの面積を計算するときには,

$$6分の1公式:\int_\alpha^\beta (x-\alpha)(x-\beta)dx=-\frac{1}{6}(\beta-\alpha)^3$$

を使って計算を手早く済ませることが重要である。

文系 数学 の 必勝 ポイント

放物線と直線, 2つの放物線で囲まれた部分の面積
$$\int_\alpha^\beta (x-\alpha)(x-\beta)dx=-\frac{1}{6}(\beta-\alpha)^3 \text{ を使って計算する}$$

122 面積(3) 〜面積の最小値〜

座標平面上に放物線 $C: y=x^2+x-5$ と直線 $l: y=mx$ (m は実数) がある.
(1) C と l の交点の x 座標を求めよ.
(2) C と l とで囲まれた部分の面積 S を, m で表せ.
(3) m が実数全体を変化するとき, S の最小値を求めよ.　　　　　　(学習院大)

解答

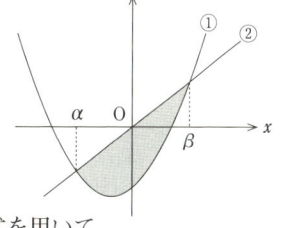

(1) $\begin{cases} C: y=x^2+x-5 & \cdots ① \\ l: y=mx & \cdots ② \end{cases}$

①, ②から y を消去すると,
$$x^2+x-5=mx$$
$$x^2-(m-1)x-5=0 \quad \cdots ③$$

③の解が C と l の交点の x 座標であるから, 解の公式を用いて
$$x=\frac{(m-1)\pm\sqrt{(m-1)^2+20}}{2}=\frac{(m-1)\pm\sqrt{m^2-2m+21}}{2}$$

(2) $\alpha=\dfrac{(m-1)-\sqrt{m^2-2m+21}}{2}$, $\beta=\dfrac{(m-1)+\sqrt{m^2-2m+21}}{2}$ とする.

α, β は③の解であるから,
$$x^2-(m-1)x-5=(x-\alpha)(x-\beta) \quad \cdots ④$$

③は $x=\alpha$, β を解にもつから,
③は, $(x-\alpha)(x-\beta)=0$ と変形できる

が成り立つ. このとき, 求める面積 S は, ④を用いて変形して計算すると,
$$S=\int_\alpha^\beta \{mx-(x^2+x-5)\}dx=-\int_\alpha^\beta \{x^2-(m-1)x-5\}dx$$
$$=-\int_\alpha^\beta (x-\alpha)(x-\beta)dx=-\left\{-\frac{1}{6}(\beta-\alpha)^3\right\}=\frac{1}{6}\left(\sqrt{m^2-2m+21}\right)^3$$

(3) (2)より, $S=\dfrac{1}{6}\left(\sqrt{(m-1)^2+20}\right)^3$ となるから, 根号内が最小になるとき, S も最小である. 根号内は $m=1$ のときに最小値 20 をとるから, S の最小値は,
$$\frac{1}{6}\left(\sqrt{20}\right)^3=\frac{1}{6}\cdot 20\sqrt{20}=\frac{1}{3}\cdot 10\cdot 2\sqrt{5}=\frac{20\sqrt{5}}{3}$$

解説講義

交点の x 座標が文字式になるが, 6分の1公式が使える状況にあることを見抜いて計算を進めていけば, 面積 S はきちんと求められる. あとは面積 S の式の最小値を求めるだけである. なお, 交点の x 座標はきれいな値ではないから, α, β などの文字をおいて計算を進めていく技を身につけたい.

文系数学の必勝ポイント

放物線と直線, 2つの放物線で囲まれた部分の面積 (交点の値が汚い)
2つの図形の交点がきれいな値でないときは, 交点を $x=\alpha$, β とおいて計算を進めていく

123 面積(4) 〜放物線と接線〜

座標平面上に放物線 $C: y = x^2 - 3x + 4$ がある.
(1) C 上の点 $A(2, 2)$, $B(-2, 14)$ における接線の方程式をそれぞれ求めよ.
(2) (1)で求めた2本の直線と C とで囲まれる部分の面積 S を求めよ.

(福岡大)

解答

(1) $f(x) = x^2 - 3x + 4$ とすると, $f'(x) = 2x - 3$ である.

点 $A(2, 2)$ における接線は, $y - f(2) = f'(2)(x - 2)$ であるから,
$$y - 2 = 1 \cdot (x - 2) \qquad \therefore y = x$$

また, 点 $B(-2, 14)$ における接線は, $y - f(-2) = f'(-2)(x + 2)$ であるから,
$$y - 14 = (-7)(x + 2) \qquad \therefore y = -7x$$

(2) $y = x$ と $y = -7x$ の交点は原点であり, 図の網掛け部分の面積が S である.

$$\begin{aligned}
S &= \int_{-2}^{0} \{(x^2 - 3x + 4) - (-7x)\} dx + \int_{0}^{2} \{(x^2 - 3x + 4) - x\} dx \\
&= \int_{-2}^{0} (x^2 + 4x + 4) dx + \int_{0}^{2} (x^2 - 4x + 4) dx \\
&= \int_{-2}^{0} (x + 2)^2 dx + \int_{0}^{2} (x - 2)^2 dx \\
&= \left[\frac{1}{3}(x + 2)^3 \right]_{-2}^{0} + \left[\frac{1}{3}(x - 2)^3 \right]_{0}^{2} \\
&= \frac{1}{3} \cdot 2^3 - 0 + 0 - \frac{1}{3}(-2)^3 = \frac{8}{3} + \frac{8}{3} = \frac{16}{3}
\end{aligned}$$

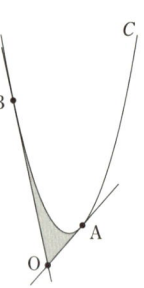

これをそのまま計算せず, $(x+2)^2$, $(x-2)^2$ の形にして積分するとよい

解説講義

自然数 n に対して, $\int x^n dx = \dfrac{1}{n+1} x^{n+1} + C$ (C は積分定数) であるが, これと同様にして,

$$\int (x + b)^n dx = \frac{1}{n+1} (x + b)^{n+1} + C \qquad \cdots (*) \qquad (b \text{ は定数})$$

が成り立つ. (2)の面積の計算では, これを利用して計算することにより, メンドウな計算を回避している.

ただし, 中途半端に覚えると失敗するから, 1つコメントをしておこう. $(*)$ は $(x + b)^n$ であり $(ax + b)^n$ ではない！ もし $(2x + 1)^2$ であれば, $(2x + 1)^2 = 4\left(x + \dfrac{1}{2}\right)^2$ と変形して, $(*)$ を使うことになる.

文系数学の必勝ポイント

カッコ n 乗の積分 (放物線と接線の囲む面積で頻出)

$\int (x + b)^n dx = \dfrac{1}{n+1} (x + b)^{n+1} + C$ を使ってメンドウな計算を回避する

(特に, $\int (x + b)^2 dx = \dfrac{1}{3} (x + b)^3 + C$ の形が文系では頻出！)

124 面積(5) ～微分・積分のまとめ～

座標平面上に曲線 $C: y=x^3-4x+8$ がある．
(1) C 上の点 A(1, 5) における接線 l の方程式を求めよ．
(2) C と l で囲まれる部分の面積 S を求めよ． (城西大)

解答

(1) $f(x)=x^3-4x+8$ とすると，$f'(x)=3x^2-4$ である．
点 A(1, 5) における接線は，$f'(1)=-1$ より，
$$y-5=(-1)(x-1) \quad \therefore y=-x+6$$

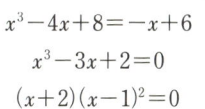

(2) C と l の共有点の座標は，連立方程式
$$\begin{cases} y=x^3-4x+8 & \cdots ① \\ y=-x+6 & \cdots ② \end{cases}$$
の解である．②を①に代入すると，
$$x^3-4x+8=-x+6$$
$$x^3-3x+2=0$$
$$(x+2)(x-1)^2=0$$
$$x=-2, 1$$

よって，C と l は右の図のようになっている．
求める面積を S とすると，

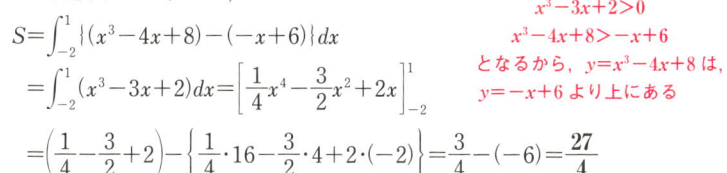

$-2<x<1$ において，
$x+2>0$，$(x-1)^2>0$ であるから，
$(x+2)(x-1)^2>0$ である．
つまり，
$$x^3-3x+2>0$$
$$x^3-4x+8>-x+6$$
となるから，$y=x^3-4x+8$ は，
$y=-x+6$ より上にある

$$S=\int_{-2}^{1}\{(x^3-4x+8)-(-x+6)\}dx$$
$$=\int_{-2}^{1}(x^3-3x+2)dx=\left[\frac{1}{4}x^4-\frac{3}{2}x^2+2x\right]_{-2}^{1}$$
$$=\left(\frac{1}{4}-\frac{3}{2}+2\right)-\left\{\frac{1}{4}\cdot 16-\frac{3}{2}\cdot 4+2\cdot(-2)\right\}=\frac{3}{4}-(-6)=\frac{27}{4}$$

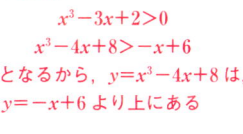

解説講義

ここまで本書を使ってがんばってきた皆さんには，本番で確実に得点してほしい総合問題である．本問で再確認すべき内容は次の3つである．3次式の積分になるので，計算ミスにも十分に注意しよう．
(i) 接線は **110** で勉強したように $y-f(t)=f'(t)(x-t)$ を用いる
(ii) 2つの曲線（あるいは直線）の共有点は連立方程式の解を求めればよい
(iii) 面積は $S=\int_{左}^{右}(上-下)dx$ で計算できる

文系数学の必勝ポイント

微分・積分のまとめ
　接線，面積は特に頻出の内容である．本番に向けてもう一度見直そう．

B　ベクトル

125　ベクトルの和・差・定数倍

正六角形 ABCDEF において，$\vec{AB}=\vec{a}$，$\vec{AF}=\vec{b}$ とする．線分 AD と BE の交点を O，線分 OC の中点を G，線分 GE を $2:1$ に内分する点を H とする．次のベクトルを，$\vec{a}$，$\vec{b}$ を用いてそれぞれ表せ．

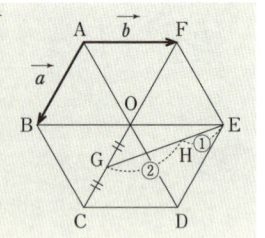

(1) $\vec{AE}$　　(2) $\vec{AG}$　　(3) $\vec{AH}$　　　　（東京都市大）

解答

(1) $\vec{BO}=\vec{AF}=\vec{b}$ に注意すると，
$$\vec{AE}=\vec{AB}+\vec{BE}=\vec{AB}+2\vec{BO}=\vec{a}+2\vec{b}$$

(2) $\vec{OC}=\vec{AB}=\vec{a}$ に注意すると，
$$\vec{AG}=\vec{AB}+\vec{BO}+\vec{OG}=\vec{AB}+\vec{BO}+\frac{1}{2}\vec{OC}=\vec{a}+\vec{b}+\frac{1}{2}\vec{a}=\frac{3}{2}\vec{a}+\vec{b}$$

(3) $GH:HE=2:1$ であるから，
$$\vec{GH}=\frac{2}{3}\vec{GE}$$
である．これより，
$$\vec{AH}-\vec{AG}=\frac{2}{3}(\vec{AE}-\vec{AG})$$
$$\vec{AH}=\vec{AG}+\frac{2}{3}\vec{AE}-\frac{2}{3}\vec{AG}$$
$$=\frac{1}{3}\vec{AG}+\frac{2}{3}\vec{AE}$$
$$=\frac{1}{3}\left(\frac{3}{2}\vec{a}+\vec{b}\right)+\frac{2}{3}(\vec{a}+2\vec{b})$$
$$=\frac{7}{6}\vec{a}+\frac{5}{3}\vec{b}$$

☜ 引き算を使うと始点を変えることができる．
　$\vec{GH}=\blacksquare\vec{H}-\blacksquare\vec{G}$
　という形で，自分の好きな始点に変えられる

☜ 内分の公式から求めてもよい

☜ (1), (2) の結果を代入した

解説講義

ベクトルは「向き」と「大きさ」をもつ量であり，それを"矢印"で表現する．ベクトルは単なる数値ではないので，ベクトルを扱うときの"ルール"を正確に理解することから始めよう．

(I)　ベクトルにおける等号の意味

2つのベクトルの「向き」と「大きさ」がともに一致しているときに，その2つのベクトルを「等しい」と定める（どこに置かれているかはどうでもよい）．右の図1で"ABの矢印"と"PQの矢印"は同じ矢印である．

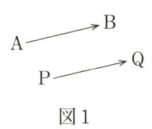

図1

つまり，$\vec{AB}$，$\vec{PQ}$ は「向き」と「大きさ」がともに等しい．そこで，$\vec{AB}=\vec{PQ}$ のように等号を使って表現する．

(II) ベクトルの足し算

　ベクトルの足し算は「矢印をつなぐこと」を意味する．

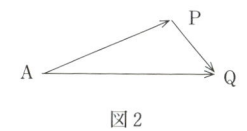

　右の図2であれば，$\vec{AP}+\vec{PQ}=\vec{AQ}$ である．

(III) ベクトルの引き算

　足し算は「矢印をつなぐ」という図形的な意味を覚えることが大切であるが，引き算の図形的な意味はそれほど大切ではない．ベクトルでも普通の文字式と同じように"移項"ができるので，

$$\vec{AP}+\vec{PQ}=\vec{AQ} \iff \vec{PQ}=\vec{AQ}-\vec{AP} \quad \cdots ①$$

となる．①の式に引き算が登場しているが，①の式は「始点がPのベクトル$\vec{PQ}$を，始点がAの2つのベクトルの差で表していること」に注目したい．つまり，引き算を使うとベクトルの始点を自分の好きな点に変えることができるのである．「**ベクトルの引き算は，始点を変更したいときに使う**」と覚えておこう．

(IV) 定数倍

　定数倍（係数）は大きさの変更を表す．

　マイナスは180°逆向きであることを表す．

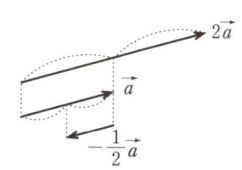

(V) 内分の公式

　線分ABを2:3に内分する点Pは，$\vec{AP}=\dfrac{2}{5}\vec{AB}$ であるから，引き算を使って変形すると，

$$\vec{OP}-\vec{OA}=\dfrac{2}{5}(\vec{OB}-\vec{OA})$$

$$\vec{OP}=\dfrac{3}{5}\vec{OA}+\dfrac{2}{5}\vec{OB}\left(=\dfrac{3\vec{OA}+2\vec{OB}}{2+3}\right)$$

となる．一般に，線分ABを $m:n$ に内分する点Pのベクトルは，

$$\vec{OP}=\dfrac{n\vec{OA}+m\vec{OB}}{m+n}$$

である．（数学IIで出てきた内分の公式と似た形になっている！）

　特に，線分ABを $t:1-t$ ($0<t<1$) に内分する点Pのベクトルは，

$$\vec{OP}=(1-t)\vec{OA}+t\vec{OB}$$

と表すことができる．内分比を設定して考えるときには，この形がよく用いられる．

文系数学の必勝ポイント

ベクトルの基本事項

(I) 2つの同じ矢印は，ベクトルとして等しいと考える

(II) ベクトルの足し算は，矢印をつなぐことである

(III) ベクトルの引き算は，始点を変更するときに使う

(IV) 定数倍（係数）は大きさの変更を表す

(V) Pが線分ABを $t:1-t$ ($0<t<1$) に内分するとき，

$$\vec{OP}=(1-t)\vec{OA}+t\vec{OB}$$

B ベクトル

126 同一直線上の3点

平行四辺形 ABCD の辺 AB 上に点 P，辺 BC 上に点 R，対角線 BD 上に点 Q を，

$$AP:PB=2:3,\ BR:RC=3:1,\ BQ:QD=1:2$$

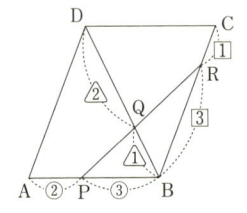

となるようにそれぞれとる．
(1) $\overrightarrow{AP},\ \overrightarrow{AQ},\ \overrightarrow{AR}$ を，それぞれ $\overrightarrow{AB},\ \overrightarrow{AD}$ を用いて表せ．
(2) 3点 P，Q，R が同一直線上にあることを示し，PQ：QR を求めよ．

(北海学園大)

解答

(1) AP：PB＝2：3 より，$\overrightarrow{AP}=\dfrac{2}{5}\overrightarrow{AB}$

BQ：QD＝1：2 より，

$$\overrightarrow{AQ}=\dfrac{2\overrightarrow{AB}+\overrightarrow{AD}}{1+2}=\dfrac{2}{3}\overrightarrow{AB}+\dfrac{1}{3}\overrightarrow{AD}$$

さらに，$\overrightarrow{BC}=\overrightarrow{AD}$ に注意すると，BR：RC＝3：1 より，

$$\overrightarrow{AR}=\overrightarrow{AB}+\overrightarrow{BR}=\overrightarrow{AB}+\dfrac{3}{4}\overrightarrow{BC}=\overrightarrow{AB}+\dfrac{3}{4}\overrightarrow{AD}$$

(2) $\overrightarrow{PQ}=\overrightarrow{AQ}-\overrightarrow{AP}=\left(\dfrac{2}{3}\overrightarrow{AB}+\dfrac{1}{3}\overrightarrow{AD}\right)-\dfrac{2}{5}\overrightarrow{AB}=\dfrac{4}{15}\overrightarrow{AB}+\dfrac{1}{3}\overrightarrow{AD}=\dfrac{1}{15}(4\overrightarrow{AB}+5\overrightarrow{AD})$

$\overrightarrow{PR}=\overrightarrow{AR}-\overrightarrow{AP}=\left(\overrightarrow{AB}+\dfrac{3}{4}\overrightarrow{AD}\right)-\dfrac{2}{5}\overrightarrow{AB}=\dfrac{3}{5}\overrightarrow{AB}+\dfrac{3}{4}\overrightarrow{AD}=\dfrac{3}{20}(4\overrightarrow{AB}+5\overrightarrow{AD})$

分母を 60 にして整理すると，

$$\overrightarrow{PQ}=\dfrac{4}{60}(4\overrightarrow{AB}+5\overrightarrow{AD}),\ \overrightarrow{PR}=\dfrac{9}{60}(4\overrightarrow{AB}+5\overrightarrow{AD})$$

となるので，

$$\overrightarrow{PQ}=\dfrac{4}{9}\overrightarrow{PR}$$

が成り立つことが分かる．したがって，3点 P，R，Q は同一直線上に存在して，

PQ：QR＝4：5

解説講義

3点 P，Q，R が同一直線上にあるとき，$\overrightarrow{PQ}$ と $\overrightarrow{PR}$ は大きさが異なる関係 (つまり，矢印の長さが異なる関係) なので，

「3点 P，Q，R が同一直線上にある」 $\iff$ 「$\overrightarrow{PQ}=k\overrightarrow{PR}$ (k は実数)」 …★

である．★は，この先も頻繁に使う重要事項である!!

文系数学の必勝ポイント

同一直線上の3点

「3点 P，Q，R が同一直線上にある」 $\iff$ 「$\overrightarrow{PQ}=k\overrightarrow{PR}$ (k は実数)」

127 2直線の交点のベクトル

三角形 OAB の辺 OA を $2:3$ に内分する点を L, 辺 OB を $4:3$ に内分する点を M とし, 線分 AM と線分 BL の交点を P, 直線 OP と辺 AB の交点を Q とする.
(1) $\overrightarrow{OP}$ を $\overrightarrow{OA}$, $\overrightarrow{OB}$ を用いて表せ.
(2) $\overrightarrow{OQ}$ を $\overrightarrow{OA}$, $\overrightarrow{OB}$ を用いて表せ.

(立教大)

解答

(1) $AP:PM = s:(1-s)$ とおくと,
$\overrightarrow{OP} = (1-s)\overrightarrow{OA} + s\overrightarrow{OM}$
$= (1-s)\overrightarrow{OA} + \dfrac{4}{7}s\overrightarrow{OB}$ ……①

$BP:PL = t:(1-t)$ とおくと,
$\overrightarrow{OP} = t\overrightarrow{OL} + (1-t)\overrightarrow{OB}$
$= \dfrac{2}{5}t\overrightarrow{OA} + (1-t)\overrightarrow{OB}$ ……②

①, ②において, $\overrightarrow{OA}$, $\overrightarrow{OB}$ は1次独立であるから,

$\begin{cases} 1-s = \dfrac{2}{5}t \\ \dfrac{4}{7}s = 1-t \end{cases}$ ◁ $\overrightarrow{OA}$, $\overrightarrow{OB}$ の係数を比較する

これを解くと, $s = \dfrac{7}{9}$, $t = \dfrac{5}{9}$ となるので, ①(または②)より,

$$\overrightarrow{OP} = \dfrac{2}{9}\overrightarrow{OA} + \dfrac{4}{9}\overrightarrow{OB}$$

(2) Q は直線 OP 上にあるから, k を実数として,
$\overrightarrow{OQ} = k\overrightarrow{OP}$
$= \dfrac{2}{9}k\overrightarrow{OA} + \dfrac{4}{9}k\overrightarrow{OB}$ ……③

一方, $AQ:QB = u:(1-u)$ とすると,
$\overrightarrow{OQ} = (1-u)\overrightarrow{OA} + u\overrightarrow{OB}$ ……④

③, ④において, $\overrightarrow{OA}$, $\overrightarrow{OB}$ は1次独立であるから,

$\begin{cases} \dfrac{2}{9}k = 1-u \\ \dfrac{4}{9}k = u \end{cases}$ ◁ $\overrightarrow{OA}$, $\overrightarrow{OB}$ の係数を比較する

これを解くと, $k = \dfrac{3}{2}$, $u = \dfrac{2}{3}$ となるので, ③(または④)より,

$$\overrightarrow{OQ} = \dfrac{1}{3}\overrightarrow{OA} + \dfrac{2}{3}\overrightarrow{OB}$$

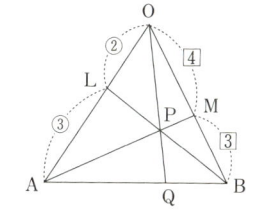

◁ ①は, 次のように考えてもよい.
P は線分 AM 上の点であるから,
$\overrightarrow{AP} = s\overrightarrow{AM}$
とおける. これより,
$\overrightarrow{OP} - \overrightarrow{OA} = s(\overrightarrow{OM} - \overrightarrow{OA})$
$\overrightarrow{OP} = \overrightarrow{OA} + s\overrightarrow{OM} - s\overrightarrow{OA}$
$= (1-s)\overrightarrow{OA} + s\overrightarrow{OM}$
$= (1-s)\overrightarrow{OA} + \dfrac{4}{7}s\overrightarrow{OB}$

◁ ③を立てた後の作業をもう少しシンプルに行うこともできる(One Point コラム参照)が, まずは基本的な考え方をマスターすべきである

B ベクトル

解説講義

$\vec{a}, \vec{b}$ が 1 次独立 ($\vec{a} \neq \vec{0}, \vec{b} \neq \vec{0}, \vec{a} \not\parallel \vec{b}$) であるとき,
$$p\vec{a}+q\vec{b}=r\vec{a}+s\vec{b} \iff p=r \text{ かつ } q=s$$
が成り立つ.つまり,$\vec{a}, \vec{b}$ の係数が比較できる.(同じベクトルを何通りにも表現できないから)

2 直線の交点のベクトルは「2 通りに表して係数を比較する」という手法が最もよく用いられる.この流れで解く問題は十分過ぎるほど練習をしておきたい.(1)では,P が線分 AM 上,線分 BL 上にあることに注目している.(2)では,Q が直線 OP 上,線分 AB 上にあることに注目している.

文系数学の必勝ポイント

2 直線の交点のベクトル
　2 通りに表して係数を比較してみる

ベクトルにおける係数比較
　$\vec{a}, \vec{b}$ が 1 次独立のとき,
$$p\vec{a}+q\vec{b}=r\vec{a}+s\vec{b} \iff p=r \text{ かつ } q=s$$

One Point コラム

点 Q が直線 AB 上にあるとき,$\vec{AQ}=u\vec{AB}$ と表せることはもう大丈夫だろう.そして,この式は,
$$\vec{OQ}=(1-u)\vec{OA}+u\vec{OB}$$
と変形できるが,$\vec{OA}$ と $\vec{OB}$ の係数の和が 1 になっている.つまり,

Q, A, B が同一直線上にある
$\iff \vec{OQ}=\alpha\vec{OA}+\beta\vec{OB}\ (\alpha+\beta=1)$ と表せる

である.このことに注目して,(2)の解答は,次のように,もう少し簡潔なものにしてもよい.

解答

Q は直線 OP 上にあるから,
$$\vec{OQ}=k\vec{OP}=\frac{2}{9}k\vec{OA}+\frac{4}{9}k\vec{OB} \quad \cdots ③$$
Q は辺 AB 上にあるから,③において,
$$\frac{2}{9}k+\frac{4}{9}k=1$$
よって,$k=\frac{3}{2}$ となるから,③より,
$$\vec{OQ}=\frac{1}{3}\vec{OA}+\frac{2}{3}\vec{OB}$$

128 ベクトルの内積と大きさ(1)

(1) 三角形OABの重心をGとし、$|\vec{OA}|=3$, $|\vec{OB}|=2$, $\angle AOB=60°$とする.
　(i) 内積 $\vec{OA}\cdot\vec{OB}$ の値を求めよ.　(ii) 内積 $\vec{OA}\cdot\vec{OG}$ の値を求めよ.
(2) $|\vec{a}|=1$, $|\vec{b}|=3$, $|\vec{a}-\vec{b}|=\sqrt{6}$ とし、$\vec{a}$ と $\vec{b}$ のなす角を θ とする.
　(i) 内積 $\vec{a}\cdot\vec{b}$ を求めよ.　(ii) $|\vec{a}+\vec{b}|$ を求めよ.
　(iii) $\cos\theta$ の値を求めよ.
(東京工科大／国士舘大)

解答

(1)(i) $\vec{OA}\cdot\vec{OB}=|\vec{OA}||\vec{OB}|\cos 60°=3\cdot 2\cdot\dfrac{1}{2}=\mathbf{3}$

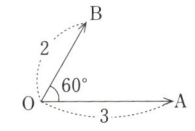

(ii) $\vec{OG}=\dfrac{1}{3}\vec{OA}+\dfrac{1}{3}\vec{OB}$ であるから、

$$\vec{OA}\cdot\vec{OG}=\vec{OA}\cdot\left(\dfrac{1}{3}\vec{OA}+\dfrac{1}{3}\vec{OB}\right)$$
$$=\dfrac{1}{3}|\vec{OA}|^2+\dfrac{1}{3}\vec{OA}\cdot\vec{OB}$$
$$=\dfrac{1}{3}\cdot 3^2+\dfrac{1}{3}\cdot 3$$
$$=\mathbf{4}$$

☞ 普通の文字式と同様の"展開"が可能. ただし、$|\vec{OA}|^2$ を $\vec{OA}^2$ と書かないこと

<補足>

辺ABの中点をMとすると、OG:GM=2:1 であるから、

$$\vec{OG}=\dfrac{2}{3}\vec{OM}$$
$$=\dfrac{2}{3}\left(\dfrac{1}{2}\vec{OA}+\dfrac{1}{2}\vec{OB}\right)$$
$$=\dfrac{1}{3}\vec{OA}+\dfrac{1}{3}\vec{OB}$$

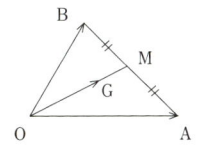

(2)(i) $|\vec{a}-\vec{b}|=\sqrt{6}$ を2乗すると、

$$|\vec{a}|^2-2\vec{a}\cdot\vec{b}+|\vec{b}|^2=6$$

となるから、$|\vec{a}|=1$, $|\vec{b}|=3$ を代入すると、

$$1-2\vec{a}\cdot\vec{b}+9=6$$
$$\vec{a}\cdot\vec{b}=\mathbf{2}$$

☞ 問題文の条件から、$\vec{a}$ と $\vec{b}$ のなす角はすぐには分かりそうにない. そのような場合には、この解答のように、大きさの式を2乗してみると、内積を求めることができる

(ii) まず、$|\vec{a}+\vec{b}|^2$ を計算すると、

$$|\vec{a}+\vec{b}|^2=|\vec{a}|^2+2\vec{a}\cdot\vec{b}+|\vec{b}|^2$$
$$=1+2\cdot 2+9=14$$

よって、$|\vec{a}+\vec{b}|\geq 0$ であるから、
$$|\vec{a}+\vec{b}|=\mathbf{\sqrt{14}}$$

☞ 大きさを求めるときには、まず2乗したものを求める.
$|\vec{a}+\vec{b}|=|\vec{a}|+|\vec{b}|$
のような計算はできない！

(iii) $\vec{a}\cdot\vec{b}=|\vec{a}||\vec{b}|\cos\theta$ であるから、$\cos\theta=\dfrac{\vec{a}\cdot\vec{b}}{|\vec{a}||\vec{b}|}=\dfrac{2}{1\cdot 3}=\mathbf{\dfrac{2}{3}}$

B ベクトル

解説講義

ベクトルの内積 $\vec{a}\cdot\vec{b}$ は，$\vec{a}$ と $\vec{b}$ のなす角を θ ($0°\leqq\theta\leqq 180°$) として，
$$\vec{a}\cdot\vec{b}=|\vec{a}||\vec{b}|\cos\theta$$
で定められている．ベクトルで角度に関する内容が問われたら，内積の出番である．

特に，$\vec{a}$ と $\vec{b}$ が垂直のとき，$\theta=90°$ であり，$\cos 90°=0$ であるから，
$$\vec{a}\perp\vec{b} \text{ のとき，} \vec{a}\cdot\vec{b}=0$$
である．

ベクトルの内積に関して，次の4つの性質が成り立つ．

(I) $\vec{a}\cdot\vec{a}=|\vec{a}|^2$ 　　　　　(II) $\vec{a}\cdot\vec{b}=\vec{b}\cdot\vec{a}$

(III) $\vec{a}\cdot(\vec{b}+\vec{c})=\vec{a}\cdot\vec{b}+\vec{a}\cdot\vec{c}$ 　　(IV) $(k\vec{a})\cdot\vec{b}=\vec{a}\cdot(k\vec{b})=k(\vec{a}\cdot\vec{b})$

これを用いると，次のように，普通の文字式と同様の"展開"のような計算が可能である．
$$(\vec{a}+2\vec{b})\cdot(\vec{a}-3\vec{b})=|\vec{a}|^2-\vec{a}\cdot\vec{b}-6|\vec{b}|^2$$
$$|2\vec{a}+3\vec{b}|^2=4|\vec{a}|^2+12\vec{a}\cdot\vec{b}+9|\vec{b}|^2$$

文系数学の必勝ポイント

① 内積の定義は，$\vec{a}$ と $\vec{b}$ のなす角を θ ($0°\leqq\theta\leqq 180°$) として，
$$\vec{a}\cdot\vec{b}=|\vec{a}||\vec{b}|\cos\theta$$

② 角度に関する問題は内積を使って考える．特に，直交は頻出
$$\vec{a}\perp\vec{b} \text{ のとき，} \vec{a}\cdot\vec{b}=0$$

③ ベクトルでも普通の文字式と同様の"展開"のような操作が可能である
$$(\vec{a}+2\vec{b})\cdot(\vec{a}-3\vec{b})=|\vec{a}|^2-\vec{a}\cdot\vec{b}-6|\vec{b}|^2$$
$$|2\vec{a}+3\vec{b}|^2=4|\vec{a}|^2+12\vec{a}\cdot\vec{b}+9|\vec{b}|^2$$

---

129 ベクトルの内積と大きさ(2)

(1) $\vec{a}=(1,\ 2)$, $\vec{b}=(3,\ -2)$, $\vec{c}=(5,\ -2)$ とする．

　(i) $\vec{a}+t\vec{b}$ と $\vec{c}$ が垂直になるときの実数 t の値を求めよ．

　(ii) $\vec{a}+t\vec{b}$ と $\vec{c}$ が平行になるときの実数 t の値を求めよ．

(2) A(2, 2, 2), B(6, 6, 4), C(2, 3, 3) を頂点とする三角形 ABC があるとき，∠BAC の大きさを求めよ．

(城西大／立教大)

解答

(1)(i) $\vec{a}+t\vec{b}=(1,\ 2)+t(3,\ -2)=(1+3t,\ 2-2t)$

$(\vec{a}+t\vec{b})\perp\vec{c}$ のとき，$(\vec{a}+t\vec{b})\cdot\vec{c}=0$ であるから，　　直交条件は，(内積)=0 として扱う

$$(1+3t)\cdot 5+(2-2t)\cdot(-2)=0$$　　成分を使って内積を計算する

$$19t+1=0 \quad \therefore\ t=-\frac{1}{19}$$

(ii) $\vec{a}+t\vec{b}$ と $\vec{c}$ が平行になるとき，
$$\vec{a}+t\vec{b}=k\vec{c}\ (k\text{ は実数})$$
と表せるから，
$$(1+3t,\ 2-2t)=k(5,\ -2)$$

☜ $\vec{a}+t\vec{b}$ と $\vec{c}$ は平行で，大きさのみが異なる

よって，
$$\begin{cases} 1+3t=5k & \cdots ① \\ 2-2t=-2k & \cdots ② \end{cases}$$

☜ 左辺と右辺の成分が一致する

②より，$k=t-1$ であり，①に代入すると，
$$1+3t=5t-5 \qquad \therefore\ t=3$$

(2) $\overrightarrow{AB}=\overrightarrow{OB}-\overrightarrow{OA}=(6,\ 6,\ 4)-(2,\ 2,\ 2)=(4,\ 4,\ 2)$
$\overrightarrow{AC}=\overrightarrow{OC}-\overrightarrow{OA}=(2,\ 3,\ 3)-(2,\ 2,\ 2)=(0,\ 1,\ 1)$

これより，
$|\overrightarrow{AB}|=\sqrt{4^2+4^2+2^2}=6$
$|\overrightarrow{AC}|=\sqrt{0+1^2+1^2}=\sqrt{2}$
$\overrightarrow{AB}\cdot\overrightarrow{AC}=4\cdot 0+4\cdot 1+2\cdot 1=6$

☜ 成分を使って大きさを計算する

☜ 成分を使って内積を計算する

よって，$\overrightarrow{AB}\cdot\overrightarrow{AC}=|\overrightarrow{AB}||\overrightarrow{AC}|\cos\angle BAC$ より，
$$\cos\angle BAC=\frac{\overrightarrow{AB}\cdot\overrightarrow{AC}}{|\overrightarrow{AB}||\overrightarrow{AC}|}=\frac{6}{6\cdot\sqrt{2}}=\frac{1}{\sqrt{2}}$$

したがって，
$$\angle BAC=\frac{\pi}{4}$$

解説講義

ベクトルの成分が分かっているときには，成分を用いて内積を計算できる．
平面ベクトルでは，$\vec{a}=(a_1,\ a_2),\ \vec{b}=(b_1,\ b_2)$ に対して内積 $\vec{a}\cdot\vec{b}$ は，
$$\vec{a}\cdot\vec{b}=a_1b_1+a_2b_2$$
空間ベクトルでは，$\vec{a}=(a_1,\ a_2,\ a_3),\ \vec{b}=(b_1,\ b_2,\ b_3)$ に対して内積 $\vec{a}\cdot\vec{b}$ は，
$$\vec{a}\cdot\vec{b}=a_1b_1+a_2b_2+a_3b_3$$
また，成分が分かっているときには，成分を用いてベクトルの大きさを計算することができる．

$\vec{a}=(a_1,\ a_2)$ のとき，$\quad |\vec{a}|=\sqrt{a_1{}^2+a_2{}^2}$
$\vec{a}=(a_1,\ a_2,\ a_3)$ のとき，$\quad |\vec{a}|=\sqrt{a_1{}^2+a_2{}^2+a_3{}^2}$

である．

文系数学の必勝ポイント

成分が分かっているときの内積の計算
$\vec{a}=(a_1,\ a_2),\ \vec{b}=(b_1,\ b_2)$ のとき，$\vec{a}\cdot\vec{b}=a_1b_1+a_2b_2$

B ベクトル

130 三角形の面積

空間内に3点 A(1, 1, 2), B(1, 3, 1), C(4, 1, 1) があるとき, 三角形 ABC の面積を求めよ. (小樽商科大)

解答

A(1, 1, 2), B(1, 3, 1), C(4, 1, 1) より,
$\vec{AB} = \vec{OB} - \vec{OA} = (1, 3, 1) - (1, 1, 2) = (0, 2, -1)$
$\vec{AC} = \vec{OC} - \vec{OA} = (4, 1, 1) - (1, 1, 2) = (3, 0, -1)$

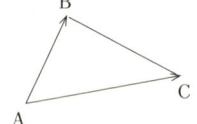

これより,
$|\vec{AB}| = \sqrt{0 + 2^2 + (-1)^2} = \sqrt{5}$
$|\vec{AC}| = \sqrt{3^2 + 0 + (-1)^2} = \sqrt{10}$ ☜ 成分を使って大きさと内積を計算する
$\vec{AB} \cdot \vec{AC} = 0 \cdot 3 + 2 \cdot 0 + (-1) \cdot (-1) = 1$

よって,
$$\triangle ABC = \frac{1}{2}\sqrt{|\vec{AB}|^2|\vec{AC}|^2 - (\vec{AB} \cdot \vec{AC})^2}$$
$$= \frac{1}{2}\sqrt{5 \cdot 10 - 1^2}$$
$$= \frac{7}{2}$$

解説講義

ベクトルの問題で三角形の面積が問われたときには, 大きさと内積の値を使って上の解答のように計算するとよい.

$\triangle ABC = \frac{1}{2}\sqrt{|\vec{AB}|^2|\vec{AC}|^2 - (\vec{AB} \cdot \vec{AC})^2}$ が成り立つことは次のように示すことができる.

$\triangle ABC = \frac{1}{2}|\vec{AB}||\vec{AC}|\sin A$ ☜ 三角比で学習した面積の公式
$= \frac{1}{2}|\vec{AB}||\vec{AC}|\sqrt{1 - \cos^2 A}$
$= \frac{1}{2}\sqrt{|\vec{AB}|^2|\vec{AC}|^2(1 - \cos^2 A)}$
$= \frac{1}{2}\sqrt{|\vec{AB}|^2|\vec{AC}|^2 - |\vec{AB}|^2|\vec{AC}|^2\cos^2 A}$
$= \frac{1}{2}\sqrt{|\vec{AB}|^2|\vec{AC}|^2 - (|\vec{AB}||\vec{AC}|\cos A)^2}$
$= \frac{1}{2}\sqrt{|\vec{AB}|^2|\vec{AC}|^2 - (\vec{AB} \cdot \vec{AC})^2}$

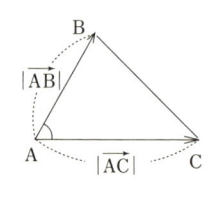

文系数学の必勝ポイント

ベクトルにおける三角形の面積
$$\triangle ABC = \frac{1}{2}\sqrt{|\vec{AB}|^2|\vec{AC}|^2 - (\vec{AB} \cdot \vec{AC})^2}$$

131 直交条件（直線に垂線を下ろす）

三角形 ABC において，$AB=2$, $BC=\sqrt{7}$, $AC=3$ とする．
(1) 内積 $\vec{AB}\cdot\vec{AC}$ を求めよ．
(2) 頂点 A から辺 BC に垂線 AH を下ろすとき，$\vec{AH}$ を $\vec{AB}$, $\vec{AC}$ を用いて表せ．
(日本大)

解答

(1) $|\vec{AB}|=2$, $|\vec{AC}|=3$ である．また，$|\vec{BC}|=\sqrt{7}$ より，
$$|\vec{AC}-\vec{AB}|=\sqrt{7}$$
であるから，両辺を 2 乗すると，
$$|\vec{AC}|^2-2\vec{AB}\cdot\vec{AC}+|\vec{AB}|^2=7$$
$$9-2\vec{AB}\cdot\vec{AC}+4=7 \qquad \therefore \vec{AB}\cdot\vec{AC}=3$$

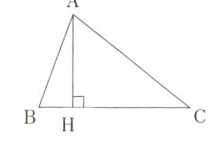

(2) H は辺 BC 上の点であるから，$\vec{BH}=t\vec{BC}$（t は実数）より，
$$\vec{AH}=(1-t)\vec{AB}+t\vec{AC} \quad \cdots ①$$
とおける．$\vec{AH}\perp\vec{BC}$ より，$\vec{AH}\cdot\vec{BC}=0$ であるから，　◁ 直交条件は，(内積)＝0
$$\vec{AH}\cdot(\vec{AC}-\vec{AB})=0 \qquad ◁ 始点を A にそろえた$$
①を用いると，
$$\{(1-t)\vec{AB}+t\vec{AC}\}\cdot(\vec{AC}-\vec{AB})=0 \qquad ◁ \vec{AB}, \vec{AC} のみで計算していく$$
$$(1-t)\vec{AB}\cdot\vec{AC}-(1-t)|\vec{AB}|^2+t|\vec{AC}|^2-t\vec{AB}\cdot\vec{AC}=0 \qquad ◁ 普通の文字式と同様に"展開"できる$$
$$(1-t)\cdot 3-(1-t)\cdot 4+t\cdot 9-t\cdot 3=0$$
$$7t-1=0 \qquad \therefore t=\frac{1}{7}$$
したがって，①より，$\vec{AH}=\dfrac{6}{7}\vec{AB}+\dfrac{1}{7}\vec{AC}$

解説講義

垂線を引く問題では，「$\vec{a}\perp\vec{b}$ のとき，$\vec{a}\cdot\vec{b}=0$」を利用する．本問では，直線 BC に垂線 AH を下ろしているので，
　　(I) H は直線 BC 上にあること　　(II) $\vec{AH}\perp\vec{BC}$ であること ($\vec{AH}\cdot\vec{BC}=0$)
をきちんと処理していけばよい．ただし，(II)の内積の計算においては，$\vec{AB}$, $\vec{AC}$ を使って計算していくことが大切で，$\vec{AH}=(1-t)\vec{AB}+t\vec{AC}$, $\vec{BC}=\vec{AC}-\vec{AB}$ として，$\vec{AB}$, $\vec{AC}$ を"主役にして"解答を完成させている．こういった解法のコツも身につけたい．

文系数学の必勝ポイント

直線 BC に垂線 AH を下ろす
　　(I) H は直線 BC 上にある　　(II) $\vec{AH}\perp\vec{BC}$ である ($\vec{AH}\cdot\vec{BC}=0$)
の 2 点に注目する

B　ベクトル

132 外接円の問題

平面上の3点 A，B，C が点 O を中心とする半径1の円周上にあり，$3\overrightarrow{OA}+7\overrightarrow{OB}+5\overrightarrow{OC}=\overrightarrow{0}$ を満たしている．このとき，内積 $\overrightarrow{OA}\cdot\overrightarrow{OB}$ の値と，線分 AB の長さを求めよ．

(早稲田大)

解答

$3\overrightarrow{OA}+7\overrightarrow{OB}+5\overrightarrow{OC}=\overrightarrow{0}$ より，

$$3\overrightarrow{OA}+7\overrightarrow{OB}=-5\overrightarrow{OC}$$

となるから，両辺の大きさについて，

$$|3\overrightarrow{OA}+7\overrightarrow{OB}|=|-5\overrightarrow{OC}|$$

が成り立つ．これを2乗すると，

$$9|\overrightarrow{OA}|^2+42\overrightarrow{OA}\cdot\overrightarrow{OB}+49|\overrightarrow{OB}|^2=25|\overrightarrow{OC}|^2$$

となり，$|\overrightarrow{OA}|=|\overrightarrow{OB}|=|\overrightarrow{OC}|=1$ であるから，

$$9+42\overrightarrow{OA}\cdot\overrightarrow{OB}+49=25$$

$$\overrightarrow{OA}\cdot\overrightarrow{OB}=-\frac{11}{14}$$

※ 内積 $\overrightarrow{OA}\cdot\overrightarrow{OB}$ を求めたいので，$\overrightarrow{OA}$ と $\overrightarrow{OB}$ を左辺に残して，$\overrightarrow{OC}$ は右辺に移項する

※ O は三角形 ABC の外接円の中心なので，O から各頂点までの長さは半径の1である

これより，

$$|\overrightarrow{AB}|^2=|\overrightarrow{OB}-\overrightarrow{OA}|^2$$

※ 大きさを求めるときには，まず2乗したものを求める

$$=|\overrightarrow{OB}|^2-2\overrightarrow{OA}\cdot\overrightarrow{OB}+|\overrightarrow{OA}|^2$$

$$=1-2\cdot\left(-\frac{11}{14}\right)+1$$

$$=\frac{25}{7}$$

となるから，$|\overrightarrow{AB}|=\dfrac{5}{\sqrt{7}}$ である．したがって，

線分 AB の長さは，$\dfrac{5}{\sqrt{7}}$

解説講義

本問のように，外接円の中心 O (外心) を始点とするベクトルの条件式が与えられて，内積や線分の長さ，面積などを考える問題は，文系では典型問題の1つとなっている．このタイプの問題では最初に内積を要求される場合が多いが，条件式からなす角の情報を得ることが容易ではないと想像できる．そこで **128** (2)でもやっているように，「**大きさの式を2乗して内積を生み出す**」というやり方で解決する．

文系数学の必勝ポイント

外接円の問題 (外心を始点とするベクトルの条件式)
「大きさの式を2乗すると内積が生まれること」を利用する

133 直線のベクトル方程式

点 $A(0, 2, -2)$ を通り，$\vec{v}=(1, -1, 0)$ に平行な直線を l とし，l 上の動点 P を考える．OP の長さの最小値を求めよ． （明治学院大）

解答

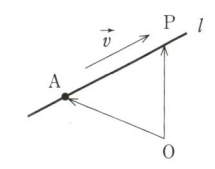

点 P は直線 l 上を動くから，実数 t を用いて，
$$\vec{OP}=\vec{OA}+t\vec{v}$$ ◁ 直線のベクトル方程式
$$=(0, 2, -2)+t(1, -1, 0)$$
$$=(t, 2-t, -2) \quad \cdots ①$$

と表せる．①より，
$$|\vec{OP}|=\sqrt{t^2+(2-t)^2+(-2)^2}$$ ◁ 成分を使って大きさを計算する
$$=\sqrt{t^2+(4-4t+t^2)+4}$$
$$=\sqrt{2t^2-4t+8}=\sqrt{2(t-1)^2+6}$$ ◁ 2次関数は平方完成して考える

これより，OP の長さ，すなわち $|\vec{OP}|$ は $t=1$ のときに最小になり，

最小値 $\sqrt{6}$

＜別解＞

$|\vec{OP}|$ が最小になるのは，$\vec{OP}\perp\vec{v}$ のときであるから，$\vec{OP}\cdot\vec{v}=0$ より，
$$t\cdot 1+(2-t)\cdot(-1)+(-2)\cdot 0=0 \quad \therefore t=1$$

$t=1$ のとき，①より，$\vec{OP}=(1, 1, -2)$ であり，求める最小値は，
$$|\vec{OP}|=\sqrt{1^2+1^2+(-2)^2}=\sqrt{6}$$

解説講義

直線上の点をベクトルを使って表したものが**直線のベクトル方程式**である．直線は「どこを通り，どの方向に伸びているか」という2つの情報によって1つに定めることができる．

そこで，点 A を通り $\vec{v}$ に平行な直線 l を考えてみよう．l 上に点 P をとると，P が直線上のどこにあったとしても，$\vec{AP}$ は $\vec{v}$ と平行である．したがって， 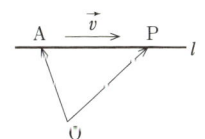
$$\vec{AP}=t\vec{v}\,(t\text{は実数})$$
が成り立つから，$\vec{OP}-\vec{OA}=t\vec{v}$，すなわち，直線 l 上の点 P に対して，
$$\vec{OP}=\vec{OA}+t\vec{v} \quad \cdots(*)$$
が成り立つことが分かる．t を変化させることで，直線 l 上のすべての点を表すことができ，$(*)$ が，直線 l のベクトル方程式である．ここで用いられている $\vec{v}$ を直線の**方向ベクトル**と呼ぶ．

文系数学の必勝ポイント

直線のベクトル方程式
点 A を通り $\vec{v}$ に平行な直線上の点 P に対し，$\vec{OP}=\vec{OA}+t\vec{v}$ である

B ベクトル

134 同一平面上の4点

空間内の4点 A(1, 0, 0), B(0, 1, 0), C(0, 0, 1), D(3, −5, z) が同じ平面上にあるとき, z の値を求めよ。　　　　　　　　　（関西大）

解答

A(1, 0, 0), B(0, 1, 0), C(0, 0, 1), D(3, −5, z) より,

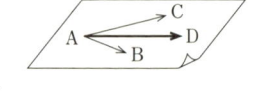

$\vec{AB} = \vec{OB} - \vec{OA} = (0, 1, 0) - (1, 0, 0) = (-1, 1, 0)$
$\vec{AC} = \vec{OC} - \vec{OA} = (0, 0, 1) - (1, 0, 0) = (-1, 0, 1)$
$\vec{AD} = \vec{OD} - \vec{OA} = (3, -5, z) - (1, 0, 0) = (2, -5, z)$

4点 A, B, C, D が同じ平面上にあるとき,

$$\vec{AD} = s\vec{AB} + t\vec{AC} \quad (s, t \text{ は実数})$$

←この式が大切!

が成り立つから,

$(2, -5, z) = s(-1, 1, 0) + t(-1, 0, 1)$

これより, 各成分を比較することにより,

$\begin{cases} 2 = -s - t & \cdots ① \\ -5 = s & \cdots ② \\ z = t & \cdots ③ \end{cases}$

②より $s = -5$ であり, ①より $t = 3$ となる。したがって, ③より,

$z = 3$

解説講義

平面 ABC 上に点 D があるとき, $\vec{AD}$ は $\vec{AB}$, $\vec{AC}$ の大きさをそれぞれ調整して, それを足すことで表せる。すなわち, 平面 ABC 上に点 D があるとき,

$$\vec{AD} = s\vec{AB} + t\vec{AC} \quad (s, t \text{ は実数})$$

と表せる。これは, 始点を O に変更した上で, 文字を置きかえることにより,

$$\vec{OD} = \alpha\vec{OA} + \beta\vec{OB} + \gamma\vec{OC} \quad (\text{ただし}, \alpha + \beta + \gamma = 1)$$

と表現を変えることができる。もし, この表現を用いるのであれば,

$(3, -5, z) = \alpha(1, 0, 0) + \beta(0, 1, 0) + \gamma(0, 0, 1)$ （ただし, $\alpha + \beta + \gamma = 1$）

であるから, 各成分を比較することにより,

$3 = \alpha, \quad -5 = \beta, \quad z = \gamma, \quad \alpha + \beta + \gamma = 1$

が得られる。これを解いて, $z = 3$ の正解を求めることができる。

文系数学の必勝ポイント

同一平面上の4点（共面条件）

平面 ABC 上に点 D があるとき,

$$\vec{AD} = s\vec{AB} + t\vec{AC}$$

と表せる

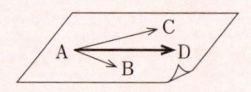

135 平面と直線の交点

四面体 ABCD の辺 AB を $2:3$ に内分する点を P, 辺 AC を $1:2$ に内分する点を Q, 辺 AD を $2:1$ に内分する点を R とする. また, 三角形 PQR の重心を G とし, 直線 DG と平面 ABC の交点を E とする.
(1) $\vec{AG}$ を $\vec{AB}$, $\vec{AC}$, $\vec{AD}$ を用いて表せ.
(2) $\vec{AE}$ を $\vec{AB}$, $\vec{AC}$ を用いて表せ. また, DG:GE を求めよ.

(西南学院大)

解答

(1) 条件より, $\vec{AP}=\dfrac{2}{5}\vec{AB}$, $\vec{AQ}=\dfrac{1}{3}\vec{AC}$, $\vec{AR}=\dfrac{2}{3}\vec{AD}$ である.

G は三角形 PQR の重心であるから,
$$\vec{AG}=\dfrac{1}{3}(\vec{AP}+\vec{AQ}+\vec{AR})=\dfrac{1}{3}\left(\dfrac{2}{5}\vec{AB}+\dfrac{1}{3}\vec{AC}+\dfrac{2}{3}\vec{AD}\right)=\dfrac{2}{15}\vec{AB}+\dfrac{1}{9}\vec{AC}+\dfrac{2}{9}\vec{AD}$$

(2) E は直線 DG 上の点であるから, $\vec{DE}=k\vec{DG}$ (k は実数) とおける. これより,
$$\vec{AE}=k\vec{AG}+(1-k)\vec{AD}$$
$$=k\left(\dfrac{2}{15}\vec{AB}+\dfrac{1}{9}\vec{AC}+\dfrac{2}{9}\vec{AD}\right)+(1-k)\vec{AD}$$
$$=\dfrac{2}{15}k\vec{AB}+\dfrac{1}{9}k\vec{AC}+\left(1-\dfrac{7}{9}k\right)\vec{AD} \quad \cdots ①$$

一方, E は平面 ABC 上にあるから,
$$\vec{AE}=s\vec{AB}+t\vec{AC} \quad (s, t \text{ は実数}) \quad \cdots ②$$

①, ②において, $\vec{AB}$, $\vec{AC}$, $\vec{AD}$ は1次独立であるから,
$$\dfrac{2}{15}k=s \text{ かつ } \dfrac{1}{9}k=t \text{ かつ } 0=1-\dfrac{7}{9}k$$

これを解くと, $k=\dfrac{9}{7}$ となるから, ①より,
$$\vec{AE}=\dfrac{6}{35}\vec{AB}+\dfrac{1}{7}\vec{AC}$$

さらに, $k=\dfrac{9}{7}$ より, $\vec{DE}=\dfrac{9}{7}\vec{DG}$ となるから, **DG:GE=7:2**

解説講義

平面と直線の交点は, 求めたい点に関して
(I) 直線上の点であること (解答の①)　　(II) 平面上の点であること (解答の②)
に注目して2つの式を立てて, その2つの式で係数比較をすることが定番の解法である.

文系数学の必勝ポイント

平面と直線の交点
(I) 直線上の点であること　(II) 平面上の点であること
に注目して2つの式を立ててみる

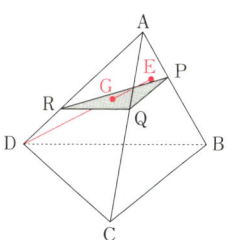

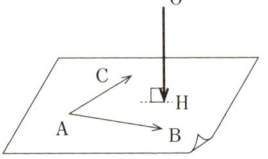

136 平面に下ろした垂線

空間に3点 A(3, 0, 0), B(0, 2, 0), C(0, 0, 1) がある.このとき,原点 O から平面 ABC に下ろした垂線の足を H とする.点 H の座標を求めよ. (青山学院大)

解答

A(3, 0, 0), B(0, 2, 0), C(0, 0, 1) より,
$\vec{AB} = \vec{OB} - \vec{OA} = (0, 2, 0) - (3, 0, 0) = (-3, 2, 0)$
$\vec{AC} = \vec{OC} - \vec{OA} = (0, 0, 1) - (3, 0, 0) = (-3, 0, 1)$

H は平面 ABC 上にあるから,
$$\vec{AH} = s\vec{AB} + t\vec{AC} \quad (s, t \text{ は実数})$$
とおける.

これより,
$\vec{OH} = \vec{OA} + \vec{AH}$
$= \vec{OA} + s\vec{AB} + t\vec{AC}$
$= (3, 0, 0) + s(-3, 2, 0) + t(-3, 0, 1)$
$= (3 - 3s - 3t, 2s, t)$ ……①

となる.

$\vec{OH} \perp (\text{平面 ABC})$ より,
$$\vec{OH} \cdot \vec{AB} = 0 \text{ かつ } \vec{OH} \cdot \vec{AC} = 0$$

☞ 平面に対する垂直条件

が成り立つから,
$\begin{cases} (3-3s-3t)(-3) + 2s \cdot 2 + 0 = 0 \\ (3-3s-3t)(-3) + 0 + t \cdot 1 = 0 \end{cases}$

☞ 成分を使って内積を計算する

これらを整理すると,
$\begin{cases} 13s + 9t - 9 = 0 & \cdots ② \\ 9s + 10t - 9 = 0 & \cdots ③ \end{cases}$

②, ③を解くと, $s = \dfrac{9}{49}$, $t = \dfrac{36}{49}$ となり, ①に代入すると,
$\vec{OH} = (3(1-s-t), 2s, t)$
$= \left(3\left(1 - \dfrac{9}{49} - \dfrac{36}{49}\right), 2 \cdot \dfrac{9}{49}, \dfrac{36}{49}\right)$
$= \left(\dfrac{12}{49}, \dfrac{18}{49}, \dfrac{36}{49}\right)$

したがって,
$$H\left(\dfrac{12}{49}, \dfrac{18}{49}, \dfrac{36}{49}\right)$$

B ベクトル

<別解>

H は平面 ABC 上の点であるから,
$$\overrightarrow{OH}=\alpha\overrightarrow{OA}+\beta\overrightarrow{OB}+\gamma\overrightarrow{OC}$$
$$=\alpha(3,\ 0,\ 0)+\beta(0,\ 2,\ 0)+\gamma(0,\ 0,\ 1)$$
$$=(3\alpha,\ 2\beta,\ \gamma) \quad \cdots ④$$

と表せる. ただし,
$$\alpha+\beta+\gamma=1 \quad \cdots ⑤$$
である.

▶ **134** の解説講義を読み直してみよう

$\overrightarrow{OH}\perp(\text{平面 ABC})$ より,
$$\overrightarrow{OH}\cdot\overrightarrow{AB}=0\ \ \text{かつ}\ \ \overrightarrow{OH}\cdot\overrightarrow{AC}=0$$

が成り立つから,
$$\begin{cases}3\alpha(-3)+2\beta\cdot2+0=0\\3\alpha(-3)+0+\gamma\cdot1=0\end{cases}\quad\therefore\begin{cases}-9\alpha+4\beta=0\\-9\alpha+\gamma=0\end{cases}$$

これより, $\beta=\dfrac{9}{4}\alpha$, $\gamma=9\alpha$ となり, ⑤に代入すると,
$$\alpha+\dfrac{9}{4}\alpha+9\alpha=1 \quad \therefore \alpha=\dfrac{4}{49}$$

よって, $\beta=\dfrac{9}{4}\alpha=\dfrac{9}{49}$, $\gamma=9\alpha=\dfrac{36}{49}$ となるから, ④より,
$$\overrightarrow{OH}=\left(3\cdot\dfrac{4}{49},\ 2\cdot\dfrac{9}{49},\ \dfrac{36}{49}\right)=\left(\dfrac{12}{49},\ \dfrac{18}{49},\ \dfrac{36}{49}\right)$$

したがって,
$$H\left(\dfrac{12}{49},\ \dfrac{18}{49},\ \dfrac{36}{49}\right)$$

解説講義

平面に垂線を下ろす問題で基本となることは, 次のことである.
$$\overrightarrow{OH}\perp(\text{平面 ABC}) \iff \overrightarrow{OH}\perp\overrightarrow{AB}\ \ \text{かつ}\ \ \overrightarrow{OH}\perp\overrightarrow{AC}$$

これは「平面上の2つのベクトルに垂直なベクトルは, その平面に垂直である」ということである. 平面上のありとあらゆるベクトルに対して, 垂直, 垂直, 垂直, 垂直…などと大量の垂直条件を考える必要はない. 2つで十分である!

本問のような, 平面に垂線を下ろす問題は頻出であるが,

  (I) H が平面 ABC 上の点であること (II) $\overrightarrow{OH}\perp(\text{平面 ABC})$ であること

の2点に注目して解くことが標準的である. 計算量も多いが, 本番で得点していきたい問題である.

文系数学の必勝ポイント

平面に下ろした垂線
$$\overrightarrow{OH}\perp(\text{平面 ABC}) \iff \overrightarrow{OH}\perp\overrightarrow{AB}\ \ \text{かつ}\ \ \overrightarrow{OH}\perp\overrightarrow{AC}$$

B 数列

137 等差数列

第3項が74, 第11項が50である等差数列 $\{a_n\}$ があり, 初項から第 n 項までの和を S_n とする.
(1) 一般項 a_n を求めよ.　(2) S_n の最大値とそのときの n の値を求めよ.

(日本大)

解答

(1) 初項を a, 公差を d とすると, 条件より,

$$\begin{cases} a+2d=74 & \cdots ① \\ a+10d=50 & \cdots ② \end{cases}$$

☞ $a_n=a+(n-1)d$ より,
　$a_3=a+(3-1)d$,
　$a_{11}=a+(11-1)d$
　である

①, ②より, $a=80$, $d=-3$ であるから,

$$a_n=80+(n-1)(-3)=\boldsymbol{-3n+83}$$

(2) $a_n \geqq 0$ である n の範囲を求めると,

$$-3n+83 \geqq 0 \text{ より, } n \leqq \frac{83}{3}=27.6\cdots$$

となるから,

a_1 から a_{27} までは正, a_{28} からは負

☞ 正である項を1つ残らず足したときの和が最大である

である. したがって, S_n を最大にする n は $n=27$ である. さらに,

$$S_{27}=\frac{27}{2}\{2\cdot 80+(27-1)(-3)\}=1107$$

☞ $S_n=\frac{n}{2}\{2a+(n-1)d\}$ を用いた

である. 以上より,

最大値 1107 ($n=27$ のとき)

＜補足＞

$a_{27}=-3\cdot 27+83=2$ である. これを用いて, $S_{27}=\dfrac{27}{2}(80+2)=1107$ と計算してもよい.

解説講義

初項 a, 公差 d の等差数列 $\{a_n\}$ の一般項は, $a_n=a+(n-1)d$ である. また, 初項から第 n 項までの和を S_n とすると, $S_n=\dfrac{n}{2}(a+a_n)=\dfrac{n}{2}\{2a+(n-1)d\}$ である.

本問の数列は, 80, 77, 74, 71, … と値が3ずつ減少していくから, いずれ負の値になる. それならば, "負になる寸前"までの項を足し続けたときの和が最大である. したがって, $a_n \geqq 0$ となる n の範囲が分かれば S_n を最大にする n の値も分かるのである.

文系数学の必勝ポイント

等差数列
　一般項 a_n は, $a_n=a+(n-1)d$
　初項から第 n 項までの和 S_n は, $S_n=\dfrac{n}{2}(a+a_n)=\dfrac{n}{2}\{2a+(n-1)d\}$

138 等比数列

初項が a, 公比が r (ただし $r>0$) の等比数列の初項から第 4 項までの和は 3 であり, 初項から第 12 項までの和は 819 である. このとき, 初項 a と公比 r の値をそれぞれ求めよ. (東洋大)

解答

条件より,
$$\begin{cases} \dfrac{a(r^4-1)}{r-1}=3 & \cdots ① \\ \dfrac{a(r^{12}-1)}{r-1}=819 & \cdots ② \end{cases}$$
が成り立つ.

※1 $r=1$ とすると, 等比数列の和 S_n は $S_n=an$ なので, 条件より, $4a=3$ かつ $12a=819$ であるが, これを満たす a は存在しない. よって $r\neq 1$ である.

$r^{12}-1=(r^4)^3-1^3=(r^4-1)(r^8+r^4+1)$ であることに注意すると, ②より,
$$\dfrac{a(r^4-1)}{r-1}(r^8+r^4+1)=819$$

※1 ②の $r^{12}-1$ の部分を因数分解した. $a^3-b^3=(a-b)(a^2+ab+b^2)$ も思い出しておこう

これに①を代入すると,
$$3\cdot(r^8+r^4+1)=819$$
$$r^8+r^4-272=0$$
ここで, $r^4=x$ とすると,
$$x^2+x-272=0$$
$$(x+17)(x-16)=0$$
$r^4=x>0$ であるから, $x=16$. よって, $r^4=16$ となるから, $r=2$ である.
これを①に代入すると,
$$\dfrac{a(16-1)}{2-1}=3 \qquad \therefore a=\dfrac{1}{5}$$
以上より,
$$a=\dfrac{1}{5},\ r=2$$

解説講義

初項 a, 公比 r の等比数列 $\{a_n\}$ の一般項は, $a_n=ar^{n-1}$ である. また, 初項から第 n 項までの和を S_n とすると,
$$S_n=\dfrac{a(1-r^n)}{1-r}=\dfrac{a(r^n-1)}{r-1}\ (r\neq 1 \text{ のとき})$$
である. 本問は要領良く計算する力も必要である.

文系数学の必勝ポイント

等比数列
　一般項 a_n は, $a_n=ar^{n-1}$
　初項から第 n 項までの和 S_n は, $S_n=\dfrac{a(1-r^n)}{1-r}=\dfrac{a(r^n-1)}{r-1}\ (r\neq 1 \text{ のとき})$

B 数列

139 等差中項・等比中項

6, a, b はこの順に等差数列をなし, a, b, 16 はこの順に等比数列をなす. このとき, a, b の値を求めよ. ただし, a, b はともに正の数とする.

(日本大)

解答

6, a, b はこの順に等差数列をなすから,
$$6+b=2a$$　　　　☞ 等差中項の関係
$$b=2a-6 \quad \cdots ①$$

a, b, 16 はこの順に等比数列をなすから,
$$a \cdot 16 = b^2 \quad \cdots ② \quad$$ ☞ 等比中項の関係

① を ② に代入すると,
$$16a=(2a-6)^2$$
$$a^2-10a+9=0$$
$$\therefore a=1,\ 9$$

① より, $a=1$ のとき $b=-4$ となるが、これは $b>0$ の条件に反する.
① より, $a=9$ のとき $b=12$ である.
以上より,
$$a=9,\ b=12$$

解説講義

x, y, z がこの順に等差数列をなすとしよう. 公差を d とすると,
$$y=x+d,\ z=y+d$$
が成り立つ. 左の式より $d=y-x$ であり、右の式に代入して d を消去すると,
$$x+z=2y$$
という関係が得られる. これを等差中項の関係と呼ぶことがある.

x, y, z がこの順に等比数列をなすとしよう. 公比を r とすると,
$$y=xr,\ z=yr$$
が成り立つから、この式から r を消去して整理すると,
$$xz=y^2$$
という関係が得られる. これを等比中項の関係と呼ぶことがある.

問題文の中で、連続する 3 つの項が登場したときには、この関係を使うことを覚えておきたい.

文系数学の必勝ポイント

連続する 3 つの項
x, y, z がこの順に等差数列をなす ➡ $x+z=2y$
x, y, z がこの順に等比数列をなす ➡ $xz=y^2$

140 数列の和(1) ～シグマの公式を使った計算～

(1) 等差数列 1, 2, 3, ……, 30 において, 隣接する2数の積の和を求めよ.

(2) $\displaystyle\sum_{k=1}^{n}\left(k-\frac{n+1}{2}\right)^2$ を計算せよ.

(桜美林大／名城大)

解答

(1) 求める和を S とすると,

$S = 1\cdot 2 + 2\cdot 3 + 3\cdot 4 + \cdots\cdots + 29\cdot 30$

$\displaystyle = \sum_{k=1}^{29} k(k+1) = \sum_{k=1}^{29}(k^2+k)$

$\displaystyle = \sum_{k=1}^{29} k^2 + \sum_{k=1}^{29} k$ ◁ シグマ記号は足し算でバラバラにできる

$\displaystyle = \frac{1}{6}\cdot 29\cdot(29+1)(2\cdot 29+1) + \frac{1}{2}\cdot 29\cdot(29+1)$ ◁ $\displaystyle\sum_{k=1}^{n} k^2 = \frac{1}{6}n(n+1)(2n+1)$,

$\displaystyle = \frac{1}{6}\cdot 29\cdot 30\cdot 59 + \frac{1}{2}\cdot 29\cdot 30 = \boldsymbol{8990}$

$\displaystyle\sum_{k=1}^{n} k = \frac{1}{2}n(n+1)$

を $n=29$ として使った

(2) $\displaystyle\sum_{k=1}^{n}\left(k-\frac{n+1}{2}\right)^2 = \sum_{k=1}^{n}\left\{k^2 - (n+1)k + \frac{(n+1)^2}{4}\right\}$

$\displaystyle = \sum_{k=1}^{n} k^2 - (n+1)\sum_{k=1}^{n} k + \frac{(n+1)^2}{4}\sum_{k=1}^{n} 1$ ◁ 文字 k についての和なので, $n+1$ や $\dfrac{(n+1)^2}{4}$ は,

$\displaystyle = \frac{1}{6}n(n+1)(2n+1) - (n+1)\cdot\frac{1}{2}n(n+1) + \frac{(n+1)^2}{4}\cdot n$

定数の扱いとなり, シグマ記号の前に出せる

$\displaystyle = \frac{2}{12}n(n+1)(2n+1) - \frac{6}{12}n(n+1)^2 + \frac{3}{12}n(n+1)^2$

$\displaystyle = \frac{1}{12}n(n+1)\{2(2n+1) - 6(n+1) + 3(n+1)\}$ ◁ 共通因数をくくり出して整理する

$\displaystyle = \frac{1}{12}n(n+1)(4n+2-6n-6+3n+3)$

$\displaystyle = \boldsymbol{\frac{1}{12}n(n+1)(n-1)}$

解説講義

シグマ記号に拒否反応を示す受験生は多いが, 単に数列の和を表現しているだけである. たとえば, 次のような感じで使っていく.

$\displaystyle\frac{1}{3} + \frac{1}{4} + \frac{1}{5} + \cdots + \frac{1}{10} = \sum_{k=3}^{10}\frac{1}{k}$ …①

大雑把に言うなら, シグマ記号とは,「どういう形の項が何番のものから何番のものまで足されているのか」を表現するものである. ①であれば, $\dfrac{1}{k}$ という形の項が, $k=3$ の $\dfrac{1}{3}$ から $k=10$ の $\dfrac{1}{10}$ まで足されているから, $\displaystyle\sum_{k=3}^{10}\frac{1}{k}$ と表される. シグマ記号での表現は1通りではない. 上の①であれば,

$\displaystyle\frac{1}{3} + \frac{1}{4} + \frac{1}{5} + \cdots + \frac{1}{10} = \sum_{k=1}^{8}\frac{1}{k+2}$

B 数列

と表してもよい.

そして，このシグマ記号には2つの基本的な性質がある.

$$\sum_{k=1}^{n}(a_k \pm b_k) = \sum_{k=1}^{n} a_k \pm \sum_{k=1}^{n} b_k,$$

『シグマは足し算，引き算ではバラバラにできる』

$$\sum_{k=1}^{n} ca_k = c\sum_{k=1}^{n} a_k \quad (c \text{ は } k \text{ に無関係な定数})$$

『変化する k と無関係な定数はシグマの前に出せる』

この2つの性質を使って丁寧に変形を進めていき，次の公式（*）を利用できるように変形していけばよい.

$$\left.\begin{array}{l}\displaystyle\sum_{k=1}^{n} k^3 = 1^3 + 2^3 + 3^3 + \cdots + n^3 = \frac{1}{4}n^2(n+1)^2 \\ \displaystyle\sum_{k=1}^{n} k^2 = 1^2 + 2^2 + 3^2 + \cdots + n^2 = \frac{1}{6}n(n+1)(2n+1) \\ \displaystyle\sum_{k=1}^{n} k = 1 + 2 + 3 + \cdots + n = \frac{1}{2}n(n+1) \\ \displaystyle\sum_{k=1}^{n} 1 = 1 + 1 + 1 + \cdots + 1 = n\end{array}\right\} \cdots (*)$$

(1)ではこの公式の n を29にして計算している.

なお，（*）が使える形に持ち込めないものは，多少の工夫が必要になるが，それを **141** の問題から勉強しよう.

文系数学の必勝ポイント

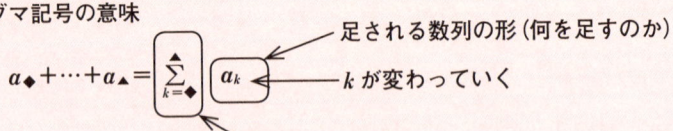

シグマ記号の意味

$$a_\blacklozenge + \cdots + a_\blacktriangle = \sum_{k=\blacklozenge}^{\blacktriangle} a_k$$

足される数列の形（何を足すのか）
k が変わっていく
「k を ◆ から ▲ まで変化させて足しなさい」という指令

シグマの公式

$$\sum_{k=1}^{n} k^3 = \frac{1}{4}n^2(n+1)^2, \quad \sum_{k=1}^{n} k^2 = \frac{1}{6}n(n+1)(2n+1),$$

$$\sum_{k=1}^{n} k = \frac{1}{2}n(n+1), \quad \sum_{k=1}^{n} 1 = n$$

> **One Point コラム**
>
> よくある間違いとして次のようなものがある.
>
> $$\sum_{k=1}^{n} \frac{1}{k} = \frac{1}{\sum_{k=1}^{n} k} = \frac{1}{\frac{1}{2}n(n+1)}, \quad \sum_{k=1}^{n} 2^k = 2^{\frac{1}{2}n(n+1)} \quad \text{これは間違い!!!!}$$
>
> このように，シグマ公式を勝手に拡張して考えてはいけない！
>
> ちなみに $\displaystyle\sum_{k=1}^{n} 2^k$ であれば，
>
> $$\sum_{k=1}^{n} 2^k = 2^1 + 2^2 + \cdots + 2^n = \frac{2(2^n - 1)}{2 - 1} = 2^{n+1} - 2$$
>
> と，等比数列の和の公式で計算できる

141 数列の和(2) 〜部分分数分解〜

(1) $\dfrac{1}{1\cdot 2}+\dfrac{1}{2\cdot 3}+\dfrac{1}{3\cdot 4}+\cdots+\dfrac{1}{100\cdot 101}$ を計算せよ.

(2) $\dfrac{1}{1\cdot 3}+\dfrac{1}{3\cdot 5}+\cdots+\dfrac{1}{(2n-1)(2n+1)}$ を n の式で表せ. (立教大)

解答

(1) (与式)$=\displaystyle\sum_{k=1}^{100}\dfrac{1}{k(k+1)}$

$=\displaystyle\sum_{k=1}^{100}\left(\dfrac{1}{k}-\dfrac{1}{k+1}\right)$ ☞ 部分分数分解をする

$=\left(\dfrac{1}{1}-\dfrac{1}{2}\right)+\left(\dfrac{1}{2}-\dfrac{1}{3}\right)+\left(\dfrac{1}{3}-\dfrac{1}{4}\right)+\cdots+\left(\dfrac{1}{100}-\dfrac{1}{101}\right)$ ☞ $k=1$ の場合から順に書き並べる

$=1-\dfrac{1}{101}=\dfrac{\mathbf{100}}{\mathbf{101}}$ ☞ 隣り合うものが打ち消し合う

(2) (与式)$=\displaystyle\sum_{k=1}^{n}\dfrac{1}{(2k-1)(2k+1)}$

$=\displaystyle\sum_{k=1}^{n}\dfrac{1}{2}\left(\dfrac{1}{2k-1}-\dfrac{1}{2k+1}\right)$ ☞ $\dfrac{1}{2}$ を忘れるな！

$=\dfrac{1}{2}\left(\dfrac{1}{1}-\dfrac{1}{3}\right)+\dfrac{1}{2}\left(\dfrac{1}{3}-\dfrac{1}{5}\right)+\dfrac{1}{2}\left(\dfrac{1}{5}-\dfrac{1}{7}\right)+\cdots+\dfrac{1}{2}\left(\dfrac{1}{2n-1}-\dfrac{1}{2n+1}\right)$

$=\dfrac{1}{2}\left(\dfrac{1}{1}-\dfrac{1}{2n+1}\right)$

$=\dfrac{1}{2}\cdot\dfrac{(2n+1)-1}{2n+1}=\dfrac{\mathbf{n}}{\mathbf{2n+1}}$

解説講義

分数式の和の計算では「部分分数分解」に注意する．文系では，ノーヒントで複雑な部分分数分解が出題されることは少ないので，次のような簡便な手順を習得しておけばよい．(2)であれば，

手順1：まず，$\dfrac{1}{2k-1}-\dfrac{1}{2k+1}$ のように2つの分数に分けてみる．

手順2：分けた式を次のように，通分してみる．

$$\dfrac{1}{2k-1}-\dfrac{1}{2k+1}=\dfrac{(2k+1)-(2k-1)}{(2k-1)(2k+1)}=\dfrac{2}{(2k-1)(2k+1)}$$

手順3：手順2から $\dfrac{2}{(2k-1)(2k+1)}=\dfrac{1}{2k-1}-\dfrac{1}{2k+1}$ と分かったので，問題の式の分子が1であることに注目し，両辺に $\dfrac{1}{2}$ をかけて，$\dfrac{1}{(2k-1)(2k+1)}=\dfrac{1}{2}\left(\dfrac{1}{2k-1}-\dfrac{1}{2k+1}\right)$

を得る．

文系数学の必勝ポイント

分数式のシグマの計算

部分分数分解を利用する(打ち消しあいが起きて，うまく和が求められる)

142 数列の和(3) 〜等差×等比の形の数列の和〜

$a_n = n \cdot 3^{n-1}$, $S_n = \sum_{k=1}^{n} a_k$ $(n=1, 2, 3, \cdots)$ とするとき, S_n を n の式で表せ.

(同志社大)

解答

$S_n = \sum_{k=1}^{n} a_k = a_1 + a_2 + a_3 + \cdots + a_n$ であるから,

$S_n = 1 \cdot 1 + 2 \cdot 3 + 3 \cdot 3^2 + \cdots + n \cdot 3^{n-1}$ ……①

$3S_n = 1 \cdot 3 + 2 \cdot 3^2 + \cdots + (n-1) 3^{n-1} + n \cdot 3^n$ ……②

☜ ①の両辺に 3 をかけた

①−②より,

$-2S_n = \boxed{1 + 3 + 3^2 + \cdots + 3^{n-1}} - n \cdot 3^n$

$= \dfrac{3^n - 1}{3 - 1} - n \cdot 3^n$

☜ 初項 1, 公比 3, 項数 n の等比数列の和であることに注目して整理した

$= \dfrac{3^n - 1}{2} - \dfrac{2n \cdot 3^n}{2}$

$= \dfrac{(-2n+1) \cdot 3^n - 1}{2}$

したがって,

$-2S_n = \dfrac{(-2n+1) \cdot 3^n - 1}{2}$

$\therefore S_n = \dfrac{(2n-1) \cdot 3^n + 1}{4}$

解説講義

まず注意しておきたいことは, $S_n = \sum_{k=1}^{n} a_k = \sum_{k=1}^{n} (k \cdot 3^{k-1})$ であるが, これを,

$\sum_{k=1}^{n} (k \cdot 3^{k-1}) = \left(\sum_{k=1}^{n} k\right) \times \left(\sum_{k=1}^{n} 3^{k-1}\right)$ ☜ これは間違い!!!!

と変形してはいけない! 140 の解説講義で触れたが, 「シグマは足し算, 引き算ではバラバラにできる」のであって, かけ算でバラバラにすることはできない.

本問の数列の和 $\sum_{k=1}^{n} (k \cdot 3^{k-1})$ は, k の部分は 1, 2, 3, … と変化していくので等差数列, 3^{k-1} の部分は 1, 3, 3^2, … と変化していくので公比 3 の等比数列である. つまり, 本問は「等差×等比」の形の数列の和を求める問題である. このような和を求めるときには, 解答のように, S に対して rS (本問では $3S$) を準備して引き算をする方法が有効である.

文系数学の必勝ポイント

等差×等比の和

一般項が「(等差)×(公比 r の等比)」の形の数列の和 S
➡ $S - rS$ を計算してみる

B 数列

143 階差数列

$a_1=2$, $a_{n+1}=a_n+3n-16$ ($n=1, 2, 3, \cdots$) で定められる数列 $\{a_n\}$ の一般項 a_n を求めよ．　　　　　　　　　　　　　　　　　　（桜美林大）

解答

$a_{n+1}=a_n+3n-16$ より，
$$a_{n+1}-a_n=3n-16$$

☞ $\begin{array}{cccccc} a_1 & a_2 & a_3 & \cdots\cdots & a_n & a_{n+1}\cdots \\ & \vee & \vee & & \vee & \\ & -13 & -10 & \cdots & 3n-16 & \cdots \end{array}$

これより，数列 $\{a_n\}$ の階差数列を $\{b_n\}$ とすると，$b_n=3n-16$ である．

$n \geqq 2$ のとき，
$$a_n = a_1 + \sum_{k=1}^{n-1} b_k$$
$$= 2 + \sum_{k=1}^{n-1}(3k-16)$$
$$= 2 + 3 \cdot \frac{1}{2}(n-1)n - 16(n-1)$$
$$= \frac{3}{2}n^2 - \frac{35}{2}n + 18 \quad \cdots ①$$

☞ $\sum_{k=1}^{n} k = \frac{1}{2}n(n+1)$, $\sum_{k=1}^{n} 1 = n$ において，n を $n-1$ にして計算すればよい

☞ これで答えにしない！

となる．①で $n=1$ とすると，
$$\frac{3}{2} - \frac{35}{2} + 18 = 2 (=a_1)$$

☞ ①は，$n \geqq 2$ に対する a_n の式なので，$n=1$ でも使えるかをチェックする

となるから，①は $n=1$ でも成り立つ．以上より，
$$a_n = \frac{3}{2}n^2 - \frac{35}{2}n + 18$$

解説講義

　数列 $\{a_n\}$ の階差数列を $\{b_n\}$ とする．もとの数列 $\{a_n\}$ の様子が分からなくても，階差数列 $\{b_n\}$ の一般項が分かっていれば，それを手がかりにしてもとの数列 $\{a_n\}$ の一般項を求めることができる．

　$a_2-a_1=b_1$, $a_3-a_2=b_2$, $\cdots$, $a_n-a_{n-1}=b_{n-1}$ であるから，$n \geqq 2$ のとき，これらを足し合わせると，
$$(a_2-a_1)+(a_3-a_2)+\cdots+(a_n-a_{n-1})=b_1+b_2+\cdots+b_{n-1}$$
となるが，左辺は打ち消しあいが起こって，
$$-a_1+a_n=b_1+b_2+\cdots+b_{n-1}$$
となる．したがって，a_1 を右辺に移項して整理すると，
$$a_n=a_1+(b_1+b_2+\cdots+b_{n-1})=a_1+\sum_{k=1}^{n-1} b_k$$
となる．

文系数学の必勝ポイント

階差数列

　数列 $\{a_n\}$ の階差数列を $\{b_n\}$ とすると，$a_n=a_1+\sum_{k=1}^{n-1} b_k$ $(n \geqq 2)$

B 数列

144 和と一般項の関係

数列 $\{a_n\}$ ($n=1, 2, 3, \cdots$) の初項から第 n 項までの和 S_n が，$S_n=-n^3+21n^2+65n$ のとき，一般項 a_n を求めよ． (大分大)

解答

$$S_n=-n^3+21n^2+65n \quad \cdots ①$$

①で $n=1$ にすると，$S_1=-1+21+65=85$ となるが，$S_1=a_1$ なので，

$$a_1=85$$

$n\geqq 2$ のとき，

$a_n=S_n-S_{n-1}$ 　　　　　 ◀ S_{n-1} は①の n を $n-1$ にすればよい

$=(-n^3+21n^2+65n)-\{-(n-1)^3+21(n-1)^2+65(n-1)\}$

$=(-n^3+21n^2+65n)$
$\quad -(-n^3+3n^2-3n+1+21n^2-42n+21+65n-65)$

$=-3n^2+45n+43 \quad \cdots ②$

となる．

②で $n=1$ とすると， 　　　　 ◀ ②は，$n\geqq 2$ に対する a_n の式なので，$n=1$ でも使えるかをチェックする

$$-3+45+43=85(=a_1)$$

となるから，②は $n=1$ でも成り立つ．以上より，

$$a_n=-3n^2+45n+43$$

解説講義

初項から第 n 項までの和を S_n とする．$n\geqq 2$ のとき，

$$a_1+a_2+\cdots\cdots+a_{n-1}+a_n=S_n \quad \cdots ①$$
$$a_1+a_2+\cdots\cdots+a_{n-1} \quad\quad =S_{n-1} \quad \cdots ②$$

が成り立つから，①-②より，(a_1 から a_{n-1} は打ち消されて)

$$a_n=S_n-S_{n-1} \ (n\geqq 2)$$

が得られる．和の条件が与えられていて，そこから一般項を求めるときにはこれを利用する．a_1 は別扱いであり，$a_1=S_1$ であることから求める．

143 の $a_n=a_1+\sum_{k=1}^{n-1}b_k$ と本問で使った $a_n=S_n-S_{n-1}$ は，どちらも $n\geqq 2$ で成り立つ関係である．そのため，この関係を使って得られた a_n が $n=1$ でも成り立っているかを確認する必要がある．もし $n=1$ のときに成り立たないのであれば，「$a_1=\bigcirc$，$a_n=\boxed{}$ $(n\geqq 2)$」と分けて答える．

文系数学の必勝ポイント

和と一般項の関係
　和の条件から一般項を求める ➡ $a_n=S_n-S_{n-1} \ (n\geqq 2)$，$a_1=S_1$

145 群数列

自然数 n が n 個ずつ続く次の数列について，次の問に答えよ．
$$1, 2, 2, 3, 3, 3, 4, 4, 4, 4, 5, 5, 5, 5, 5, 6, \cdots\cdots$$
(1) 10 が最初に現れるのは，第何項か．
(2) 第 100 項を求めよ．また，初項から第 100 項までの和を求めよ．

(神奈川大)

解答

自然数 k が k 個並んでいる部分を「第 k 群」として考える．

第 1 群には 1 個，第 2 群 2 個，……，第 k 群には k 個の項があるから，第 k 群の末項までの項数は，
$$1+2+3+\cdots+k=\frac{1}{2}k(k+1)$$

☞ 群数列では，このように第 k 群や第 n 群の末項までの項数をまず求めてみる

(1) 10 が最初に現れるのは，第 10 群の初項である．
$$\frac{1}{2}\cdot 9\cdot(9+1)+1=46$$
より，10 が最初に現れるのは，**第 46 項**

(2) 第 100 項が第 N 群に入っているとすると，
$$\frac{1}{2}(N-1)\cdot N<100\leqq\frac{1}{2}N(N+1) \quad\cdots ①$$

☞ 第 100 項が第 N 群に入っているとき，第 100 項は，第 $N-1$ 群の末項より後にあるが，第 N 群の末項の手前にある

ここで，$\frac{1}{2}\cdot 13\cdot 14=91$，$\frac{1}{2}\cdot 14\cdot 15=105$ より，①を満たす N は $N=14$ である．

さらに，第 13 群の末項は $\frac{1}{2}\cdot 13\cdot 14=91$ より第 91 項であるから，
第 100 項は第 14 群の 9 番目であり，**14**

また，第 k 群には k が k 個あるから，第 k 群の和を S_k とすると，
$S_k=k\times k=k^2$ である．よって，初項から第 100 項までの和は，
$$S_1+S_2+\cdots+S_{13}+(14\times 9)=\sum_{k=1}^{13}S_k+126=\sum_{k=1}^{13}k^2+126=\frac{1}{6}\cdot 13\cdot 14\cdot 27+126=\mathbf{945}$$

解説講義

群数列は難しい問題であるが，考えるときのコツがある．それは「まず各群の項数をチェックして，一般的な第 k 群に関して，第 k 群の末項までの項数を求めてみること」である．群数列の様々な問題では，それを手掛かりに考えるものが多い．たとえば，第 p 項が第 N 群に含まれるのであれば，

(第 $N-1$ 群の末項までの項数) $<p\leqq$ (第 N 群の末項までの項数)

と考える．

文系数学の必勝ポイント

群数列

各群の項数をチェックして，第 k 群の末項までの項数を求めてみる

146 2項間漸化式(1) 〜基本形 $a_{n+1}=pa_n+q$〜

数列 $\{a_n\}$ $(n=1, 2, 3, \cdots)$ が，$a_1=-27$, $a_{n+1}=3a_n+60$ を満たすとき，数列 $\{a_n\}$ の一般項 a_n を求めよ． (センター試験)

解答

$\alpha=3\alpha+60$ を満たす α を求めると，$\alpha=-30$ である．そこで，

$$a_{n+1}=\ \ 3a_n\ \ +60,$$
$$-30=3\cdot(-30)+60 \qquad \text{☜ } -30\ は，\alpha=3\alpha+60\ を満たす$$

の差をとると，

$$a_{n+1}+30=3(a_n+30) \qquad \cdots ①$$

☜ $\begin{aligned}a_{n+1}&=\ \ 3a_n\ \ +60\\ -)\ -30&=3\cdot(-30)+60\\ \hline a_{n+1}+30&=3(a_n+30)\end{aligned}$

となる．

①より，数列 $\{a_n+30\}$ は**公比 3** の等比数列であり，

$$初項\ a_1+30=-27+30=3$$

☜ $a_n+30 \xrightarrow{\times 3} a_{n+1}+30$

である．よって，

$$a_n+30=3\cdot 3^{n-1}$$
$$a_n=3^n-30$$

解説講義

$a_{n+1}=pa_n+q\ (p\neq 1)$ の形の漸化式を，本書では「基本形の漸化式」と呼ぶことにする．基本形の漸化式は，$\alpha=p\alpha+q$ を満たす α の値 (本問では -30) を用いて，$a_{n+1}-\alpha=p(a_n-\alpha)$ の形にまず変形する．これより，数列 $\{a_n-\alpha\}$ は公比 p の等比数列になっていることが分かるから，初項が $a_1-\alpha$ であることも用いて数列 $\{a_n-\alpha\}$ の第 n 項である $a_n-\alpha$ を求める．最後に α を移項すれば，求めたい一般項 a_n が求められる．

基本形の漸化式は，この操作をスラスラと行って完璧に解けるようにしておかないといけない．十分に練習をしておこう．

文系数学の必勝ポイント

基本形の漸化式 $a_{n+1}=pa_n+q$

$\alpha=p\alpha+q$ を満たす α を用いて，$a_{n+1}-\alpha=p(a_n-\alpha)$ の形に変形して考える

One Point コラム

次の漸化式は，どのような数列なのかを容易に見抜けるものである．

$a_{n+1}=a_n+d$ $\cdots$ $\{a_n\}$ は公差 d の等差数列
$a_{n+1}=ra_n$ $\cdots$ $\{a_n\}$ は公比 r の等比数列
$a_{n+1}=a_n+f(n)$ $\cdots$ $\{a_n\}$ の階差数列の一般項が $f(n)$ になっている

147 2項間漸化式(2) 〜指数型〜

$a_1=5$, $a_{n+1}=3a_n+2^{n+1}$ $(n=1, 2, 3, \cdots)$ で定められる数列 $\{a_n\}$ がある. 数列 $\{a_n\}$ の一般項 a_n を求めよ. (関西学院大)

解答

$a_{n+1}=3a_n+2^{n+1}$ の両辺を 2^{n+1} で割ると,

$$\frac{a_{n+1}}{2^{n+1}}=3\cdot\frac{a_n}{2^{n+1}}+1$$

$$\therefore \frac{a_{n+1}}{2^{n+1}}=\frac{3}{2}\cdot\frac{a_n}{2^n}+1 \quad \cdots ①$$

☜ a_n の分母には 2^n をつくる

ここで, $\frac{a_n}{2^n}=b_n$ …② とおくと $b_1=\frac{a_1}{2}=\frac{5}{2}$ であり, ①より,

$$b_{n+1}=\frac{3}{2}b_n+1 \quad \cdots ③$$

☜ これは基本形の漸化式である.

が得られる. ③を変形すると,

$$b_{n+1}+2=\frac{3}{2}(b_n+2)$$

$\alpha=\frac{3}{2}\alpha+1$ より, $\alpha=-2$ になるから,

$$\begin{array}{r}b_{n+1}=\frac{3}{2}b_n+1 \\ -)-2=\frac{3}{2}\cdot(-2)+1 \\ \hline b_{n+1}+2=\frac{3}{2}(b_n+2)\end{array}$$

これより, 数列 $\{b_n+2\}$ は公比 $\frac{3}{2}$ の等比数列であり,

初項 $b_1+2=\frac{5}{2}+2=\frac{9}{2}$

よって,

$$b_n+2=\frac{9}{2}\cdot\left(\frac{3}{2}\right)^{n-1}=\frac{3^{n+1}}{2^n}$$

☜ 分子は, $9\cdot 3^{n-1}=3^2\cdot 3^{n-1}=3^{n+1}$ と変形した

$$\therefore b_n=\frac{3^{n+1}}{2^n}-2$$

②より, $a_n=2^n\cdot b_n$ であるから,

$$a_n=2^n\cdot\left(\frac{3^{n+1}}{2^n}-2\right)=3^{n+1}-2^{n+1}$$

解説講義

$a_{n+1}=pa_n+q^n$ の形の漸化式の解法で最もスタンダードな解法が, 上の解答のように「q^{n+1} で割って置きかえをする方法」である. "漸化式の中の指数を含む項" が q^n でも q^{n+1} でも q^{n-1} でも, いつでも q^{n+1} で割ればよい (割った後の a_{n+1} の分母に q^{n+1} が欲しいから).

割ったあとは, a_{n+1} の分母に q^{n+1} があるので, a_n の分母に q^n がくるように調整する. そして, ②のように $\frac{a_n}{q^n}=b_n$ と置きかえれば, 指数を含まない簡単な漸化式 (本問では基本形の漸化式) に帰着される.

文系数学の必勝ポイント

$a_{n+1}=pa_n+q^n$ の形の漸化式

q^{n+1} で割って, $\frac{a_n}{q^n}=b_n$ と置きかえる

148 2項間漸化式(3) ～逆数型～

$a_1=2$, $a_{n+1}=\dfrac{a_n}{2a_n+3}$ $(n=1, 2, 3, \cdots)$ で定められる数列 $\{a_n\}$ がある.

(1) $\dfrac{1}{a_n}=b_n$ とするとき, b_{n+1} を b_n を用いて表せ.

(2) 数列 $\{a_n\}$ の一般項を求めよ. (日本大)

解答

(1)
$$a_{n+1}=\dfrac{a_n}{2a_n+3} \quad \cdots ①$$

与えられた漸化式から, 帰納的に $a_n \neq 0$ であり, ①の逆数を考えると,

$$\dfrac{1}{a_{n+1}}=\dfrac{2a_n+3}{a_n}$$

$$\therefore \dfrac{1}{a_{n+1}}=3\cdot\dfrac{1}{a_n}+2$$

よって, $\dfrac{1}{a_n}=b_n$ であるから,

$$b_{n+1}=3b_n+2 \quad \cdots ②$$

(2) $a_1=2$ より, $b_1=\dfrac{1}{a_1}=\dfrac{1}{2}$ である. ②を変形すると,

$$b_{n+1}+1=3(b_n+1)$$

$\alpha=3\alpha+2$ より $\alpha=-1$ になるから,
$$\begin{array}{r}b_{n+1}=3b_n+2\\-)-1=3\cdot(-1)+2\\\hline b_{n+1}+1=3(b_n+1)\end{array}$$

これより, 数列 $\{b_n+1\}$ は公比 3 の等比数列であり,

初項 $b_1+1=\dfrac{1}{2}+1=\dfrac{3}{2}$

である. よって,

$$b_n+1=\dfrac{3}{2}\cdot 3^{n-1}=\dfrac{3^n}{2} \qquad \therefore b_n=\dfrac{3^n-2}{2}$$

ゆえに,

$$a_n=\dfrac{1}{b_n}=\dfrac{2}{3^n-2}$$

☜ $\dfrac{1}{a_n}=b_n$ であるから, $a_n=\dfrac{1}{b_n}$ である

解説講義

$a_{n+1}=\dfrac{ra_n}{pa_n+q}$ の形の漸化式を解くときには, 両辺の逆数を考える. そして, $\dfrac{1}{a_n}=b_n$ と置きかえて b_n を求めてみる, 本問のように「基本形の漸化式」に帰着される場合が多い.

本問では, 数列 $\left\{\dfrac{1}{a_n}\right\}$ を考えるので, 分母が 0 になる恐れがないかどうかが気になる. 解答の最初で「つねに $a_n \neq 0$」を確認しているのは, そのためである.

文系数学の必勝ポイント

$a_{n+1}=\dfrac{ra_n}{pa_n+q}$ の形の漸化式

両辺の逆数を考えて $\dfrac{1}{a_n}=b_n$ と置きかえる

149 2項間漸化式(4) 〜整式型〜

$a_1=6$, $a_{n+1}=3a_n-6n+3(n=1, 2, 3, \cdots)$ で定められる数列 $\{a_n\}$ がある.
(1) $a_{n+1}-a_n=b_n$ とするとき, b_{n+1} を b_n を用いて表せ.
(2) 数列 $\{a_n\}$ の一般項を求めよ.   (東洋大)

解答

(1) 与えられた漸化式から,

$$a_{n+2}=3a_{n+1}-6(n+1)+3 \quad \cdots ①$$ 〔n を $n+1$ に取りかえた〕
$$a_{n+1}=3a_n-6n+3 \quad \cdots ②$$

①-② から,

$$a_{n+2}-a_{n+1}=3(a_{n+1}-a_n)-6 \quad \cdots ③$$

ここで, $a_{n+1}-a_n=b_n$ とすると, 左辺の $a_{n+2}-a_{n+1}=b_{n+1}$ であり, ③から,

$$b_{n+1}=3b_n-6$$

(2) まず, 数列 $\{b_n\}$ の一般項を求める. 数列 $\{b_n\}$ の初項 b_1 は,

$$b_1=a_2-a_1=(3a_1-6\cdot1+3)-a_1$$ 〔a_2 は②で $n=1$ にすればよい〕
$$=2a_1-3=2\cdot6-3=9$$

$b_{n+1}=3b_n-6$ を変形すると,   〔$\alpha=3\alpha-6$ より $\alpha=3$ になるから,
$$b_{n+1}-3=3(b_n-3)$$
$$\begin{array}{r} b_{n+1}=3b_n-6 \\ -)\quad 3\ =3\cdot3-6 \\ \hline b_{n+1}-3=3(b_n-3) \end{array}$$〕

これより, 数列 $\{b_n-3\}$ は公比 3 の等比数列であり,
初項 $b_1-3=9-3=6$

よって,

$$b_n-3=6\cdot3^{n-1}=2\cdot3^n \quad \therefore b_n=2\cdot3^n+3 \quad \cdots ④$$

$a_{n+1}-a_n=b_n$ であるから, ④より,

$$a_{n+1}-a_n=2\cdot3^n+3$$

さらに, 左辺に②を用いて a_{n+1} を消去すると,

$$(3a_n-6n+3)-a_n=2\cdot3^n+3$$
$$2a_n=2\cdot3^n+6n \quad \therefore a_n=3^n+3n$$

解説講義

$a_{n+1}=pa_n+f(n)$ ($f(n)$ は n の1次式が多い) の形の漸化式は, 文系の入試では, 本問のような誘導がつけられることが一般的で, 誘導に従って考えていくと「基本形の漸化式」に帰着されることが多い.「n を $n+1$ に変えた漸化式 $a_{n+2}=pa_{n+1}+f(n+1)$ を作って, 与えられた漸化式との差 (解答の①-②) を考えて, 置きかえる」という解法の特徴を理解しておこう.

文系数学の必勝ポイント

$a_{n+1}=pa_n+f(n)$ の形の漸化式
n を $n+1$ に変えた式を作って, その差を考える

B 数列

150 S_n と a_n の関係式

数列 $\{a_n\}$ の初項から第 n 項までの和を S_n とするとき，$S_n = 2a_n - n$ ($n=1, 2, 3, \cdots$) が成り立っている．
(1) a_1 を求めよ．　　(2) 一般項 a_n を求めよ．　　　　　　　　　　(立教大)

解答

$$S_n = 2a_n - n \quad \cdots ①$$

(1) ①で $n=1$ とすると，
$$S_1 = 2a_1 - 1$$
であり，$S_1 = a_1$ であるから，
$$a_1 = 2a_1 - 1 \qquad \therefore a_1 = 1$$

(2) 条件式より，
$$S_{n+1} = 2a_{n+1} - (n+1),$$ ◁ ①の n を一斉に $n+1$ に変える
$$S_n = 2a_n - n$$
であり，両式の差を考えると，
$$S_{n+1} - S_n = 2a_{n+1} - 2a_n - 1$$ ◁ $S_n - S_{n-1} = a_n$ $(n \geq 2)$ であるから，
$$a_{n+1} = 2a_{n+1} - 2a_n - 1$$ 　　$S_{n+1} - S_n = a_{n+1}$ である
$$a_{n+1} = 2a_n + 1 \quad \cdots ②$$ ◁ これは基本形の漸化式である

②を変形すると，
$$a_{n+1} + 1 = 2(a_n + 1)$$
これより，数列 $\{a_n + 1\}$ は公比 2 の等比数列であり，初項は，
$$a_1 + 1 = 1 + 1 = 2$$
である．よって，
$$a_n + 1 = 2 \cdot 2^{n-1} = 2^n$$
$$a_n = 2^n - 1$$

解説講義

a_n と S_n が混ざっていては考えにくい．このような場合には，144 で勉強した「和と一般項の関係」を用いて S_n を消去して，$\{a_n\}$ についての関係式（漸化式）を手に入れることを考えよう．解答のように，①の n を $n+1$ にした式を準備してその差を考えれば，$S_{n+1} - S_n = a_{n+1}$ によって，すぐに $\{a_n\}$ についての関係式を手に入れることができる．

文系数学の必勝ポイント

a_n と S_n の混ざった条件式
　　和と一般項の関係によって S_n を追い出して，$\{a_n\}$ についての関係式を手に入れる（n を 1 つずらした式を用意して差を考えるとよい）

151 数学的帰納法 (等式)

すべての自然数 n に対して次の等式 (*) が成り立つことを，数学的帰納法を用いて証明せよ．
$$1^3+2^3+3^3+\cdots+n^3=\frac{1}{4}n^2(n+1)^2 \quad \cdots(*)$$
(専修大)

解答

(i) $n=1$ のとき
$$(左辺)=1^3=1, \quad (右辺)=\frac{1}{4}\cdot 1^2\cdot(1+1)^2=1$$
これより，$n=1$ において (*) は成り立つ．

(ii) $n=k(\geqq 1)$ のときに (*) が成り立つと仮定すると，
$$1^3+2^3+3^3+\cdots+k^3=\frac{1}{4}k^2(k+1)^2 \quad \cdots ①$$

①の両辺に $(k+1)^3$ を足すと，
$$1^3+2^3+3^3+\cdots+k^3+(k+1)^3=\frac{1}{4}k^2(k+1)^2+(k+1)^3$$
$$=\frac{1}{4}(k+1)^2\{k^2+4(k+1)\}=\frac{1}{4}(k+1)^2(k+2)^2$$
$$=\frac{1}{4}(k+1)^2\{(k+1)+1\}^2$$

これより，$n=k+1$ でも (*) は成り立つ．

(i), (ii)より，すべての自然数 n に対して，(*) は成り立つ．

解説講義

自然数 n についてある式 (たとえば $P(n)$ とする) が成り立つことを示すには，数学的帰納法を用いるとよい．数学的帰納法の証明では，

(i) $n=1$ において証明したい式が成り立つことを示す (つまり，$P(1)$ を示す)

(ii) $n=k$ において証明したい式が成り立つと仮定したときに，$n=k+1$ でも証明したい式が成り立つことを示す (つまり，$P(k)$ が成り立つと仮定して $P(k+1)$ を示す)

という 2 つのことを示せばよい．(i), (ii)が示されていれば，

(i)から $P(1)$ が成り立っていて，$P(1)$ が成り立っているから(ii)より $P(2)$ が成り立つ．$P(2)$ が成り立っているから，再び(ii)より，$P(3)$ が成り立つ．

以下，(ii)を繰り返し用いることにより，$P(4)$, $P(5)$, $P(6)$, … というように，すべての自然数 n に対して $P(n)$ が成り立つことになる．

文系数学の必勝ポイント

数学的帰納法

次の(i), (ii)を示す

(i) $n=1$ で成り立つことを示す

(ii) $n=k$ で成り立つことを仮定し，$n=k+1$ でも成り立つことを示す

B 数列

152 数学的帰納法（不等式）

3以上のすべての自然数 n に対して，不等式
$$\frac{1}{1^2}+\frac{1}{2^2}+\frac{1}{3^2}+\cdots+\frac{1}{n^2}<\frac{7}{4}-\frac{1}{n}$$
が成り立つことを，数学的帰納法を用いて証明せよ．

(香川大)

解答

$$\frac{1}{1^2}+\frac{1}{2^2}+\frac{1}{3^2}+\cdots+\frac{1}{n^2}<\frac{7}{4}-\frac{1}{n} \quad \cdots ①$$

(i) $n=3$ のとき

(左辺) $=\dfrac{1}{1^2}+\dfrac{1}{2^2}+\dfrac{1}{3^2}=\dfrac{36+9+4}{36}=\dfrac{49}{36}$

(右辺) $=\dfrac{7}{4}-\dfrac{1}{3}=\dfrac{63-12}{36}=\dfrac{51}{36}$

これより，$n=3$ において①は成り立つ．

(ii) $n=k(\geqq 3)$ のときに①が成り立つと仮定すると，
$$\frac{1}{1^2}+\frac{1}{2^2}+\frac{1}{3^2}+\cdots+\frac{1}{k^2}<\frac{7}{4}-\frac{1}{k} \quad \cdots ②$$

②の両辺に $\dfrac{1}{(k+1)^2}$ をたすと，
$$\frac{1}{1^2}+\frac{1}{2^2}+\cdots+\frac{1}{k^2}+\frac{1}{(k+1)^2}<\frac{7}{4}-\frac{1}{k}+\frac{1}{(k+1)^2} \quad \cdots ③$$

ここで，

$\left(\dfrac{7}{4}-\dfrac{1}{k+1}\right)-\left\{\dfrac{7}{4}-\dfrac{1}{k}+\dfrac{1}{(k+1)^2}\right\}$

※1 この計算を行う理由は解説講義に書かれている

$=-\dfrac{1}{k+1}+\dfrac{1}{k}-\dfrac{1}{(k+1)^2}$

$=\dfrac{-k(k+1)+(k+1)^2-k}{k(k+1)^2}$

$=\dfrac{-k^2-k+(k^2+2k+1)-k}{k(k+1)^2}=\dfrac{1}{k(k+1)^2}>0$

であるから，
$$\frac{7}{4}-\frac{1}{k}+\frac{1}{(k+1)^2}<\frac{7}{4}-\frac{1}{k+1} \quad \cdots ④$$
が成り立つ．③，④より，
$$\frac{1}{1^2}+\frac{1}{2^2}+\cdots+\frac{1}{k^2}+\frac{1}{(k+1)^2}<\frac{7}{4}-\frac{1}{k}+\frac{1}{(k+1)^2}<\frac{7}{4}-\frac{1}{k+1}$$
となるから，
$$\frac{1}{1^2}+\frac{1}{2^2}+\cdots+\frac{1}{k^2}+\frac{1}{(k+1)^2}<\frac{7}{4}-\frac{1}{k+1} \quad \cdots ⑤$$
よって，⑤から，$n=k+1$ でも①が成り立つことがわかる．

(i), (ii)より，3以上のすべての自然数 n に対して，①は成り立つ．

解説講義

151 では，数学的帰納法で等式を証明したが，不等式でも手順は同じである．すなわち，
(i) $n=1$ において証明したい式が成り立つことを示す
(ii) $n=k$ において証明したい式が成り立つと仮定したときに，$n=k+1$ でも証明したい式が成り立つことを示す

の2つを示せばよい．ただし，本問は3以上のnについて証明するから，(i)のところは$n=1$ではなく$n=3$の場合を示すことになる．

しかし，**151** の等式の場合に比べると(ii)の段階の証明が難しい．等式の証明では，$n=k$ で成り立つと仮定した式を用いて式を変形していけば，自ずと $n=k+1$ の場合の式が出てくることがほとんどである．一方，不等式の証明ではそうはいかない．仮定した②式を用いても得られる式は③であって，$n=k+1$ の場合の式である⑤は得られない．⑤を導くためには③と④を組み合わせることになるが，不等式ではこのような"2段階"で示すことが多い．

つまり，証明したい式は，

$$\frac{1}{1^2}+\frac{1}{2^2}+\cdots+\frac{1}{k^2}+\frac{1}{(k+1)^2}<\frac{7}{4}-\frac{1}{k+1} \qquad \cdots ⑤$$

であるが，仮定を使って得られた式は，

$$\frac{1}{1^2}+\frac{1}{2^2}+\cdots+\frac{1}{k^2}+\frac{1}{(k+1)^2}<\frac{7}{4}-\frac{1}{k}+\frac{1}{(k+1)^2} \qquad \cdots ③$$

である．そこで，もし，

$$\frac{7}{4}-\frac{1}{k}+\frac{1}{(k+1)^2}<\frac{7}{4}-\frac{1}{k+1} \qquad \cdots ④$$

が示せたとすれば，③と④から⑤は示せたことになる．そこで，③が得られた後に，④を示したいと考えて，

$$\left(\frac{7}{4}-\frac{1}{k+1}\right)-\left\{\frac{7}{4}-\frac{1}{k}+\frac{1}{(k+1)^2}\right\}$$

を計算し，これが正であることを示そうとしているのである．

不等式の証明では，何を示したいのかをしっかりと考えて方針を立てないといけない．

文系数学の必勝ポイント

数学的帰納法を用いた不等式の証明
　"仮定を利用して得られた式"と"示したい式（$n=k+1$の場合の式）"を，どのように結びつけるかを考える

One Point コラム

　ここまで152題．かなりのボリュームだったかと思います．難しいなあと感じるものもあったかも知れませんね．しかし，そういった問題ほど本番では得点差を生む問題になっていきます．

　中学とは違い，高校の数学（大学入試の数学）は，ちょっと勉強しただけで理解できるような易しいものではありません．一度で理解できなくても，くり返しやっていくことで，次第に理解できるようになっていきます．絶対にあきらめてはいけません．できなかった問題は何度でも戻り，やり直しをして下さい．その努力が合格をつかむためには必要なのです．

演習問題

1 $\dfrac{3}{3-\sqrt{3}}$ の整数部分を a,小数部分を b とするとき,a^2-b^2-a-b の値を求めよ.

2 次の各問に答えよ.
(1) $x=\sqrt{5+\sqrt{21}}$,$y=\sqrt{5-\sqrt{21}}$ のとき,xy,$\dfrac{x}{y}+\dfrac{y}{x}$ の値を求めよ.
(2) $x=2-\sqrt{3}$ のとき,$x^2+x+\dfrac{1}{x}+\dfrac{1}{x^2}$ の値を求めよ.
(3) 実数 a,b,c に対して,
$$a+b+c=x,\ a^2+b^2+c^2=y,\ abc=z$$
とおく.$ab+bc+ca$,$a^2b^2+b^2c^2+c^2a^2$ を x,y,z を用いて表せ.

3 $\dfrac{x+y}{5}=\dfrac{y+z}{3}=\dfrac{z+x}{7}\neq 0$ のとき,$\dfrac{x^2-4y^2}{xy+2y^2+xz+2yz}$ の値を求めよ.

4 次の各問に答えよ.
(1) 不等式 $|x-7|\leqq \dfrac{1}{3}|x|+1$ を解け.
(2) 不等式 $|x^2-6x-7|>2x+2$ を解け.

5 次の各問に答えよ.
(1) 関数 $y=|x+3|+|x-1|$ のグラフを描け.
(2) 不等式 $6\leqq |x+3|+|x-1|\leqq 10$ を満たす x の範囲を求めよ.

6 次の各問に答えよ.
(1) 放物線 $y=3x^2$ を x 軸方向に p,y 軸方向に q だけ平行移動した後に,

x 軸に関して対称移動したところ，$y=-3x^2+18x-25$ になった．p, q の値を求めよ．

(2) 放物線 $y=-x^2+2x$ を x 軸方向に 1，y 軸方向に 1 だけ平行移動した後，原点に関して対称移動した放物線の式を求めよ．

7 2次関数 $y=x^2-2x+3$ について，次の問に答えよ．
(1) $0 \leqq x \leqq 3$ における最大値，最小値を求めよ．
(2) a を正の定数とするとき，$0 \leqq x \leqq a$ における最小値 m を求めよ．
(3) a を正の定数とするとき，$0 \leqq x \leqq a$ における最大値 M を求めよ．

8 実数 x, y が $2x^2+y^2=8$ を満たすとき，x^2+y^2-6x の最大値，最小値を求めよ．

9 関数 $y=(x^2+4x+5)(x^2+4x+2)+2x^2+8x+1$ の最小値を求めよ．

10 $x^2+3x+m=0$ と $x^2+2(m-1)x+4=0$ がいずれも実数解をもたないような m の値の範囲を求めよ．

11 2次不等式 $5x^2-sx+7<0$ の解が $t<x<3$ であるとする．このとき，s, t の値を求めよ．

12 任意の実数 x に対して，$ax^2+2(a+1)x+2a+1>0$ が成り立つ a の値の範囲を求めよ．

13 a は実数の定数とし，$f(x)=x^2-(2a-3)x+2a$ とする．$-1 \leqq x \leqq 1$ でつねに $f(x) \geqq 0$ となるときの a の値の範囲を求めよ．

演習問題

14 2次方程式 $x^2-2ax+a=0$ が $-2<x<2$ の範囲に異なる 2 つの実数解をもつとき，定数 a のとり得る値の範囲を求めよ．

15 3 辺の長さがそれぞれ 2, 3, 4 であるような三角形 ABC がある．この三角形の面積を S，この三角形に内接する円の半径を r とする．S と r をそれぞれ求めよ．

16 辺 AB，辺 BC，辺 CA の長さがそれぞれ 12, 11, 10 の三角形 ABC を考える．∠A の二等分線と辺 BC の交点を D とする．
(1) $\cos B$ の値を求めよ．
(2) 線分 BD，AD の長さをそれぞれ求めよ．

17 三角形 ABC において，AB=2，AC=3，∠BAC=120° のとき，三角形 ABC の面積を求めよ．また，∠BAC の二等分線と辺 BC の交点を D とするとき，AD の長さを求めよ．

18 円に内接する四角形 ABCD がある．四角形 ABCD の各辺の長さは，AB=2，BC=3，CD=1，DA=2 である．
(1) $\cos\angle BAD$ の値と対角線 BD の長さをそれぞれ求めよ．
(2) 2 つの対角線 AC と BD の交点を E とするとき，BE の長さを求めよ．

19 三角形 ABC において，$\dfrac{7}{\sin A}=\dfrac{5}{\sin B}=\dfrac{4}{\sin C}$ が成り立っている．
(1) $\cos B$ の値を求めよ．
(2) 辺 AC の長さが 10 であるとき，三角形 ABC の面積を求めよ．

20 次のような 8 個のデータについて，次の問に答えよ．
$$2,\ 4,\ 8,\ 9,\ 11,\ 14,\ 20,\ 24$$
(1) このデータの四分位範囲を求めよ．
(2) このデータの箱ひげ図を描け．

演習問題

21 次の2つのデータAとBについて，それぞれの分散を求めよ．また，散らばりの度合いが大きいものはどちらであるか答えよ．

A: 3, 7, 10, 13, 15, 18
B: 3, 8, 9, 11, 11, 18

22 データAの大きさは8であり，平均値は9，分散は4である．データBの大きさは12であり，平均値は14，分散は9である．この2つのデータをひとまとめとした20個のデータの平均値と分散を求めよ．

23 次の表は，あるクラスの生徒10人に対して行われた国語と英語の小テスト（各10点満点）の得点をまとめたものである．ただし，小テストの得点は整数値をとり，C>Dである．

番 号	国 語	英 語
生徒1	9	9
生徒2	10	9
生徒3	4	8
生徒4	7	6
生徒5	10	8
生徒6	5	C
生徒7	5	8
生徒8	7	9
生徒9	6	D
生徒10	7	7
平均値	A	8.0
分 散	B	1.00

(1) 10人の国語の得点の平均値A，国語の得点の分散Bを求めよ．
(2) 英語の得点C，D（C>D）を求めよ．
(3) 国語と英語の得点の相関係数を求めよ．

演習問題

24 次の空欄に適するものを①〜④から選べ．
① 必要条件であるが十分条件ではない
② 十分条件であるが必要条件ではない
③ 必要十分条件である　　④ 必要条件でも十分条件でもない

(1) 四角形の対角線が直交することは，四角形がひし形（正方形を含む）であるための □．
(2) 四角形の対角線の長さが等しいことは，四角形が長方形であるための □．
(3) 自然数 m について，m が8の倍数であることは，m が4の倍数であるための □．
(4) 自然数 n について，n^2 が8の倍数であることは，n が4の倍数であるための □．

25 次の空欄に適するものを①〜④から選べ．ただし，以下において x, y は実数とする．
① 必要条件であるが十分条件ではない
② 十分条件であるが必要条件ではない
③ 必要十分条件である　　④ 必要条件でも十分条件でもない

(1) $x^2=1$ であることは，$x=1$ であるための □．
(2) $xy=0$ は，$x=0$ かつ $y=0$ であるための □．
(3) $x=0$ は，$x^2+y^2=0$ であるための □．
(4) $y \leqq x^2$ は，$y \leqq x$ であるための □．
(5) $x^2+y^2<2$ は，$|x|+|y|<2$ であるための □．

26 1から200までの整数で，3および7のいずれでも割り切れない数の個数を求めよ．

27 5個の数字 0, 1, 2, 3, 4 から異なる3個の数字を選んで3桁の整数を作るとする．
(1) 奇数，偶数はそれぞれ何通りできるか．
(2) 4の倍数は何通りできるか．

(3) 321 より小さい整数は何通りできるか．
(4) 作られる3桁の整数をすべて足し合わせるといくつになるか．

28 1年生2人，2年生2人，3年生3人の7人の生徒を横一列に並べる．同じ学年の生徒であっても個人を区別して考える．
(1) 並び方は全部で何通りか．
(2) 両端に3年生が並ぶ並び方は何通りか．
(3) 3年生の3人が隣り合う並び方は何通りか．
(4) 1年生の2人，2年生の2人，3年生の3人が，それぞれ隣り合う並び方は何通りか．

29 教師2人と生徒4人が円卓を囲むとき，教師が隣り合わない並べ方は何通りか．

30 次の各問に答えよ．
(1) 5人の生徒を，A組2人，B組2人，C組1人の3つの組に分ける分け方は何通りあるか．
(2) 5人の生徒を，2人，2人，1人の3つの組に分ける分け方は何通りあるか．
(3) 5人の生徒を3つの組に分ける分け方は何通りあるか．ただし，どの組にも少なくとも1人の生徒が入るものとする．

31 5桁の正の整数で，各桁の数字が2, 3, 4のいずれかであるものを考える．
(1) 2, 3, 4のうち，ちょうど2種類の数字が現れているものは何通りか．
(2) 2, 3, 4の3種類の数字がすべて現れているものは何通りか．

演習問題

32 図のような道のある町がある．地点Pから地点Qまでの最短経路について，次の問に答えよ．
(1) PからQまでの最短経路のうち，Rを通らずSを通る経路は何通りあるか．
(2) PからQまでの最短経路のうち，RもSも通らない経路は何通りあるか．

33 袋の中に，赤球，青球，白球，黒球が，それぞれ5個ずつ入っている．このとき，
(1) 袋から2個の球を同時に取り出すとき，その2個が同じ色である確率を求めよ．
(2) 袋から3個の球を同時に取り出すとき，そのうち2個だけが同じ色である確率を求めよ．
(3) 袋から3個の球を同時に取り出すとき，取り出した3個の球の色がすべて異なる確率を求めよ．

34 3個のサイコロを同時に投げるとき，出た目の数の積が4の倍数である確率を求めよ．

35 動点Pが現在x軸上の原点にある．コイン1個とサイコロ1個を同時に投げ，コインが表であれば点Pはサイコロの目の数だけ正の方向に進み，コインが裏であればサイコロの目に関わらず負の方向に2だけ進む．この試行を3回続けて行ったとき，点Pが原点にある確率を求めよ．

36 サイコロを投げて，1または6の目が出たら勝ち，1と6以外の目が出たら負けというゲームがある．
(1) 3回投げて2勝1敗となる確率を求めよ．
(2) 勝ちまたは負けが3回になるまでゲームを続けるとき，4回目で終了する確率を求めよ．

演習問題

37 次の各問に答えよ.
(1) 硬貨2枚を同時に投げたとき,少なくとも1枚が表である確率を求めよ.
また,1枚が表であるときもう1枚が表である条件つき確率を求めよ.
(2) サイコロを2個投げて,出た目を X, Y $(X \leq Y)$ とする.このとき,$X=1$ である事象を A,$Y=5$ である事象を B とする.確率 $P(A \cap B)$,条件つき確率 $P_B(A)$ をそれぞれ求めよ.

38 三角形 ABC の辺 BC を $5:3$ に内分する点を D とし,AD を $2:1$ に内分する点を E とする.また,辺 AB と直線 CE の交点を F とする.このとき,AF:FB と CE:EF をそれぞれ求めよ.

39 中心 O,半径 1 の円 C の内部に点 P があり,P を通る直線が C と交わる点を Q,R とする.OP=a,PQ=b であるとき,PR の長さを a,b で表せ.

40 図のように,中心が O_1,O_2 である2つの円が2点 A,B で交わっている.直線 m を2つの円の共通接線,接点を C,D とし,直線 AB と直線 m の交点を M とする.このとき,点 M は線分 CD の中点であることを示せ.

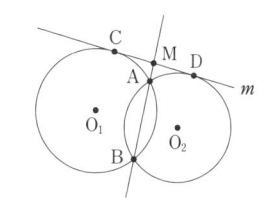

41 2100 の正の約数の個数を求めよ.また,正の約数の総和を求めよ.

42 最大公約数と最小公倍数の和が 51 であるような2つの自然数 x, y $(x<y)$ は何組あるか.また,この中で最大の x の値を求めよ.

43 2077 と 1829 の最大公約数を求めよ.

演習問題

44 次の各問に答えよ.
(1) $xy+2y-x=0$ を満たす整数の組 (x, y) をすべて求めよ.
(2) $\dfrac{2}{x}+\dfrac{1}{y}=\dfrac{1}{4}$ を満たす自然数の組 (x, y) をすべて求めよ.

45 $x^2+6y^2=360$ を満たす正の整数の組 (x, y) を求めよ.

46 $3m+5n=1$ を満たす整数の組 (m, n) をすべて求めよ.

47 $67x+59y=1$ を満たす整数の組 (x, y) をすべて求めよ.

48 どのような整数 n に対しても n^2+n+1 は 5 で割り切れないことを示せ.

49 10^n (n は自然数) は $200!=200\times199\times198\times\cdots\times2\times1$ を割り切る. このような n の最大値を求めよ.

50 9 進法で書いた 2 桁の正の整数を 7 進法に書きあらためたら, 数字が入れかわった. この数を 10 進法で書け.

51 次の各問に答えよ.
(1) $\left(2x-\dfrac{1}{4}\right)^{10}$ の展開式において, x^6 の係数を求めよ.
(2) $\left(x^2-\dfrac{1}{2x^3}\right)^5$ の展開式における定数項を求めよ.

52 $\dfrac{5x+3}{x^2+7x-18}=\dfrac{a}{x-2}+\dfrac{b}{x+9}$ が x についての恒等式であるとき, a, b の値を求めよ.

演習問題

53 $x \geqq 0$, $y \geqq 0$ のとき, $(x+y)^3 \leqq 4(x^3+y^3)$ が成り立つことを示せ.

54 次の各問に答えよ.
(1) $a>0$, $b>0$ のとき, $\left(3a+\dfrac{2}{b}\right)\left(2b+\dfrac{3}{a}\right)$ の最小値を求めよ.
(2) $x>0$, $y>0$, $x+y=1$ のとき, xy の最大値を求めよ.

55 多項式 $P(x)$ を $(x-1)(x+1)$ で割ると $4x-3$ 余り, $(x-2)(x+2)$ で割ると $3x+5$ 余る. このとき, $P(x)$ を $(x+1)(x+2)$ で割ったときの余りを求めよ.

56 2次方程式 $x^2-4x+5=0$ の2つの虚数解を α, β とする. このとき, $(y+2zi)(1+i)=\alpha^2+\beta^2$ を満たす実数 y, z を求めよ.

57 2次方程式 $2x^2-4x+1=0$ の2つの解を α, β とするとき, $\alpha-\dfrac{1}{\alpha}$, $\beta-\dfrac{1}{\beta}$ を解とする2次方程式で x^2 の係数が2であるものを求めよ.

58 次の方程式を解け.
(1) $x^3-2x^2+2x-1=0$
(2) $x^3+9x^2+18x-28=0$
(3) $6x^3+7x^2-9x+2=0$

59 3次方程式 $x^3+x^2-13x+3=0$ の3つの解を α, β, γ とするとき, $\alpha^2+\beta^2+\gamma^2$, $\alpha^3+\beta^3+\gamma^3$ の値をそれぞれ求めよ.

60 3次方程式 $x^3+ax^2+bx-14=0$ の1つの解が $2+\sqrt{3}i$ であるとき, 実数の定数 a, b の値を求めよ.

61 2次方程式 $x^2+x+1=0$ の解の片方（どちらでもよい）を ω とするとき，ω^3, $(1+\omega)(1+\omega^2)$, $\omega+\omega^2+\dfrac{1}{\omega}+\dfrac{1}{\omega^2}$ の値をそれぞれ求めよ．

62 原点が O である座標平面上に，点 A(7, 1) がある．直線 $l: y=\dfrac{1}{2}x$ に関して点 A と対称な点 B の座標を求めよ．

63 2点 A(4, −2), B(1, −3) を通り，中心が直線 $y=3x-1$ 上にあるような円の方程式を求めよ．

64 方程式 $C: x^2+y^2-6x+4y+a=0$ が円を表すような a の値の範囲を求めよ．また，C で表される円が x 軸に接するときの a の値を求めよ．

65 点(3, 1) から円 $x^2+y^2=1$ に引いた 2 つの接線の方程式を求めよ．

66 k を定数とする．直線 $(k+1)x+y-4-3k=0$ を l とおき，円 $x^2+y^2=4$ を C とおく．
(1) C と l が異なる 2 点で交わるとき，定数 k の値の範囲を求めよ．
(2) 直線 l が円 C によって切り取られてできる線分の長さが $2\sqrt{2}$ となるような k の値を求めよ．

67 円 $C: x^2+y^2-10x-2y+6=0$ と直線 $y=2x-4$ の 2 つの交点を P, Q とする．
(1) 線分 PQ の長さを求めよ．
(2) 点 R が円 C 上にあるような三角形 PQR の面積の最大値を求めよ．また，そのときの R の座標を求めよ．

68 中心が点(1, 2)，半径が 3 の円がある．点 P がこの円の周上を動くとき，点 A(−3, 6) と点 P を結ぶ線分 AP を 2:1 に内分する点 Q の軌跡を求めよ．

69 放物線 $y=x^2+1$ と直線 $y=ax$ が異なる 2 点 P，Q で交わるとき，
(1) 実数 a のとり得る値の範囲を求めよ．
(2) 線分 PQ の中点 M の描く軌跡を求めよ．

70 座標平面上の点 $P(x, y)$ が，$4x+y\leqq 9$，$x+2y\geqq 4$，$2x-3y\geqq -6$ の範囲を動くとき，
(1) $2x+y$ の最大値，最小値を求めよ．
(2) x^2+y^2 の最大値，最小値を求めよ．

71 次の各問に答えよ．
(1) 円 $(x-1)^2+y^2=25$ と直線 $y=-\dfrac{1}{2}x+\dfrac{3}{2}$ の交点の座標を求めよ．
(2) 連立不等式 $\begin{cases}(x-1)^2+y^2\leqq 25\\ y\geqq -\dfrac{1}{2}x+\dfrac{3}{2}\end{cases}$ の表す領域を D とする．$P(x, y)$ が，D 内を動くとき，$4x+3y$ の最大値，最小値を求めよ．

72 $0\leqq\theta\leqq\pi$ のとき，方程式 $\cos 2\theta+\cos\theta=0$ を解け．

73 $0\leqq x<2\pi$ のとき，$\sin 2x>\cos x$ となる x の範囲を求めよ．

74 $0\leqq x<2\pi$ のとき，不等式 $2\sin x>\cos\left(x-\dfrac{\pi}{6}\right)$ を解け．

75 関数 $y=2\sqrt{3}\sin\theta\cos\theta+4\cos^2\theta-2\sin^2\theta$ $\left(0\leqq\theta\leqq\dfrac{\pi}{2}\right)$ がある．y の最大値，最小値と，そのときの θ の値を求めよ．

76 関数 $y=3(\sin\theta+\cos\theta)-2\sin\theta\cos\theta$ $(0\leqq\theta<2\pi)$ がある．
(1) $x=\sin\theta+\cos\theta$ とする．y を x の式で表せ．
(2) y の最大値を求めよ．

77 $0 \leqq \theta \leqq \pi$ のとき，関数 $y=(2\sin\theta-3\cos\theta)^2-(2\sin\theta-3\cos\theta)+1$ の最大値，最小値をそれぞれ求めよ．

78 次の式を計算せよ．
(1) $(2^{\frac{4}{3}}\times 2^{-1})^6 \times \left\{\left(\dfrac{16}{81}\right)^{-\frac{7}{6}}\right\}^{\frac{3}{7}}$
(2) $(x^{\frac{1}{3}}-y^{\frac{1}{3}})(x^{\frac{2}{3}}+x^{\frac{1}{3}}y^{\frac{1}{3}}+y^{\frac{2}{3}})(x+y)$
(3) $\dfrac{5}{3}\sqrt[6]{4}+\sqrt[3]{\dfrac{1}{4}}-\sqrt[3]{54}$
(4) $27^{\log_3 4}$

79 次の式を計算せよ．
(1) $4\log_4\sqrt{2}+\dfrac{1}{2}\log_4\dfrac{1}{8}-\dfrac{3}{2}\log_4 8$
(2) $(\log_3 125+\log_9 5)\log_5 3$

80 次の各問に答えよ．
(1) 4つの数 $2^{\frac{1}{2}}$, $3^{\frac{1}{3}}$, $4^{\frac{1}{4}}$, $5^{\frac{1}{5}}$ のうちで，最大のものと最小のものを求めよ．
(2) $\log_3 5$, $\dfrac{1}{2}+\log_9 8$, $\log_9 26$ を小さい順に並べよ．

81 次の各問に答えよ．
(1) 方程式 $2^{2x+1}+2^x-1=0$ を解け．
(2) 方程式 $4^x+2^{1-x}-5=0$ を解け．
(3) 不等式 $\dfrac{1}{27^{x-1}}<\dfrac{1}{9^x}$ を解け．
(4) 不等式 $9^x+3^{x+1}-4\leqq 0$ を解け．

82 次の各問に答えよ．
(1) 方程式 $\log_6(x-4)+\log_6(2x-7)=2$ を解け．
(2) 不等式 $\log_2(x-1)-\log_{\frac{1}{2}}(x-3)<3$ を解け．
(3) $x^{\log_5 x}=25x$ を満たす x を求めよ．

83 関数 $f(x)=2^x+2^{-x}-(2^{2x+2}+2^{-2x+2})$ の最大値を求めよ.

84 次の各問に答えよ.
(1) $x>0$ とする.$\log_3 x^2+(\log_3 x)^2$ の最小値を求めよ.
(2) $x>0$,$y>0$,$x+3y=18$ とする.$\log_3 x+\log_3 y$ の最大値を求めよ.

85 $\log_{10}2=0.3010$,$\log_{10}3=0.4771$ として,次の問に答えよ.
(1) 15^{31} は何桁の数か.
(2) $\left(\dfrac{3}{5}\right)^{100}$ は小数第何位にはじめて 0 でない数が現れるか.

86 $y=x^3-x$ のグラフの接線で,傾きが 2 のものをすべて求めよ.

87 関数 $f(x)=x^3+(a-2)x^2+3x$（a は実数の定数）について,次の問に答えよ.
(1) $f(x)$ が極値をもつとき,a の値の範囲を求めよ.
(2) $f(x)$ が $x=-a$ で極値をもつとき,a の値を求めよ.さらに,このときの極大値を求めよ.

88 関数 $f(x)=\sin 3x+2\cos 2x+4\sin x$ の区間 $0\leqq x<2\pi$ における最大値,最小値とそれらを与える x の値をそれぞれ求めよ.

89 3 次方程式 $x^3-3x^2-9x-k=0$ が異なる 3 つの実数解をもつような整数 k はいくつあるか.

90 $f(x)=x^3-3x$ とする.点 $(2,a)$ から曲線 $y=f(x)$ に 3 本の接線が引けるとき,a の値の範囲を求めよ.

演習問題

91 3次関数 $y=f(x)$ が $x=1-\sqrt{3}$ と $x=1+\sqrt{3}$ において極値をとり，点 $(3, f(3))$ における $y=f(x)$ のグラフの接線が直線 $y=4x-27$ であるとき，次の問に答えよ．
(1) $f(x)$ を求めよ．
(2) $x\geqq 0$ のとき，$f(x)\geqq 3x^2-14x$ が成立することを示せ．

92 次の各問に答えよ．
(1) 等式 $f(x)=\int_{-1}^{1}xf(t)dt+1$ を満たす関数 $f(x)$ を求めよ．
(2) $\int_{-3}^{x}f(t)dt=x^3-3x^2+4ax+3a$ を満たす関数 $f(x)$ と定数 a の値を求めよ．

93 0 以上の実数 t に対し，定積分 $F(t)=\int_{0}^{1}|x^2-t^2|dx$ とする．
(1) $F(t)$ を t を用いて表せ．
(2) $t\geqq 0$ において，関数 $F(t)$ の最小値，およびそのときの t の値を求めよ．

94 a は定数で $a<3$ とする．$y=x^2-2ax+4a$ と $y=-x^2+6x-2a$ で囲まれる部分の面積が 9 になるとき，a の値を求めよ．

95 放物線 C_1 を $y=-x^2+2x+4$ で定める．
(1) 点 (p, q) が直線 $y=-2x+1$ の上を動くとき，$y=(x-p)^2+q$ で定める放物線 C_2 が C_1 と共有点をもつような p の範囲を求めよ．
(2) p が(1)で求めた範囲を動くとき，C_1 と C_2 で囲まれた図形の面積の最大値を求めよ．

96 放物線 $C_1: y=\dfrac{x^2}{2}$ と放物線 $C_2: y=\dfrac{x^2}{2}-2x+4$ の両方に接する接線を l とする．
(1) l の方程式を求めよ．
(2) C_1, C_2, l で囲まれる部分の面積を求めよ．

97 三角形 OAB において，辺 OA を 1:2 に内分する点を M，辺 OB を 3:2 に内分する点を N とし，線分 AN，BM の交点を P とおく．また，直線 OP と線分 AB の交点を Q とする．
(1) $\vec{OP}$ を $\vec{OA}$, $\vec{OB}$ を用いて表せ．
(2) $\vec{OQ}$ を $\vec{OA}$, $\vec{OB}$ を用いて表せ．

98 平行四辺形 ABCD において，辺 AB を 2:1 に内分する点を E，辺 BC の中点を F，辺 CD の中点を G とする．線分 CE と線分 FG の交点を H とするとき，$\vec{AH}$ を $\vec{AB}$, $\vec{AD}$ を用いて表せ．

99 三角形 ABC の内部に，$7\vec{PA}+5\vec{PB}+3\vec{PC}=\vec{0}$ を満たすように点 P をとり，直線 AP と辺 BC の交点を D とする．
(1) $\vec{AP}$ を $\vec{AB}$, $\vec{AC}$ を用いて表せ．
(2) $\vec{AD}$ を $\vec{AB}$, $\vec{AC}$ を用いて表せ．また，BD:DC を求めよ．

100 次の各問に答えよ．
(1) 平面上にベクトル $\vec{a}$, $\vec{b}$ があり，$\vec{a}+\vec{b}=(3, 0)$，$\vec{a}-\vec{b}=(1, 2)$ のとき，$|2\vec{a}+3\vec{b}|$ を求めよ．
(2) 2 つのベクトル $\vec{a}=(1, 3)$，$\vec{b}=(2, -1)$ に対して，$|\vec{a}+t\vec{b}|$ の最小値と，そのときの t の値を求めよ．

101 ベクトル $\vec{a}$, $\vec{b}$ に対して，$|\vec{a}|=3$，$|\vec{b}|=4$，$|\vec{a}-\vec{b}|=6$ とする．
(1) 内積 $\vec{a} \cdot \vec{b}$ を求めよ．
(2) $\vec{a}$ と $\vec{b}$ のなす角を θ とする．$\cos \theta$ の値を求めよ．
(3) $\vec{a}+t\vec{b}$ と $\vec{b}$ が垂直になるときの t の値を求めよ．

102 三角形 OAB において，辺の長さがそれぞれ OA=5, AB=6, OB=4 であるとする．点 P は辺 AB を 2:1 に内分する点である．P から辺 OA に下ろした垂線の足を Q とするとき，$\vec{PQ}$ を $\vec{OA}$, $\vec{OB}$ を用いて表せ．

演習問題

103 原点 O を中心とする半径 1 の円周上にある 3 点 A，B，C が，条件 $7\overrightarrow{OA}+5\overrightarrow{OB}+3\overrightarrow{OC}=\overrightarrow{0}$ を満たすとき，次の問に答えよ．
(1) ∠BOC を求めよ．
(2) 直線 CO と直線 AB の交点を H とするとき，$\overrightarrow{OH}$ を $\overrightarrow{OC}$ を用いて表せ．
(3) 三角形 OHB の面積を求めよ．

104 4 点 A(1, 2, 3)，B(2, 1, 0)，C(3, 2, 1)，D(−1, 2, z) が同一平面上にあるとき，z の値を求めよ．

105 四面体 OABC において，辺 AB を 2：1 に内分する点を P，線分 PC の中点を Q，線分 OQ を 4：1 に内分する点を R とする．
(1) $\overrightarrow{OP}$，$\overrightarrow{OQ}$，$\overrightarrow{OR}$ を $\overrightarrow{OA}$，$\overrightarrow{OB}$，$\overrightarrow{OC}$ を用いて表せ．
(2) 直線 AR と平面 OBC の交点を S とする．AR：RS を求めよ．

106 座標空間において，3 点 A(0, −1, 2)，B(−1, 0, 5)，C(1, 1, 3) で定まる平面を α とし，原点 O から平面 α に垂線 OH を下ろす．
(1) 三角形 ABC の面積を求めよ．
(2) $\overrightarrow{AH}=s\overrightarrow{AB}+t\overrightarrow{AC}$ を満たす s，t を求めよ．
(3) 点 H の座標を求めよ．
(4) 四面体 OABC の体積を求めよ．

107 初項が 305 の整数からなる等差数列 $\{a_n\}$ ($n=1, 2, 3, \cdots$) について，初項から第 n 項までの和を S_n とする．S_n を最大にする n が $n=15$ のとき，$\{a_n\}$ の公差を求めよ．

108 公比が正である等比数列の初項から第 n 項までの和を S_n とする．$S_{2n}=2$，$S_{4n}=164$ のとき，S_n の値を求めよ．

109 次の各問に答えよ．

(1) 数列 $\dfrac{1}{1}$, $\dfrac{1}{1+2}$, $\dfrac{1}{1+2+3}$, $\cdots$ の第20項を求めよ．また，初項から第100項までの和を求めよ．

(2) $\dfrac{1}{1\cdot 4}+\dfrac{1}{4\cdot 7}+\dfrac{1}{7\cdot 10}+\cdots+\dfrac{1}{100\cdot 103}$ を計算せよ．

110 $\sum_{k=1}^{n}(k\cdot 2^k)$ を計算せよ．

111

$$a_1=10, \quad a_{n+1}=a_n+3 \ (n=1,\ 2,\ 3,\ \cdots)$$
$$b_1=100, \quad b_{n+1}=b_n-4n+2 \ (n=1,\ 2,\ 3,\ \cdots)$$

で定義される数列 $\{a_n\}$ と $\{b_n\}$ について，次の問に答えよ．

(1) 一般項 a_n を求めよ．
(2) 一般項 b_n を求めよ．
(3) $a_n \geqq b_n$ となる最小の n を求めよ．

112 数列 $\{a_n\}$ の初項から第 n 項までの和 S_n が $S_n=n\cdot 3^{n+1}-1$ で表されるとき，一般項 a_n を求めよ．

113 自然数 1, 2, 3, $\cdots$ を

(1), (2, 3, 4), (5, 6, 7, 8, 9), (10, 11, 12, 13, 14, 15, 16), $\cdots$

のように分割することを考える．左から n 番目の括弧の中の数を第 n 群と呼ぶことにする．第 n 群には $2n-1$ 個の自然数が小さい順に並んでいることになる．

(1) 第 n 群の最初の数を n で表せ．
(2) 第 n 群に含まれる数の和を求めよ．
(3) 365 は第何群の何番目の数か．

114 正の偶数 m が順に m 個ずつ並んだ数列

$$2,\ 2,\ 4,\ 4,\ 4,\ 4,\ 6,\ 6,\ 6,\ 6,\ 6,\ 8,\ \cdots$$

を $\{a_n\}$ とする．

(1) a_{100} を求めよ．
(2) a_1 から a_{100} までの和を求めよ．

演習問題

115 次の関係式で定められる数列 $\{a_n\}$ の一般項をそれぞれ求めよ．
(1) $a_1=2$, $a_{n+1}=-2a_n+3$ $(n=1, 2, 3, \cdots)$
(2) $a_1=1$, $a_{n+1}=3a_n+2$ $(n=1, 2, 3, \cdots)$

116 次の関係式を満たす数列 $\{a_n\}$ の一般項をそれぞれ求めよ．
(1) $a_1=1$, $a_{n+1}=2a_n+3^n$ $(n=1, 2, 3, \cdots)$
(2) $a_1=\dfrac{1}{4}$, $a_{n+1}=\dfrac{a_n}{3a_n+1}$ $(n=1, 2, 3, \cdots)$

117 $a_1=2$, $a_{n+1}=\dfrac{3}{4}a_n+\dfrac{n}{2}$ $(n=1, 2, 3, \cdots)$ で定められる数列 $\{a_n\}$ がある．
(1) $b_n=a_{n+1}-a_n$ とするとき，数列 $\{b_n\}$ の一般項 b_n を求めよ．
(2) 数列 $\{a_n\}$ の一般項 a_n を求めよ．

118 次のように定められた数列 $\{a_n\}$ がある．
$$a_1=-2,\ a_{n+1}=3a_n+8n\ (n=1, 2, 3, \cdots)$$
(1) $b_n=a_n+pn+q$ $(n=1, 2, 3, \cdots)$ とおくとき，数列 $\{b_n\}$ が等比数列になるように定数 p, q の値を定めよ．
(2) 数列 $\{a_n\}$ の一般項を求めよ．

119 $a_n=4^{n+1}+5^{2n-1}$ $(n=1, 2, 3, \cdots)$ とする．すべての自然数 n に対して，a_n は 21 で割り切れることを証明せよ．

120 $n \geqq 5$ を満たす自然数 n に対して，$2^n > n^2$ が成り立つことを証明せよ．

河合塾 SERIES

文系の数学
重要事項 完全習得編

演習問題 解答・解説

河合出版

河合塾 SERIES

文系の数学
重要事項 完全習得編

演習問題 解答・解説

河合出版

演習問題 解答・解説

1

> 有理化をして，まず整数部分 a を求めよう．小数部分は，
> (小数部分)＝(その数)−(整数部分)
> という要領で求めればよい．

$N=\dfrac{3}{3-\sqrt{3}}$ とすると，

$$\dfrac{3}{3-\sqrt{3}}=\dfrac{3(3+\sqrt{3})}{(3-\sqrt{3})(3+\sqrt{3})}$$
$$=\dfrac{3(3+\sqrt{3})}{9-3}$$
$$=\dfrac{3+\sqrt{3}}{2}$$

$1<\sqrt{3}<2$ より，$4<3+\sqrt{3}<5$ であるから，

$$2<\dfrac{3+\sqrt{3}}{2}<\dfrac{5}{2}(=2.5)$$

となる．よって，

N の整数部分 $a=2$，

N の小数部分 $b=\dfrac{3+\sqrt{3}}{2}-2$
$\qquad\qquad\qquad =\dfrac{\sqrt{3}-1}{2}$

これより，

$a+b=2+\dfrac{\sqrt{3}-1}{2}=\dfrac{3+\sqrt{3}}{2}$，

$a-b=2-\dfrac{\sqrt{3}-1}{2}=\dfrac{5-\sqrt{3}}{2}$

であり，これを用いると，

$a^2-b^2-a-b=(a+b)(a-b)-(a+b)$
$\qquad\qquad\quad =(a+b)(a-b-1)$
$\qquad\qquad\quad =\dfrac{3+\sqrt{3}}{2}\left(\dfrac{5-\sqrt{3}}{2}-1\right)$
$\qquad\qquad\quad =\dfrac{3+\sqrt{3}}{2}\cdot\dfrac{3-\sqrt{3}}{2}$
$\qquad\qquad\quad =\dfrac{9-3}{4}$
$\qquad\qquad\quad =\boldsymbol{\dfrac{3}{2}}$

2

> (1)は，まず二重根号を外す．$\sqrt{和+2\sqrt{積}}$ の形にするために，
> $$x=\sqrt{5+\sqrt{21}}=\sqrt{\dfrac{10+2\sqrt{21}}{2}}$$
> のように変形する．
> (3)では，
> $(p+q+r)^2=p^2+q^2+r^2+2pq+2qr+2rp$
> より，
> $p^2+q^2+r^2=(p+q+r)^2-2(pq+qr+rp)$
> であることを用いる．後半は，一旦，$ab=p$，$bc=q$，$ca=r$ とおいてみて，この関係を使って考えてみよう．

(1) $x=\sqrt{5+\sqrt{21}}=\sqrt{\dfrac{10+2\sqrt{21}}{2}}=\dfrac{\sqrt{7}+\sqrt{3}}{\sqrt{2}}$

$y=\sqrt{5-\sqrt{21}}=\sqrt{\dfrac{10-2\sqrt{21}}{2}}=\dfrac{\sqrt{7}-\sqrt{3}}{\sqrt{2}}$

これより，

$xy=\dfrac{\sqrt{7}+\sqrt{3}}{\sqrt{2}}\cdot\dfrac{\sqrt{7}-\sqrt{3}}{\sqrt{2}}=\dfrac{7-3}{2}=2$

また，

$x+y=\dfrac{\sqrt{7}+\sqrt{3}}{\sqrt{2}}+\dfrac{\sqrt{7}-\sqrt{3}}{\sqrt{2}}=\dfrac{2\sqrt{7}}{\sqrt{2}}=\sqrt{14}$

であるから，これを用いて，

$\dfrac{x}{y}+\dfrac{y}{x}=\dfrac{x^2+y^2}{xy}$
$\qquad\quad =\dfrac{(x+y)^2-2xy}{xy}$
$\qquad\quad =\dfrac{14-2\cdot 2}{2}$
$\qquad\quad =\boldsymbol{5}$

(2) $x=2-\sqrt{3}$ のとき，

$\dfrac{1}{x}=\dfrac{1}{2-\sqrt{3}}=\dfrac{2+\sqrt{3}}{(2-\sqrt{3})(2+\sqrt{3})}=2+\sqrt{3}$

となるから，

$x+\dfrac{1}{x}=(2-\sqrt{3})+(2+\sqrt{3})=4$

である．これを用いると，
$$x^2+x+\frac{1}{x}+\frac{1}{x^2}$$
$$=\left(x^2+\frac{1}{x^2}\right)+\left(x+\frac{1}{x}\right)$$
$$=\left(x+\frac{1}{x}\right)^2-2\cdot x\cdot\frac{1}{x}+\left(x+\frac{1}{x}\right)$$
$$=\left(x+\frac{1}{x}\right)^2-2+\left(x+\frac{1}{x}\right)$$
$$=4^2-2+4$$
$$=18$$

(3) $(a+b+c)^2=a^2+b^2+c^2+2ab+2bc+2ca$
であるから，条件より，
$$x^2=y+2(ab+bc+ca)$$
$$ab+bc+ca=\frac{x^2-y}{2}$$
また，$ab=p,\ bc=q,\ ca=r$ とすると，
$$a^2b^2+b^2c^2+c^2a^2$$
$$=p^2+q^2+r^2$$
$$=(p+q+r)^2-2(pq+qr+rp)$$
$$=(ab+bc+ca)^2$$
$$\quad-2(ab\cdot bc+bc\cdot ca+ca\cdot ab)$$
$$=(ab+bc+ca)^2-2abc(b+c+a)$$
$$=\left(\frac{x^2-y}{2}\right)^2-2zx$$
$$=\frac{1}{4}(x^4-2x^2y+y^2-8zx)$$

3

比例式は「$=k$」とおいて考える．因数分解してから代入すると計算しやすい．

$\dfrac{x+y}{5}=\dfrac{y+z}{3}=\dfrac{z+x}{7}=k$ とおくと，
$$\begin{cases} x+y=5k & \cdots\text{①} \\ y+z=3k & \cdots\text{②} \\ z+x=7k & \cdots\text{③} \end{cases}$$
となる．①+②+③より，
$$2(x+y+z)=15k$$
$$x+y+z=\frac{15}{2}k \quad\cdots\text{④}$$
①を④に代入すると，
$$5k+z=\frac{15}{2}k$$
$$z=\frac{5}{2}k$$

②を④に代入すると，
$$x+3k=\frac{15}{2}k$$
$$x=\frac{9}{2}k$$
③を④に代入すると，
$$y+7k=\frac{15}{2}k$$
$$y=\frac{1}{2}k$$
したがって，
$$\frac{x^2-4y^2}{xy+2y^2+xz+2yz}=\frac{(x+2y)(x-2y)}{y(x+2y)+z(x+2y)}$$
$$=\frac{(x+2y)(x-2y)}{(x+2y)(y+z)}$$
$$=\frac{x-2y}{y+z}$$
$$=\frac{\frac{9}{2}k-2\cdot\frac{1}{2}k}{3k}$$
$$=\frac{\frac{7}{2}k}{3k}$$
$$=\frac{7}{6}$$

4

絶対値は中身の正負に注目して外す．

(1) $\quad |x-7|\leqq\dfrac{1}{3}|x|+1 \quad\cdots\text{①}$

(i) $x\geqq 7$ のとき，①より，
$$x-7\leqq\frac{1}{3}x+1$$
$$3x-21\leqq x+3$$
$$x\leqq 12$$
これと $x\geqq 7$ より，
$$7\leqq x\leqq 12$$

(ii) $0\leqq x<7$ のとき，①より，
$$-(x-7)\leqq\frac{1}{3}x+1$$
$$-3x+21\leqq x+3$$
$$x\geqq\frac{9}{2}$$
これと $0\leqq x<7$ より，
$$\frac{9}{2}\leqq x<7$$

(iii) $x<0$ のとき，①より，
$$-(x-7)\leqq-\frac{1}{3}x+1$$
$$-3x+21\leqq-x+3$$

$x \geqq 9$

これは $x<0$ を満たさない．

(ⅰ), (ⅱ), (ⅲ) より，不等式①の解は，
$$\frac{9}{2} \leqq x \leqq 12$$

(2) $|x^2-6x-7|>2x+2$ …②

$x^2-6x-7 \geqq 0$ となる x の範囲を求めると，
$$(x+1)(x-7) \geqq 0$$
$$x \leqq -1, \ 7 \leqq x$$

(ⅰ) $x \leqq -1, \ 7 \leqq x$ のとき，②より，
$$x^2-6x-7>2x+2$$
$$x^2-8x-9>0$$
$$(x+1)(x-9)>0$$
$$x<-1, \ 9<x$$

これと，$x \leqq -1, \ 7 \leqq x$ から，
$$x<-1, \ 9<x$$

(ⅱ) $-1<x<7$ のとき，②より，
$$-(x^2-6x-7)>2x+2$$
$$-x^2+6x+7>2x+2$$
$$x^2-4x-5<0$$
$$(x+1)(x-5)<0$$
$$-1<x<5$$

これと，$-1<x<7$ から，
$$-1<x<5$$

(ⅰ), (ⅱ) より，不等式②の解は，
$$x<-1, \ -1<x<5, \ 9<x$$

5

> (2)は(1)のグラフを利用し，$6 \leqq y \leqq 10$ であるような x の範囲を求めればよい．

(1) $y=|x+3|+|x-1|$ …①

(ⅰ) $x \geqq 1$ のとき，①より，
$$y=(x+3)+(x-1)$$
$$=2x+2$$

(ⅱ) $-3 \leqq x<1$ のとき，①より，
$$y=(x+3)-(x-1)$$
$$=4$$

(ⅲ) $x<-3$ のとき，①より，
$$y=-(x+3)-(x-1)$$
$$=-2x-2$$

以上より，①のグラフは次のようになる．

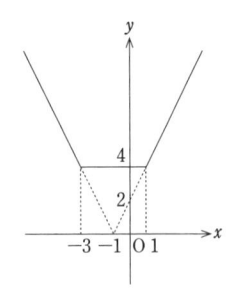

(2) $y=2x+2$ で $y=6, \ 10$ になるときの x を求めると，
$$2x+2=6 \text{ より，} x=2,$$
$$2x+2=10 \text{ より，} x=4$$

$y=-2x-2$ で $y=6, \ 10$ になるときの x を求めると，
$$-2x-2=6 \text{ より，} x=-4,$$
$$-2x-2=10 \text{ より，} x=-6$$

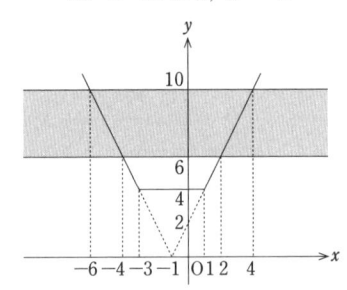

$6 \leqq |x+3|+|x-1| \leqq 10$

を満たす x の範囲は，
$$6 \leqq y \leqq 10$$

となる x の範囲を求めればよく，グラフより，
$$-6 \leqq x \leqq -4, \ 2 \leqq x \leqq 4$$

6

> 放物線の平行移動を考えるときには，頂点の移動に注目する．x 軸に関して対称移動すると，頂点の y 座標の符号（正負）が変化する．原点に関して対称移動すると，頂点の x 座標と y 座標の符号が両方とも変化する．
>
> また，x 軸，原点に関して対称移動す

ると，下に凸のグラフが上に凸に，上に凸のグラフが下に凸に変化する．つまり，放物線の式のx^2の係数の正負が変化する．

(1) $y=-3x^2+18x-25$ より，
$$y=-3(x-3)^2+2 \quad \cdots ①$$
となるから，①の頂点は $(3, 2)$ である．
 $y=3x^2$ の頂点は $(0, 0)$ であるから，平行移動した後の頂点は (p, q) であり，さらに x 軸に関して対称移動した後の頂点は $(p, -q)$ である．よって，
$$p=3, \quad -q=2$$
となるから，
$$p=3, \quad q=-2$$

(2) $y=-x^2+2x$ より，
$$y=-(x-1)^2+1 \quad \cdots ②$$
となるから，②の頂点は $(1, 1)$ である．
 ②を平行移動した後の頂点は $(2, 2)$ であり，さらに原点に関して対称移動した後の頂点は $(-2, -2)$ である．
 対称移動した後の放物線は下に凸であり，求める放物線の式は，
$$y=(x+2)^2-2$$
（$y=x^2+4x+2$ と答えてもよい）

7

$y=x^2-2x+3$ のグラフは，軸が $x=1$ で下に凸である．頂点が定義域に含まれれば頂点で最小になるが，含まれない場合には定義域の端で最小になる．そこで，a の値で場合分けをして考える．
 (3)の最大値も a の値で場合分けをするが，グラフが $x=1$(軸)について左右対称であることに注意して考える．

$f(x)=x^2-2x+3$ とすると，
$$f(x)=(x-1)^2+2$$
となるので，$y=f(x)$ のグラフの軸は $x=1$ である．

(1) $0 \leqq x \leqq 3$ におけるグラフは次のようになる．

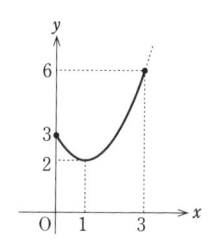

グラフより，

最大値 6，最小値 2

(2) $0 \leqq x \leqq a$ に頂点が含まれる場合と含まれない場合に分ける．

(ア) $0 < a \leqq 1$ のとき

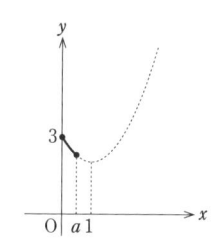

$m=f(a)=a^2-2a+3$

(イ) $1 < a$ のとき

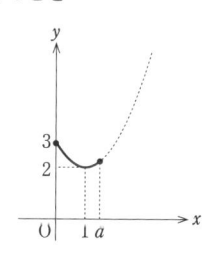

$m=f(1)=2$

以上より，
$$m=\begin{cases} a^2-2a+3 & (0 < a \leqq 1 \text{ のとき}) \\ 2 & (1 < a \text{ のとき}) \end{cases}$$

(3) $y=f(x)$ のグラフは $x=1$ について対称であるから，$f(0)=f(2)=3$ である．

(ア) $0<a\leqq 2$ のとき

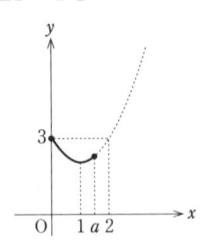

$$M=f(0)=3$$

(イ) $2<a$ のとき

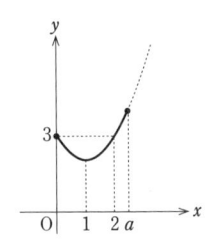

$$M=f(a)=a^2-2a+3$$

以上より，
$$M=\begin{cases} 3 & (0<a\leqq 2 \text{ のとき}) \\ a^2-2a+3 & (2<a \text{ のとき}) \end{cases}$$

8

> y を消去して x の関数として考えるが，x のとり得る値の範囲をきちんと確認しないといけない．x, y は実数であるから，$2x^2\geqq 0$ かつ $y^2\geqq 0$ である．このことと，$2x^2+y^2=8$ より，x, y はそれほど大きな値をとれないことが分かるだろう．問題文に x の範囲が具体的に書かれていないが，本問のように「実数」の条件から範囲が限定される場合もある．

$2x^2+y^2=8$ より，$y^2=8-2x^2$ …①
①を用いると，
$$\begin{aligned} x^2+y^2-6x &= x^2+(8-2x^2)-6x \\ &= -x^2-6x+8 \\ &= -(x+3)^2+17 \end{aligned}$$ …②

また，$y^2\geqq 0$ であるから，①より，
$$8-2x^2\geqq 0$$
となり，
$$-2\leqq x\leqq 2$$ …③

③の範囲で②のグラフを描くと次のようになる．

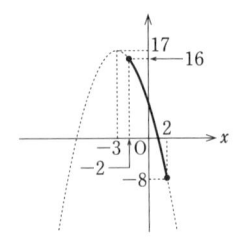

グラフより，
最大値 16，最小値 -8

9

> $x^2+4x=t$ と置きかえて，t についての2次関数を考える．置きかえたときに t の範囲を確認することを忘れないようにしよう．

$$\begin{aligned} y &= (x^2+4x+5)(x^2+4x+2)+2x^2+8x+1 \\ &= (x^2+4x+5)(x^2+4x+2)+2(x^2+4x)+1 \end{aligned}$$ …①

$x^2+4x=t$ とおくと，①より，
$$\begin{aligned} y &= (t+5)(t+2)+2t+1 \\ &= t^2+9t+11 \\ &= \left(t+\frac{9}{2}\right)^2-\frac{37}{4} \quad (=f(t) \text{ とする}) \end{aligned}$$ …②

ここで，$t=x^2+4x$ より，
$$t=(x+2)^2-4$$
となるから，x が実数全体を変化するとき，t の範囲は
$$t\geqq -4$$
である．

$t\geqq -4$ において②のグラフは次のようになる．

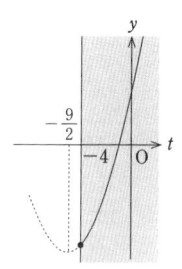

グラフより、最小値は、
$$f(-4)=(-4)^2+9(-4)+11$$
$$=-9$$

10

2次方程式が実数解をもたない条件は、
(判別式)<0
である。

$$x^2+3x+m=0 \quad \cdots ①$$
$$x^2+2(m-1)x+4=0 \quad \cdots ②$$

①の判別式を D_1、②の判別式を D_2 とすると、
$$D_1=3^2-4\cdot1\cdot m=9-4m$$
$$\frac{D_2}{4}=(m-1)^2-1\cdot4=m^2-2m-3$$

①、②のいずれも実数解をもたない条件は、
$$\begin{cases} D_1<0 \\ \dfrac{D_2}{4}<0 \end{cases}$$

であるから、
$$\begin{cases} 9-4m<0 & \cdots ③ \\ m^2-2m-3<0 & \cdots ④ \end{cases}$$

③より、
$$m>\frac{9}{4}$$

④は、$(m+1)(m-3)<0$ となるから、
$$-1<m<3$$

したがって、③かつ④である範囲を求めると、

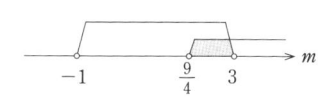

$$\frac{9}{4}<m<3$$

11

グラフが x 軸より下側に存在する範囲が $t<x<3$ であればよい。グラフが下に凸のとき、それは、グラフと x 軸の交点が $x=3$、t の場合である。

$f(x)=5x^2-sx+7$ とすると、グラフが次の図のようになればよい。(ただし、$t<3$)

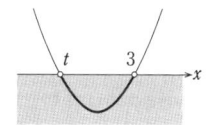

求める条件は、
$$\begin{cases} f(3)=0 \\ f(t)=0 \end{cases}$$

すなわち、
$$\begin{cases} 5\cdot9-3s+7=0 & \cdots ① \\ 5t^2-st+7=0 & \cdots ② \end{cases}$$

①を解くと $s=\dfrac{52}{3}$ となり、これを②に代入すると、
$$5t^2-\frac{52}{3}t+7=0$$
$$15t^2-52t+21=0$$
$$(15t-7)(t-3)=0$$

$t<3$ であるから、$t=\dfrac{7}{15}$ である。
以上より、
$$s=\frac{52}{3},\ t=\frac{7}{15}$$

12

$f(x)=ax^2+2(a+1)x+2a+1$ として、$y=f(x)$ のグラフがつねに x 軸より上方にあるための条件を考える。ただし、x^2 の係数が a であるから、a の値に応じてグラフの様子が変化することに注意する。

$f(x)=ax^2+2(a+1)x+2a+1$ とする。
$y=f(x)$ のグラフがつねに x 軸より上方にある条件を考えればよい。

(ア) $a=0$ のとき、
$f(x)=2x+1$ となり、条件を満たさない。
(たとえば、$x=-1$ のとき $f(-1)=-1<0$ になる)

(イ) $a<0$ のとき，
$y=f(x)$ のグラフは上に凸の放物線となり，条件を満たさない．

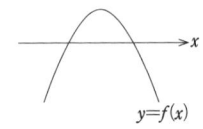

(ウ) $a>0$ のとき，
$y=f(x)$ のグラフは下に凸の放物線となり，次のようになればよい．つまり，$y=f(x)$ のグラフが x 軸と共有点をもたない条件を考えればよい．

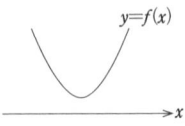

したがって，$ax^2+2(a+1)x+2a+1=0$ の判別式を D とすると，
$$\frac{D}{4}<0$$
であればよいから，
$$\frac{D}{4}=(a+1)^2-a(2a+1)<0$$
$$a^2+2a+1-2a^2-a<0$$
$$-a^2+a+1<0$$
$$a^2-a-1>0$$
$$a<\frac{1-\sqrt{5}}{2},\ \frac{1+\sqrt{5}}{2}<a$$
ゆえに，$a>0$ より，
$$\frac{1+\sqrt{5}}{2}<a$$

(ア)，(イ)，(ウ) より，求める a の値の範囲は，
$$\frac{1+\sqrt{5}}{2}<a$$

<補足>
$a>0$ のとき，
$$f(x)=ax^2+2(a+1)x+2a+1$$
$$=a\left\{x^2+\frac{2(a+1)}{a}x\right\}+2a+1$$
$$=a\left\{\left(x+\frac{a+1}{a}\right)^2-\frac{(a+1)^2}{a^2}\right\}+2a+1$$
$$=a\left(x+\frac{a+1}{a}\right)^2-\frac{(a+1)^2}{a}+2a+1$$
$$=a\left(x+\frac{a+1}{a}\right)^2+\frac{-a^2-2a-1+2a^2+a}{a}$$
$$=a\left(x+\frac{a+1}{a}\right)^2+\frac{a^2-a-1}{a}$$

これより，頂点の y 座標に注目すると，
$$\frac{a^2-a-1}{a}>0$$
であればよく，$a>0$ にも注意すると，
$$a^2-a-1>0$$
が得られる．
平方完成が大変な場合には，解答のように判別式の正負に注目すると計算量を減らすことができる．

13

$-1\leqq x\leqq 1$ で $f(x)\geqq 0$ となる条件を考えるので，グラフの軸が $-1\leqq x\leqq 1$ の範囲に含まれる場合と含まれない場合に分けて考える．

$$f(x)=x^2-(2a-3)x+2a$$
$$=\left(x-\frac{2a-3}{2}\right)^2-\frac{4a^2-12a+9}{4}+2a$$
$$=\left(x-\frac{2a-3}{2}\right)^2+\frac{-4a^2+20a-9}{4}$$

となるので，$y=f(x)$ のグラフは，
$$軸が\ x=\frac{2a-3}{2}$$
の下に凸の放物線である．

(ア) $\frac{2a-3}{2}<-1$，すなわち $a<\frac{1}{2}$ のとき

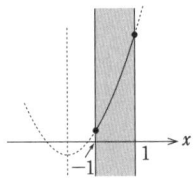

$-1\leqq x\leqq 1$ における最小値は
$f(-1)=4a-2$ であり，つねに $f(x)\geqq 0$ となる条件は，
$$4a-2\geqq 0$$
$$a\geqq\frac{1}{2}$$

これは $a<\frac{1}{2}$ を満たさない．

(イ) $-1 \leq \dfrac{2a-3}{2} \leq 1$, すなわち $\dfrac{1}{2} \leq a \leq \dfrac{5}{2}$ のとき

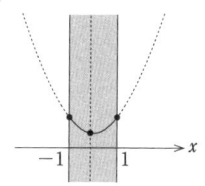

$-1 \leq x \leq 1$ における最小値は頂点の $\dfrac{-4a^2+20a-9}{4}$ であり, つねに $f(x) \geq 0$ となる条件は,

$$\dfrac{-4a^2+20a-9}{4} \geq 0$$
$$4a^2-20a+9 \leq 0$$
$$(2a-1)(2a-9) \leq 0$$
$$\dfrac{1}{2} \leq a \leq \dfrac{9}{2}$$

$\dfrac{1}{2} \leq a \leq \dfrac{5}{2}$ も考えて,

$$\dfrac{1}{2} \leq a \leq \dfrac{5}{2}$$

(ウ) $1 < \dfrac{2a-3}{2}$, すなわち $\dfrac{5}{2} < a$ のとき

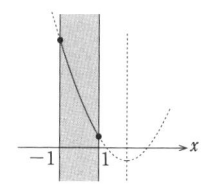

$-1 \leq x \leq 1$ における最小値は $f(1)=4$ である. したがって, $\dfrac{5}{2} < a$ の場合は, $-1 \leq x \leq 1$ においてつねに $f(x) \geq 0$ が成り立っている.

(ア), (イ), (ウ) より, 求める a の値の範囲は,

$$\dfrac{1}{2} \leq a$$

<補足>

(ウ)の場合の最小値は 4 なので, $f(x) < 0$ になってしまうことはない (4 より小さい値はとらない). したがって, $\dfrac{5}{2} < a$ の場合は, つねに題意は満たされることになる.

14

解の配置問題である. $-2 < x < 2$ の範囲で x 軸と 2 点で交わるようなグラフになればよく, そのための条件を, 頂点や範囲の端の値に注目して考える.

$f(x)=x^2-2ax+a$ とすると,
$$f(x)=(x-a)^2-a^2+a$$

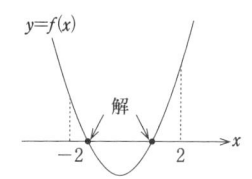

$y=f(x)$ のグラフが上のようになればよいから,

$$\begin{cases} -a^2+a<0 & \cdots ① \\ -2<a<2 & \cdots ② \\ f(-2)=4+5a>0 & \cdots ③ \\ f(2)=4-3a>0 & \cdots ④ \end{cases}$$

①より, $a(a-1)>0$ となるので,
$$a<0, \ 1<a$$

③より, $a>-\dfrac{4}{5}$ である.

④より, $a<\dfrac{4}{3}$ である.

したがって, ①, ②, ③, ④を同時に満たす a の範囲を求めて,

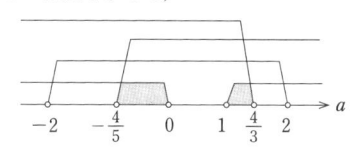

$$-\dfrac{4}{5}<a<0, \ 1<a<\dfrac{4}{3}$$

<補足>

①は, 頂点の y 座標が負であることに注目したが, 判別式に注目して,

$$\dfrac{D}{4}=a^2-a>0$$

としてもよい.

15

> 面積 S は2辺とその間の角のサインで計算できるから，まず，どこか1つの角のサインの値を求めればよい．ただし，与えられている条件は3辺の長さであるから，まず余弦定理でコサインを求めてからになる．

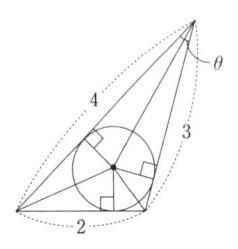

長さ2の辺の対角を θ とすると，余弦定理より，
$$\cos\theta=\frac{3^2+4^2-2^2}{2\cdot 3\cdot 4}=\frac{21}{2\cdot 3\cdot 4}=\frac{7}{8}$$
$0°<\theta<180°$ より，$\sin\theta>0$ なので，
$$\sin\theta=\sqrt{1-\cos^2\theta}$$
$$=\sqrt{1-\frac{49}{64}}=\frac{\sqrt{15}}{8}$$
よって，
$$S=\frac{1}{2}\cdot 3\cdot 4\cdot\frac{\sqrt{15}}{8}=\frac{3\sqrt{15}}{4}$$
また，
$$S=\frac{1}{2}r(2+3+4)$$
であるから，
$$\frac{3\sqrt{15}}{4}=\frac{9}{2}r$$
$$r=\frac{\sqrt{15}}{6}$$

16

> BD:DC＝AB:AC が成り立つことに注意する．

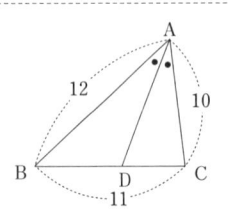

(1) 三角形 ABC に余弦定理を用いると，
$$\cos B=\frac{12^2+11^2-10^2}{2\cdot 12\cdot 11}$$
$$=\frac{165}{2\cdot 12\cdot 11}$$
$$=\frac{5}{8}$$

(2) 直線 AD は $\angle$BAC を二等分するから，
$$BD:DC=AB:AC=12:10$$
$$=6:5$$
が成り立つ．よって，
$$BD=BC\times\frac{6}{6+5}=11\times\frac{6}{11}=6$$
ここで，三角形 ABD に余弦定理を用いると，
$$AD^2=AB^2+BD^2-2\cdot AB\cdot BD\cos B$$
$$=12^2+6^2-2\cdot 12\cdot 6\cdot\frac{5}{8}$$
$$=144+36-90$$
$$=90$$
したがって，
$$\mathbf{AD=3\sqrt{10}}$$

17

> △ABD＋△ACD＝△ABC に注目して，角の二等分線の長さを求める問題である．

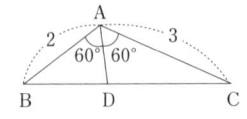

三角形 ABC の面積は，
$$\frac{1}{2}\cdot 3\cdot 2\cdot\sin 120°=\frac{1}{2}\cdot 3\cdot 2\cdot\frac{\sqrt{3}}{2}=\frac{3\sqrt{3}}{2}$$
また，
$$\triangle ABD+\triangle ACD=\triangle ABC$$
であるから，
$$\frac{1}{2}\cdot 2\cdot AD\cdot\sin 60°+\frac{1}{2}\cdot 3\cdot AD\cdot\sin 60°$$
$$=\frac{3\sqrt{3}}{2}$$
よって，
$$\frac{1}{2}\cdot 2\cdot AD\cdot\frac{\sqrt{3}}{2}+\frac{1}{2}\cdot 3\cdot AD\cdot\frac{\sqrt{3}}{2}=\frac{3\sqrt{3}}{2}$$
これを整理すると，
$$2AD+3AD=6$$

となるから，
$$AD = \frac{6}{5}$$

18

> 四角形 ABCD は円に内接するから，対角の和が $180°$ である．(1)では，三角形 ABD と三角形 BCD に余弦定理を用いるが，その際に $\cos(180°-\theta) = -\cos\theta$ であることに注意する．
> (2)では，AB＝DA より $\angle$BCE＝$\angle$DCE が成り立つから，角の二等分線の性質を利用してみる．

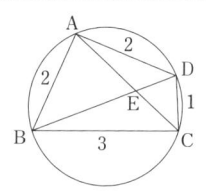

(1) $\angle$BAD＝θ とすると，
$$\angle BCD = 180° - \theta$$
である．
まず，三角形 ABD に余弦定理を用いると，
$$BD^2 = 2^2 + 2^2 - 2 \cdot 2 \cdot 2 \cos\theta$$
$$= 8 - 8\cos\theta \quad \cdots ①$$
次に，三角形 BCD に余弦定理を用いると，
$$BD^2 = 3^2 + 1^2 - 2 \cdot 3 \cdot 1 \cdot \cos(180° - \theta)$$
$$= 10 - 6(-\cos\theta)$$
$$= 10 + 6\cos\theta \quad \cdots ②$$
①，②より，
$$8 - 8\cos\theta = 10 + 6\cos\theta$$
これより，
$$\cos\angle BAD = \cos\theta = -\frac{1}{7}$$
これを①に代入すると，
$$BD^2 = 8(1 - \cos\theta) = 8\left(1 + \frac{1}{7}\right) = \frac{64}{7}$$
となるから，
$$BD = \frac{8}{\sqrt{7}} = \frac{8\sqrt{7}}{7}$$

(2) AB＝DA より，
$$\angle BCE = \angle DCE$$
である．よって，角の二等分線の性質から，
$$BE:ED = CB:CD = 3:1$$
となるから，
$$BE = \frac{3}{4}BD$$
$$= \frac{3}{4} \cdot \frac{8\sqrt{7}}{7}$$
$$= \frac{6\sqrt{7}}{7}$$

19

> 正弦定理
> $$\frac{a}{\sin A} = \frac{b}{\sin B} = \frac{c}{\sin C}$$
> を変形すると，
> $$\sin A : \sin B : \sin C = a : b : c$$
> となる．よって，条件から，
> $$a : b : c = 7 : 5 : 4$$
> である．$a=7$，$b=5$，$c=4$ と決めつけてはいけない．

以下，BC＝a，CA＝b，AB＝c とする．
(1) $\dfrac{7}{\sin A} = \dfrac{5}{\sin B} = \dfrac{4}{\sin C}$ より，
$$\sin A : \sin B : \sin C = 7 : 5 : 4$$
となるから，
$$a : b : c = 7 : 5 : 4$$
である．よって，$k > 0$ として，
$$a = 7k, \ b = 5k, \ c = 4k$$
とおける．このとき，余弦定理より，
$$\cos B = \frac{(4k)^2 + (7k)^2 - (5k)^2}{2 \cdot 4k \cdot 7k}$$
$$= \frac{40k^2}{56k^2}$$
$$= \frac{5}{7}$$

(2) $b=10$ より，$5k=10$ であるから，$k=2$ となり，
$$a = 14, \ b = 10, \ c = 8$$
よって，
$$\triangle ABC = \frac{1}{2}ca\sin B$$
$$= \frac{1}{2} \cdot 8 \cdot 14 \sin B$$
$$= 56 \sin B \quad \cdots ①$$
$0° < B < 180°$ より $\sin B > 0$ であるから，
$$\sin B = \sqrt{1 - \cos^2 B}$$
$$= \sqrt{1 - \frac{25}{49}} = \frac{2\sqrt{6}}{7}$$

したがって，①より，
$$\triangle ABC = 56 \cdot \frac{2\sqrt{6}}{7} = 16\sqrt{6}$$

20

> 8個のデータの中央値は，4番目と5番目のデータの平均値である．さらに，小さい方の4つのデータの中央値が第1四分位数になり，大きい方の4つのデータの中央値が第3四分位数になる．

2, 4, 8, 9, 11, 14, 20, 24

(1) 第1四分位数，第2四分位数，第3四分位数をそれぞれ Q_1，Q_2，Q_3 とする．

第2四分位数はこのデータの中央値であるから，
$$Q_2 = \frac{9+11}{2} = 10$$

第1四分位数は，中央値より小さい方の 2, 4, 8, 9 の4つのデータの中央値である．

第3四分位数は，中央値より大きい方の 11, 14, 20, 24 の4つのデータの中央値である．

よって，
$$Q_1 = \frac{4+8}{2} = 6, \quad Q_3 = \frac{14+20}{2} = 17$$

であるから，四分位範囲は，
$$Q_3 - Q_1 = 17 - 6 = 11$$

(2) 最小値が2，最大値が24にも注意すると，箱ひげ図は次のようになる．

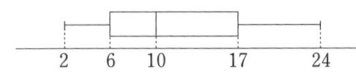

```
  ├──┬────┬────────┤
  2  6   10   17   24
```

21

> 分散の値が大きい方が，データの散らばりの度合いは大きい．

A : 3, 7, 10, 13, 15, 18
B : 3, 8, 9, 11, 11, 18

データAの平均値を m_A，分散を D_A とする．
$$m_A = \frac{1}{6}(3+7+10+13+15+18) = 11$$

データAの各値の2乗の平均値を求めると，
$$\frac{1}{6}(3^2+7^2+10^2+13^2+15^2+18^2)$$
$$= \frac{1}{6}(9+49+100+169+225+324)$$
$$= 146$$

となるから，これを用いて D_A を計算すると，
$$D_A = 146 - 11^2 = 25$$

同様に，データBの平均値を m_B，分散を D_B とする．
$$m_B = \frac{1}{6}(3+8+9+11+11+18) = 10$$

データBの各値の2乗の平均値を求めると，
$$\frac{1}{6}(3^2+8^2+9^2+11^2+11^2+18^2)$$
$$= \frac{1}{6}(9+64+81+121+121+324)$$
$$= 120$$

となるから，これを用いて D_B を計算すると，
$$D_B = 120 - 10^2 = 20$$

よって，$D_A > D_B$ であるから，データ A，B のうち，散らばりの度合いが大きいものは，

データ A

である．

<補足>

分散 D_A の計算は次のように計算してもよい．

$m_A = 11$ であるから，
$$D_A = \frac{1}{6}\{(3-11)^2+(7-11)^2+(10-11)^2$$
$$+(13-11)^2+(15-11)^2+(18-11)^2\}$$
$$= \frac{1}{6}(64+16+1+4+16+49) = 25$$

分散 D_B についても，$m_B = 10$ であるから，
$$D_A = \frac{1}{6}\{(3-10)^2+(8-10)^2+(9-10)^2$$
$$+(11-10)^2+(11-10)^2+(18-10)^2\}$$
$$= \frac{1}{6}(49+4+1+1+1+64) = 20$$

と計算できる．

22

> ひとまとめにした20個のデータの平均を求めるためには，20個のデータの総和が必要である．また，分散を計算するためには，データの2乗の総和が必要である．これらを与えられた条件から求めてみる．

データ A は平均値が 9 なので，データ A の総和は，
$$9 \times 8 = 72$$
データ B は平均値が 14 なので，データ B の総和は，
$$14 \times 12 = 168$$
よって，データ A と B を合わせたのデータの総和は，
$$72 + 168 = 240$$
であり，この合わせたデータの平均値は，
$$\frac{1}{20} \cdot 240 = 12$$
次に，データ A の分散について，
(データ A の分散) = (データ A の 2 乗の平均値) − (データ A の平均値)^2
であるから，
$$4 = \frac{1}{8} \times (データ A の 2 乗の和) - 9^2$$
$$8 \cdot 4 = (データ A の 2 乗の和) - 8 \cdot 81$$
$$\therefore (データ A の 2 乗の和) = 680 \quad \cdots ①$$
同様に，データ B の分散について，
$$9 = \frac{1}{12} \times (データ B の 2 乗の和) - 14^2$$
$$12 \cdot 9 = (データ B の 2 乗の和) - 12 \cdot 14^2$$
$$\therefore (データ B の 2 乗の和) = 2460 \quad \cdots ②$$
①，② より，データ A と B を合わせたデータの 2 乗の総和は，
$$680 + 2460 = 3140$$
したがって，データ A と B を合わせた大きさ 20 のデータの分散は，
$$\frac{1}{20} \times 3140 - 12^2 = 13$$

23

x, y の標準偏差を s_x, s_y，共分散を s_{xy} とすると，相関係数 r は，$r = \frac{s_{xy}}{s_x s_y}$ で計算きる．

(1) 国語の平均値を $\overline{x}$ とすると，
$$\overline{x} = \frac{1}{10}(9+10+4+7+10 + 5+5+7+6+7)$$
$$= 7$$
国語の分散を s_x^2 とすると，

$$s_x^2 = \frac{1}{10}\{(9-7)^2+(10-7)^2+(4-7)^2 + (7-7)^2+(10-7)^2+(5-7)^2+(5-7)^2 + (7-7)^2+(6-7)^2+(7-7)^2\}$$
$$= 4$$

(2) 英語の平均値を $\overline{y}$ とすると，
$$\overline{y} = \frac{1}{10}(9+9+8+6+8+C+8 + 9+D+7)$$
$$= \frac{1}{10}(64+C+D)$$
よって，$\overline{y} = 8$ なので，
$$\frac{1}{10}(64+C+D) = 8$$
$$C+D = 16$$
$$C = 16 - D \quad \cdots ①$$
英語の分散を s_y^2 とすると，
$$s_y^2 = \frac{1}{10}\{(9-8)^2+(9-8)^2+(8-8)^2 + (6-8)^2+(8-8)^2+(C-8)^2+(8-8)^2 + (9-8)^2+(D-8)^2+(7-8)^2\}$$
$$= \frac{1}{10}\{8+(C-8)^2+(D-8)^2\}$$
よって，$s_y^2 = 1$ なので，
$$8+(C-8)^2+(D-8)^2 = 10$$
① を代入して整理すると，
$$(8-D)^2 + (D-8)^2 = 2$$
$$D^2 - 16D + 63 = 0$$
$$(D-7)(D-9) = 0$$
$$D = 7, 9$$
① から C も求めると，
$$(C, D) = (7, 9), (9, 7)$$
$C > D$ であるから，
$$C = 9, D = 7$$

(3) 国語，英語のデータを x, y として整理すると次の表のようになっている

番号	x	$x - \overline{x}$	y	$y - \overline{y}$
1	9	2	9	1
2	10	3	9	1
3	4	−3	8	0
4	7	0	6	−2
5	10	3	8	0
6	5	−2	9	1
7	5	−2	8	0
8	7	0	9	1
9	6	−1	7	−1
10	7	0	7	−1

表から $(x-\bar{x})(y-\bar{y})$ を計算すると，
$$2+3+0+0+0-2+0+0+1+0=4$$
となるから，共分散 s_{xy} は，
$$s_{xy}=\frac{4}{10}=0.4$$
国語と英語の標準偏差を s_x, s_y とすると，
$$s_x=\sqrt{4}=2,\ s_y=\sqrt{1}=1$$
である．
したがって，求める相関係数は，
$$\frac{s_{xy}}{s_x s_y}=\frac{0.4}{2\times 1}=0.2$$

24

> 真偽の判定を慎重に行おう．
> 『$p \Longrightarrow q$』が真であるとき，p は q の十分条件である．
> 『$p \Longleftarrow q$』が真であるとき，p は q の必要条件である．

(1) p：四角形の対角線が直交する，
q：四角形がひし形（正方形を含む）
とする．
・$p \Longrightarrow q$ は偽（反例：右上の図）
・$p \Longleftarrow q$ は真
したがって，p は q であるための **必要条件①** である．

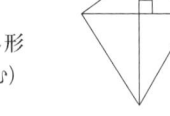

(2) p：四角形の対角線の長さが等しい，
q：四角形が長方形である
とする．
・$p \Longrightarrow q$ は偽（反例：右上の図）
・$p \Longleftarrow q$ は真
したがって，p は q であるための **必要条件①** である．

(3) $p:m$ が 8 の倍数，
$q:m$ が 4 の倍数
とする．
・$p \Longrightarrow q$ は真
・$p \Longleftarrow q$ は偽（反例：$m=12$）

したがって，p は q であるための **十分条件②** である．

(4) $p:n^2$ が 8 の倍数，
$q:n$ が 4 の倍数
とする．
・$p \Longrightarrow q$ は真（下の補足を参照）
・$p \Longleftarrow q$ は真
したがって，p は q であるための **必要十分条件③** である．

<補足>
n^2 が $8(=2^3)$ の倍数のとき，n^2 は素因数 2 を 3 個以上もつ．もし n が素因数 2 を 1 個しかもたないとすると n^2 に含まれる素因数 2 は 2 個になってしまうから，n に含まれる素因数 2 は 2 個以上である．よって，n^2 が 8 の倍数ならば n は 4 の倍数である．

25

> (4)はそれぞれの不等式の表す領域を描き，その包含関係に注目して真偽の判定を行うとよい．(5)も同様である．
> なお，(5)の $|x|+|y|<2$ のような絶対値を含む不等式の表す領域は文系でもしばしば出題されるものであるから，きちんと描けるようにしておこう．
> （注）
> 領域は，数学Ⅱの範囲である．

(1) $p:x^2=1$, $q:x=1$
とする．
・$p \Longrightarrow q$ は偽（反例：$x=-1$）
・$p \Longleftarrow q$ は真
したがって，p は q であるための **必要条件①** である．

(2) $p:xy=0$,
$q:x=0$ かつ $y=0$
とする．
・$p \Longrightarrow q$ は偽（反例：$x=0$, $y=2$）
・$p \Longleftarrow q$ は真
したがって，p は q であるための **必要条件①** である．

(3) $p: x=0$,
       $q: x^2+y^2=0$
とする.
$x^2+y^2=0$ が成り立つのは $x=y=0$ の場合であることに注意する.
・$p \Longrightarrow q$ は偽 (反例：$x=0$, $y=2$)
・$p \Longleftarrow q$ は真
したがって，p は q であるための **必要条件①** である.

(4) $p: y \leqq x^2$, $q: y \leqq x$
とし，$y \leqq x^2$ の表す領域を D, $y \leqq x$ の表す領域を E とする. D は次の図の網掛け部分，E は次の図の斜線部分で境界を含む.

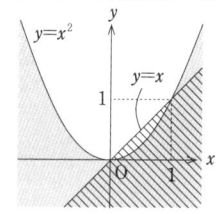

D は E に含まれない. E も D に含まれない.
よって，
    $p \Longrightarrow q$ は偽, $p \Longleftarrow q$ は偽
となるから，**必要条件でも十分条件でもない④**.

(5) $p: x^2+y^2<2$, $q: |x|+|y|<2$ とし，$x^2+y^2<2$ の表す領域を D, $|x|+|y|<2$ の表す領域を E とする. D は次の図の網掛け部分，E は次の図の斜線部分で境界を含まない.

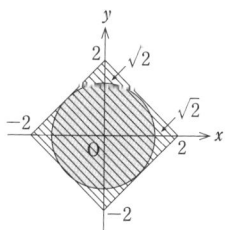

D は E に含まれる. E は D に含まれない.
よって，
    $p \Longrightarrow q$ は真, $p \Longleftarrow q$ は偽
となるから，p は q であるための **十分条件②** である.

＜補足＞
$$|x|+|y|<2 \quad \cdots (*)$$
($*$) の表す領域は，次の4つの場合に分けて考えればよい.
・$x \geqq 0$, $y \geqq 0$ のとき，
    $x+y<2$ ($y<-x+2$)
・$x<0$, $y \geqq 0$ のとき，
    $-x+y<2$ ($y<x+2$)
・$x<0$, $y<0$ のとき，
    $-x-y<2$ ($y>-x-2$)
・$x \geqq 0$, $y<0$ のとき，
    $x-y<2$ ($y>x-2$)

26

全体から「3または7で割り切れるもの」を除いたものが「3および7のいずれでも割り切れないもの」である.

$200 \div 3 = 66.6\cdots$
$200 \div 7 = 28.5\cdots$
$200 \div 21 = 9.5\cdots$

上の計算から，1 から 200 までの中に，
    3 で割り切れる整数の個数は，66 個，
    7 で割り切れる整数の個数は，28 個，
    21 で割り切れる整数の個数は，9 個
である.
これより，3 または 7 で割り切れる整数の個数は，
    $66+28-9=85$
したがって，3 でも 7 でも割り切れない整数の個数は，
    $200-85=\mathbf{115}$

＜補足＞
全体集合を U, このうち 3 で割り切れる整数の集合を A, 7 で割り切れる整数の集合を B とすると，
$n(\overline{A} \cap \overline{B}) = n(\overline{A \cup B})$
$= n(U) - n(A \cup B)$
$= n(U) - \{n(A)+n(B)-n(A \cap B)\}$
$= 200 - (66+28-9)$
$= 115$
となる. ド・モルガンの法則も見直しておきたい.

27

> (2)では，4の倍数になる条件は下2桁が4の倍数であることに注目し，下2桁がどのようになっていればよいかを考えてみる．
>
> (3)は321より小さい数を，百の位が1のもの，百の位が2のものというように，小さいものから順番に数えていく．
>
> (4)は，少し難しい．たとえば，
> $$12,\ 13,\ 14,\ 21,\ 23,\ 24,$$
> の6つの数字の合計は，
> $$12+13+14+21+23+24=107$$
> と計算せずに，
> 十の位が1のものが3つ，$\Bigg\}$ 合計6つ
> 十の位が2のものが3つ，
> 一の位が1のものが1つ，$\Bigg\}$ 合計6つ
> 一の位が2のものが1つ，
> 一の位が3のものが2つ，
> 一の位が4のものが2つ，
> であるから，
> $$(10\times3)+(20\times3)+(1\times1)+(2\times1)$$
> $$+(3\times2)+(4\times2)$$
> $$=107$$
> と計算してもよい．これは，$12=10+2$，$13=10+3$ のように，各位の数字をバラバラにして計算しているだけである．

(1) 奇数は，一の位，百の位，十の位の順に決めていく．

一の位は1か3で，2通り．

百の位は0と一の位の数字以外の数字で，3通り．

十の位は一の位と百の位以外の数字で，3通り．

よって，奇数は，
$$2\cdot3\cdot3=\mathbf{18}\,(\text{通り})$$

百の位，十の位，一の位の順に考えると，作られる整数は全部で，
$$4\times{}_4P_2=48\,(\text{通り})$$
あるから，偶数は，
$$48-18=\mathbf{30}\,(\text{通り})$$

(2) 4の倍数になるのは，下2桁が4の倍数のときである．つまり，下2桁が，

(ア) 04，20，40 の場合

(イ) 12，24，32 の場合

がある．

(ア)の場合については，百の位の数字が3通りずつある．

(イ)の場合については，百の位の数字が，0以外の2通りずつある．

したがって，
$$3\times3+2\times3=\mathbf{15}\,(\text{通り})$$

(3) 321より小さい数を小さい順に考える．

$1**$ の形の数が，${}_4P_2=12\,(\text{通り})$

$2**$ の形の数が，${}_4P_2=12\,(\text{通り})$

$30*$ の形の数が，3 (通り)

$31*$ の形の数が，3 (通り)

$32*$ の形の数は，320の1 (通り)

以上より，
$$12+12+3+3+1=\mathbf{31}\,(\text{通り})$$

(4) まず，

$1**$ の形の数は，${}_4P_2=12\,(\text{通り})$

である．同様に，$2**$，$3**$，$4**$ も12通りずつある．つまり，百の位が1の数，2の数，3の数，4の数は12通りずつある．

次に，

$*1*$ の形の数は，$3\times3=9\,(\text{通り})$

である．よって，十の位が1の数，2の数，3の数，4の数は9通りずつある．

さらに，

$**1$ の形の数は，$3\times3=9\,(\text{通り})$

である．よって，一の位が1の数，2の数，3の数，4の数は9通りずつある．

以上より，求める和は，
$$(100+200+300+400)\times12$$
$$+(10+20+30+40)\times9$$
$$+(1+2+3+4)\times9$$
$$=1000\times12+100\times9+10\times9$$
$$=\mathbf{12990}$$

28

> 隣り合う並べ方を考えるときには，隣り合うもの（＝離れてはならないもの）をひとかたまりにして考える．(4)では

> 「1年生のかたまり」「2年生のかたまり」「3年生のかたまり」の3つの並べ替えの方法を考えればよい．その上で，それぞれの"かたまり"の内部での並べ方を考慮すればよい．

(1) 7人を横一列に並べるから，
$$7!=7\cdot6\cdot5\cdot4\cdot3\cdot2\cdot1=5040（通り）$$

(2) 両端の2人の3年生を並べてから，残りの5人を並べればよく，
$$_3P_2\times5!=6\times120=720（通り）$$

(3) 3年生ではない4人と，3年生3人のかたまりの並び方は，5! 通りあり，3年生3人の並べ替えの方法が 3! 通りある．
したがって，
$$5!\times3!=120\times6=720（通り）$$

(4) 1年生，2年生，3年生のかたまりの並び方は 3! 通りある．
1年生どうし，2年生どうし，3年生どうしの並べ替えの方法が，それぞれ 2! 通り，2! 通り，3! 通りずつあるから，
$$3!\times2!\times2!\times3!=144（通り）$$

29

> 隣り合ってもよい生徒4人を先に円形に並べておき，教師2人を生徒と生徒の間に並べればよい．

生徒4人を円形に並べる並べ方は，
$$(4-1)!=3\cdot2\cdot1=6（通り）$$
生徒と生徒の間は4ヶ所あり，そのうちの2ヶ所に教師2人を並べる並べ方は，
$$_4P_2=4\cdot3=12（通り）$$
よって，
$$6\times12=72（通り）$$

30

> (2)と(3)は，人数が同じで区別のできない組があることに注意する．

(1) A組に属する生徒，B組に属する生徒，C組に属する生徒を順に選べばよく，
$$_5C_2\times_3C_2(\times_1C_1)=30（通り）$$

(2) (1)に対して，(2)ではA組とB組の2組の区別をしないから，
$$\frac{30}{2!}=15（通り）$$

(3) 5人の生徒を3つの組（どの組も1人以上）に分けるとき，3つの組の人数は，
　　　(ア) 2人，2人，1人
　　　(イ) 1人，1人，3人
のいずれかである．
(ア)の分け方は，(2)より，15通りある．
(イ)の分け方は，
$$\frac{_5C_1\times_4C_1}{2!}=10（通り）$$
したがって，
$$15+10=25（通り）$$

31

> 同じ数字を何度使ってもよいことに注意する．(2)では，数字が1種類のものと数字が2種類のものを求めておき，それを全体から除く方針がよい．

(1) 2種類の数字がどの数字か，$_3C_2=3$ 通りある．
たとえば現れる数字が2と3の場合を考えると，5桁とも2または3で 2^5 通りであるが，そのうち5桁とも2の場合と5桁とも3の場合は除くので，
$$2^5-2=30（通り）$$
したがって，
$$3\times30=90（通り）$$

(2) 使わない数字があってもよいとすると，作られる数は全部で，
$$3^5=243（通り）$$
このうち，1種類の数字しか現れないものが3通り．
2種類の数字しか現れないものが(1)より，90通り．
したがって，3種類の数字がすべて現れているものは，
$$243-3-90=150（通り）$$

32

> Sを通る経路数から，SとRの両方を通る経路数を引けば，Rは通らずSのみを通る経路数となる．

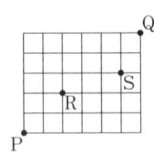

(1) Sを通る最短経路は，
$$\frac{8!}{5!3!} \times \frac{3!}{2!} = 168 \text{ (通り)} \quad \cdots ①$$
RとSの両方を通る最短経路は，
$$\frac{4!}{2!2!} \times \frac{4!}{3!} \times \frac{3!}{2!} = 72 \text{ (通り)} \quad \cdots ②$$
Rは通らずSのみを通る最短経路は，
$$168 - 72 = \mathbf{96 \text{ (通り)}}$$

(2) Rを通る最短経路は，
$$\frac{4!}{2!2!} \times \frac{7!}{4!3!} = 210 \text{ (通り)} \quad \cdots ③$$
①，②，③より，RまたはSを通る最短経路は，
$$210 + 168 - 72 = 306 \text{ (通り)}$$
PからQまでの最短経路の総数は，
$$\frac{11!}{6!5!} = 462 \text{ (通り)}$$
であるから，RもSも通らない最短経路は，
$$462 - 306 = \mathbf{156 \text{ (通り)}}$$

33

> たとえば，赤球5個は「赤球の1番から赤球の5番の5個がある」と考え，すべてを区別して考える．このように番号をつけて区別するのであれば，出題者は色のことしか聞いていないが，番号のことも意識して計算する必要がある．

(1) すべての球を，

  赤球の1番から5番，
  青球の1番から5番，
  白球の1番から5番，
  黒球の1番から5番

と，番号をつけて区別して考える．

2個の球の取り出し方は全部で $_{20}C_2$ 通りある．

取り出した2個の球が同じ色であるとき，
 ・それが何色か，$_4C_1$（通り）
 ・その色の何番の球か，$_5C_2$（通り）

したがって，2個の球が同じ色である確率は，
$$\frac{_4C_1 \times _5C_2}{_{20}C_2} = \frac{\mathbf{4}}{\mathbf{19}}$$

(2) 3個の球の取り出し方は全部で $_{20}C_3$ 通りある．

2個の球が同じ色で，もう1つが別の色であるとき，
 ・2個の同色の球が何色か，$_4C_1$（通り）
 ・同色の球が何番の球か，$_5C_2$（通り）
 ・残り1つの球がどの球か，$_{15}C_1$（通り）
 （たとえば，同色の2個が赤球ならば，残りの1個は赤球以外の15個の中の1個である）

よって，2個だけが同じ色である確率は，
$$\frac{_4C_1 \times _5C_2 \times _{15}C_1}{_{20}C_3} = \frac{\mathbf{10}}{\mathbf{19}}$$

(3) 3個の球の取り出し方は全部で $_{20}C_3$ 通りある．

3個の球の色がすべて異なるとき，
 ・取り出される3色がどの色か，$_4C_3$（通り）
 ・1色目の球が何番の球か，$_5C_1$（通り）
 ・2色目の球が何番の球か，$_5C_1$（通り）
 ・3色目の球が何番の球か，$_5C_1$（通り）

したがって，3個の球の色がすべて異なる確率は，
$$\frac{_4C_3 \times (_5C_1)^3}{_{20}C_3} = \frac{\mathbf{25}}{\mathbf{57}}$$

34

> 4が少なくとも1個出れば積は4の倍数である．また，4が出なかったとしても，2か6が2個以上出れば積は4の倍数である．これはなかなか面倒な状況であるから，余事象，つまり積が4の倍数にならない確率に注目する方がよい．

4の倍数にならないのは，
 (ア) 3個とも奇数

(イ) 2個が奇数で，1個が2か6のいずれかの場合である．

サイコロは区別して考えるから，(イ)の場合は，

・奇数が出るのはどの2個のサイコロか，$_3C_2$（通り）
・2個のサイコロの奇数は，それぞれ 1，3，5のどれなのか，$3 \cdot 3$（通り）
・残り1個は2，6のどちらなのか，2（通り）

と慎重に計算しよう．

3個のサイコロを区別して考える．このとき，目の出方は全部で6^3通りある．

余事象の確率を求める．

積が4の倍数にならないのは，

(ア) 3個とも奇数
(イ) 2個が奇数で，1個が2か6のいずれかの場合である．

(ア)の目の出方は，それぞれのサイコロについて，1，3，5の3通りずつの目の出方があるから，
$$3^3 = 27 \text{（通り）}$$

(イ)の目の出方は，
$$_3C_2 \times 3 \times 3 \times 2 = 54 \text{（通り）}$$

よって，積が4の倍数にならない目の出方は，
$$27 + 54 = 81 \text{（通り）}$$

したがって，積が4の倍数にならない確率は，
$$\frac{81}{6^3} = \frac{3}{8}$$

であるから，積が4の倍数である確率は，
$$1 - \frac{3}{8} = \frac{5}{8}$$

35

試行の回数は3回である．-2だけ移動する回数（コインの裏が出る回数）で分けて考えてみるとよい．

3回とも-2だけ移動するときには，3回後にPが原点にないことは明らかである．

したがって，

(ア) -2の移動が1回の場合
(イ) -2の移動が2回の場合

を考える．

(ア)の場合，残り2回の移動は $+1$，$+1$ であればよい．

(イ)の場合，残り1回の移動は $+4$ であればよい．

$+1$ 移動するのは，コインが表でサイコロが1のときであるから，その確率は，$\frac{1}{2} \cdot \frac{1}{6} = \frac{1}{12}$ である．$+4$ 移動する確率も同じである．

3回後に点Pが原点にあるのは，

(ア) -2の移動が1回で，$+1$の移動が2回
(イ) -2の移動が2回で，$+4$の移動が1回

の場合である．

$+1$ だけ移動する確率は，$\frac{1}{2} \cdot \frac{1}{6} = \frac{1}{12}$ であり，$+4$ だけ移動する確率も $\frac{1}{12}$ である．

(ア)の確率は，
$$_3C_1 \left(\frac{1}{2}\right)\left(\frac{1}{12}\right)^2 = 3 \cdot \frac{1}{2} \cdot \frac{1}{144} = \frac{1}{96}$$

(イ)の確率は，
$$_3C_2 \left(\frac{1}{2}\right)^2\left(\frac{1}{12}\right) = 3 \cdot \frac{1}{4} \cdot \frac{1}{12} = \frac{1}{16}$$

したがって，求める確率は，
$$\frac{1}{96} + \frac{1}{16} = \frac{1+6}{96} = \frac{7}{96}$$

36

(2)は3勝1敗の場合と1勝3敗の場合の2つの場合がある．ちょうど4回目に3勝1敗で終了するのは，3回目までに2勝1敗になって，4回目に勝つ場合である．3回目までのことと4回目は分けて考えなくてはいけない．

(1) 1回サイコロを投げたとき，
勝つ確率は $\frac{1}{3}$，負ける確率は $\frac{2}{3}$
である．

よって，3回投げて2勝1敗となる確率は，
$$_3C_2 \left(\frac{1}{3}\right)^2 \cdot \frac{2}{3} = \frac{2}{9}$$

(2) 3勝1敗でちょうど4回目で終了する確率は,
$$_3C_2\left(\frac{1}{3}\right)^2\left(\frac{2}{3}\right)\times\frac{1}{3}=\frac{2}{27}$$

1勝3敗でちょうど4回目で終了する確率は,
$$_3C_1\left(\frac{1}{3}\right)\left(\frac{2}{3}\right)^2\times\frac{2}{3}=\frac{8}{27}$$

したがって,求める確率は,
$$\frac{2}{27}+\frac{8}{27}=\frac{\mathbf{10}}{\mathbf{27}}$$

37

> 条件つき確率の定義をもう一度確認しておこう.
> 2つの事象 A, B に対して,B が起こったときに A である条件つき確率 $P_B(A)$ は,
> $$P_B(A)=\frac{P(A\cap B)}{P(B)}$$
> である.よって,$P_B(A)$ を求めたいときには,$P(A\cap B)$ と $P(B)$ を準備すればよい.
> なお,2枚の硬貨,2個のサイコロはいずれも区別して考えることに注意する.

(1) 2枚の硬貨を区別して考える.このとき,
$$(2枚とも裏の確率)=\left(\frac{1}{2}\right)^2=\frac{1}{4}$$
であるから,少なくとも1枚が表の確率は,
$$1-\frac{1}{4}=\frac{3}{4}$$

次に,
$$(2枚とも表の確率)=\left(\frac{1}{2}\right)^2=\frac{1}{4}$$
であるから,1枚が表であるときもう1枚が表である条件つき確率は,
$$\frac{(2枚とも表の確率)}{(少なくとも1枚が表の確率)}=\frac{\frac{1}{4}}{\frac{3}{4}}=\frac{\mathbf{1}}{\mathbf{3}}$$

(2) 2個のサイコロを a, b と区別して考える.
$X=1$ かつ $Y=5$ になる目の出方は,
$$(a, b)=(1, 5),\ (5, 1)$$
の2通りであるから,
$$P(A\cap B)=\frac{2}{36}=\frac{\mathbf{1}}{\mathbf{18}}$$

次に,条件つき確率 $P_B(A)$ は,
$$P_B(A)=\frac{P(A\cap B)}{P(B)} \quad \cdots ①$$
で計算できる.そこで,$P(B)$ を求める.
$Y=5$ になる目の出方は,
$$(a, b)=(1, 5),\ (2, 5),\ (3, 5),$$
$$(4, 5),\ (5, 1),\ (5, 2),$$
$$(5, 3),\ (5, 4),\ (5, 5)$$
の9通りがあるから,
$$P(B)=\frac{9}{36}\left(=\frac{1}{4}\right)$$

したがって,①より,
$$P_B(A)=\frac{\frac{2}{36}}{\frac{9}{36}}=\frac{\mathbf{2}}{\mathbf{9}}$$

<補足>
$P(B)$ は,
$P(B)=(2個とも5以下の目の確率)$
$\quad -(2個とも4以下の目の確率)$
$$=\left(\frac{5}{6}\right)^2-\left(\frac{4}{6}\right)^2$$
$$=\frac{9}{36}$$
と計算してもよい.

38

> メネラウスの定理を正しく適用しよう.
> 本問では,
> $$\frac{AF}{FB}\cdot\frac{BC}{CD}\cdot\frac{DE}{EA}=1,$$
> $$\frac{CD}{DB}\cdot\frac{BA}{AF}\cdot\frac{FE}{EC}=1$$
> が成り立つ.
> また,基本的なことであるが,
> $$\frac{a}{b}=\frac{c}{d}\Longleftrightarrow a:b=c:d$$
> である.

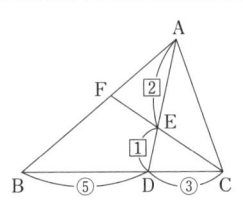

BD:DC=5:3 より,

$$BD=5k,\ DC=3k\ (k>0)$$
とおける.
　AE：ED＝2：1 より，
$$AE=2l,\ ED=l\ (l>0)$$
とおける.
　メネラウスの定理より，
$$\frac{AF}{FB}\cdot\frac{BC}{CD}\cdot\frac{DE}{EA}=1$$
が成り立つから，
$$\frac{AF}{FB}\cdot\frac{8k}{3k}\cdot\frac{l}{2l}=1$$
$$\frac{4AF}{3FB}=1$$
$$\frac{AF}{FB}=\frac{3}{4}$$
$$AF:FB=\mathbf{3:4}$$
さらに，$AF=3m,\ FB=4m\ (m>0)$ とおくと，
$$\frac{CD}{DB}\cdot\frac{BA}{AF}\cdot\frac{FE}{EC}=1$$
であるから，
$$\frac{3k}{5k}\cdot\frac{7m}{3m}\cdot\frac{FE}{EC}=1$$
$$\frac{7FE}{5EC}=1$$
$$\frac{FE}{EC}=\frac{5}{7}$$
$$CE:EF=\mathbf{7:5}$$

39

> 円の内部で2直線が交点をもっているから，方べきの定理が使えないかを考える．

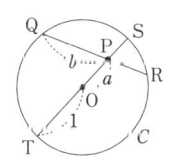

図のようにS，Tを定める．円 C の半径は1なので，
$$PQ=b$$
$$PS=OS-OP=1-a$$
$$PT=OT+OP=1+a$$
であり，方べきの定理を用いると，
$$PQ\cdot PR=PS\cdot PT$$
$$b\cdot PR=(1-a)(1+a)$$

$$PR=\frac{1-a^2}{b}$$

40

> 2つの円に対して方べきの定理を使ってみる．

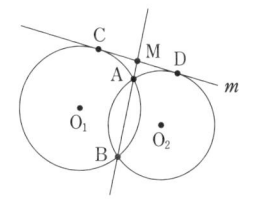

円 O_1 に対して方べきの定理を用いると，
$$CM^2=MA\cdot MB\quad\cdots①$$
円 O_2 に対して方べきの定理を用いると，
$$DM^2=MA\cdot MB\quad\cdots②$$
①，②より，$CM^2=DM^2$ となるから，CM＝DM となる．したがって，点Mは線分CDの中点である．

41

> 2100を素因数分解して考える．

2100を素因数分解すると，
$$2100=2^2\cdot 3\cdot 5^2\cdot 7$$
となる．よって，2100の正の約数の個数は，
$$3\times 2\times 3\times 2=\mathbf{36}\,(\text{個})$$
また，約数の総和は，
$$(1+2+2^2)(1+3)(1+5+5^2)(1+7)$$
$$=7\times 4\times 31\times 8$$
$$=\mathbf{6944}$$

42

> 最大公約数を g として，$x=ga,\ y=gb$（$a,\ b$ は互いに素）とおいて考える．このとき，最小公倍数は gab である．

$x,\ y$ の最大公約数を g とすると，
$$x=ga,\ y=gb$$
とおける．$a,\ b$ は互いに素な自然数で $a<b$ とする．
　このとき，最小公倍数は gab であり，条件

から，
$$g+gab=51$$
$$g(1+ab)=3\cdot 17 \quad \cdots ①$$
$1+ab\geqq 2$ であるから，①より，
$$(g, 1+ab)=(1, 51), (3, 17), (17, 3)$$
である．

・$(g, 1+ab)=(1, 51)$ のとき，
$ab=50$ であり，a, b は互いに素な自然数で $a<b$ であることに注意すると，$(a, b)=(1, 50), (2, 25)$ である．
また，$x=ga$ なので，$x=1, 2$ である．

・$(g, 1+ab)=(3, 17)$ のとき，
$ab=16$ であり，$(a, b)=(1, 16)$．
また，$x=ga$ なので，$x=3$ である．

・$(g, 1+ab)=(17, 3)$ のとき，
$ab=2$ であり，$(a, b)=(1, 2)$．
また，$x=ga$ なので，$x=17$ である．

以上より，
x, y は 4 組，最大の x は 17

43

> ユークリッドの互除法を利用する．
> a を b で割った余りを r とすると，
> $$\gcd(a, b)=\gcd(b, r)$$
> である．これを用いるために，割り算をくり返し行う．

2077 を 1829 で割ると商が 1 で余りが 248 になる．次に，1829 を 248 で割る．これを続けると，
$$2077=1829\cdot 1+248$$
$$1829=248\cdot 7+93$$
$$248=93\cdot 2+62$$
$$93=62\cdot 1+31$$
$$62=31\cdot 2+0$$

よって，a と b の最大公約数を $\gcd(a, b)$ と表すと，
$$\gcd(2077, 1829)=\gcd(1829, 248)$$
$$=\gcd(248, 93)$$
$$=\gcd(93, 62)$$
$$=\gcd(62, 31)$$
$$=31$$

が成り立つから，2077 と 1829 の最大公約数は，
31

44

> 因数分解して，
> $$(\quad)(\quad)=(定数)$$
> の形を作る．(2)は分母を払ってから考えてみるとよい．

(1) $xy+2y-x=0$ より，
$$(x+2)(y-1)+2=0$$
$$(x+2)(y-1)=-2 \quad \cdots ①$$
x, y は整数であるから，①より，
$$(x+2, y-1)=(2, -1), (1, -2),$$
$$(-1, 2), (-2, 1)$$
したがって，
$$(x, y)=(0, 0), (-1, -1),$$
$$(-3, 3), (-4, 2)$$

(2) $\dfrac{2}{x}+\dfrac{1}{y}=\dfrac{1}{4}$ より，
$$8y+4x=xy$$
$$(x-8)(y-4)-32=0$$
$$(x-8)(y-4)=32 \quad \cdots ②$$
x, y は自然数であるから，
$$x-8\geqq -7, \ y-4\geqq -3$$
である．
よって，②より，
$$(x-8, y-4)=(1, 32), (2, 16),$$
$$(4, 8), (8, 4),$$
$$(16, 2), (32, 1)$$
したがって，
$$(x, y)=(9, 36), (10, 20), (12, 12)$$
$$(16, 8), (24, 6), (40, 5)$$

45

> この問題はやや難しい．
> $x^2\geqq 0, 6y^2\geqq 0$ であり，$x^2+6y^2=360$ であることから，x, y のとり得る範囲を絞ることができる．例えば，$y=10$ としたら $x^2+600=360$ となってしまい x は存在しないので，y はもう少し小さい値でないといけないことが分かる．実

際には $1 \leqq y \leqq 7$ でなければいけないことが分かる.

このように，因数分解できないときには，範囲を絞って考えるという方針が有効である．

$$x^2 + 6y^2 = 360 \quad \cdots ①$$

①より，$x^2 = 360 - 6y^2$ と変形でき，$x^2 \geqq 0$ なので，
$$360 - 6y^2 \geqq 0$$
$$y^2 \leqq 60$$
これを満たす自然数 y は，
$$1 \leqq y \leqq 7 \quad \cdots ②$$
である．

さらに，①は，
$$x^2 = 6(60 - y^2) \quad \cdots ③$$
と変形でき，x^2 は平方数なので，右辺も平方数でなければならない．よって，$60 - y^2$ が 6 の倍数になる y の値を②の範囲で求めると，$y = 6$ に限られる．

$y = 6$ のとき，③より，
$$x^2 = 6(60 - 36) = 6 \cdot 24 = 12^2$$
となり，自然数 x は，$x = 12$ である．

以上より，
$$(x, y) = (12, 6)$$

<補足>
②の範囲が求められた後は，$y = 1, 2, \cdots, 7$ を順に与式に代入して計算を行い，自然数 x が得られるものを求めてもよい．

46

まず，特殊解を見つけて与式を変形する．
$3m + 5n = 1$ の解を "すべて求める" とは，一般解を求めることである．

$$3m + 5n = 1 \quad \cdots ①$$
$m = 2, n = -1$ は①を満たすから，
$$3 \cdot 2 + 5 \cdot (-1) = 1 \quad \cdots ②$$
が成り立つ．①-②より，
$$3(m - 2) + 5(n + 1) = 0$$
$$3(m - 2) = 5(-n - 1) \quad \cdots ③$$
③の右辺は 5 の倍数なので左辺も 5 の倍数

であり，3 と 5 は互いに素であるから，
$$m - 2 = 5k \ (k \text{ は整数})$$
$$m = 5k + 2$$
このとき，③より，
$$3 \cdot 5k = 5(-n - 1)$$
$$3k = -n - 1$$
$$n = -3k - 1$$
以上より，①を満たす整数の組 (m, n) は，
$$(m, n) = (5k + 2, -3k - 1)$$

47

特殊解を見つけにくい問題では，ユークリッドの互除法における割り算の操作を行い，それによって得られる等式を利用する．

まず，$67x + 59y = 1 \cdots ①$ を満たす (x, y) を 1 組求める．

ここで，ユークリッドの互除法における割り算の操作を行うと，次の等式を得る．
$$67 = 59 \cdot 1 + 8 \iff 8 = 67 - 59 \cdot 1 \quad \cdots ②$$
$$59 = 8 \cdot 7 + 3 \iff 3 = 59 - 8 \cdot 7 \quad \cdots ③$$
$$8 = 3 \cdot 2 + 2 \iff 2 = 8 - 3 \cdot 2 \quad \cdots ④$$
$$3 = 2 \cdot 1 + 1 \iff 1 = 3 - 2 \cdot 1$$
これらを順に用いると，
$$\begin{aligned}
1 &= 3 - 2 \cdot 1 \\
&= 3 - (8 - 3 \cdot 2) \cdot 1 \quad (④ \text{より}) \\
&= 3 \cdot 3 - 8 \\
&= (59 - 8 \cdot 7) \cdot 3 - 8 \quad (③ \text{より}) \\
&= 59 \cdot 3 - 8 \cdot 22 \\
&= 59 \cdot 3 - (67 - 59 \cdot 1) \cdot 22 \quad (② \text{より}) \\
&= 59 \cdot 25 - 67 \cdot 22 \\
&= 67 \cdot (-22) + 59 \cdot 25
\end{aligned}$$
以上より，$67 \cdot (-22) + 59 \cdot 25 = 1$ が成り立つので，$x = -22, y = 25$ が①の解の 1 つと分かる．そこで，
$$67x + 59y = 1,$$
$$67 \cdot (-22) + 59 \cdot 25 = 1$$
の差を考えると，
$$67(x + 22) + 59(y - 25) = 0$$
$$67(x + 22) = 59(-y + 25) \quad \cdots ⑤$$
⑤の右辺は 59 の倍数なので左辺も 59 の

23

倍数であり，67 と 59 は互いに素であるから，
$$x+22=59k \ (k \text{ は整数})$$
$$x=59k-22$$
このとき，⑤より，
$$67 \cdot 59k = 59(-y+25)$$
$$y=-67k+25$$
以上より，①を満たす整数の組 (x, y) は，
$$(x, y)=(59k-22, \ -67k+25)$$

48

> 整数 n を 5 で割った余りに注目して場合分けをして証明すればよい．合同式を用いて簡潔に示すのもよい．

k を整数として，すべての整数 n は，
$$5k, \ 5k+1, \ 5k+2, \ 5k+3, \ 5k+4$$
のいずれかの形で表せる．

(ア) $n=5k$ のとき
$$n^2+n+1=(5k)^2+5k+1$$
$$=5(5k^2+k)+1$$

(イ) $n=5k+1$ のとき
$$n^2+n+1=(5k+1)^2+(5k+1)+1$$
$$=5(5k^2+3k)+3$$

(ウ) $n=5k+2$ のとき
$$n^2+n+1=(5k+2)^2+(5k+2)+1$$
$$=5(5k^2+5k+1)+2$$

(エ) $n=5k+3$ のとき
$$n^2+n+1=(5k+3)^2+(5k+3)+1$$
$$=5(5k^2+7k+2)+3$$

(オ) $n=5k+4$ のとき
$$n^2+n+1=(5k+4)^2+(5k+4)+1$$
$$=5(5k^2+9k+4)+1$$

以上より，どのような整数 n に対しても，n^2+n+1 は 5 で割り切れない．

＜補足＞
合同式を用いると，次のようになる．
以下，mod 5 とする．

(ア) $n\equiv 0 \ (\text{mod} \ 5)$ のとき
$$n^2+n+1\equiv 0+0+1=1$$

(イ) $n\equiv 1 \ (\text{mod} \ 5)$ のとき
$$n^2+n+1\equiv 1+1+1=3$$

(ウ) $n\equiv 2 \ (\text{mod} \ 5)$ のとき
$$n^2+n+1\equiv 4+2+1=7\equiv 2$$

(エ) $n\equiv 3 \ (\text{mod} \ 5)$ のとき
$$n^2+n+1\equiv 9+3+1=13\equiv 3$$

(オ) $n\equiv 4 \ (\text{mod} \ 5)$ のとき
$$n^2+n+1\equiv 16+4+1=21\equiv 1$$

以上より，どのような整数 n に対しても，$n^2+n+1\equiv 0 \ (\text{mod} \ 5)$ でないから，題意は示された．

49

> $10=2\times 5$ であるから，5 で割り切れる回数を求めればよい．すなわち，200! に含まれる素因数 5 の個数を求めればよい．

$200\div 5=40$ より，200! に含まれる 5 の倍数は 40 個，

$200\div 5^2=8$ より，200! に含まれる 5^2 の倍数は 8 個，

$200\div 5^3=1.6$ より，200! に含まれる 5^3 の倍数は 1 個．

これより，200! に含まれる素因数 5 の個数は，
$$40+8+1=49$$
よって，求める n の最大値は，
$$49$$

50

> 9 進法で $ab_{(9)}$ と表される整数は，10 進法で表すと，$9a+b$ である．7 進法で $ba_{(7)}$ で表せる数も 10 進法で表してみる．
>
> なお，7 進法で $ba_{(7)}$ と 2 桁で表せることから，a, b は $0<a\leq 6, \ 0<b\leq 6$ であることにも注意する．(a, b は，9 進法や 7 進法で表したときの先頭の位の数字なので 0 にはならない)

9 進法で $ab_{(9)}$ と表される整数は，10 進法で表すと，
$$9a+b \quad \cdots ①$$
一方，7 進法で $ba_{(7)}$ と表される整数は，10 進法で表すと，
$$7b+a \quad \cdots ②$$
条件より，①と②が一致するので，

$$9a+b=7b+a$$
$$8a=6b$$
$$4a=3b \quad \cdots ③$$

ここで，整数 a, b は，
$$0<a\leq 6, \quad 0<b\leq 6$$
であるから，この範囲で③を満たす整数 a, b の値を考えると，$a=3$, $b=4$ となる．

したがって，条件を満たす数を 10 進法で表すと，①（または②）から，
$$9\cdot 3+4=\mathbf{31}$$

51

$(a+b)^n$ を展開したときの一般項は ${}_nC_r a^{n-r} b^r$ である．

(1)は，n を 10，a を $2x$，b を $-\dfrac{1}{4}$ として，展開式の一般項を準備して考える．

(2)も同じ方針である．

(1) $\left(2x-\dfrac{1}{4}\right)^{10}$ の展開式の一般項は，
$$ {}_{10}C_r (2x)^{10-r}\left(-\dfrac{1}{4}\right)^r $$
$$ = {}_{10}C_r \cdot 2^{10-r}\cdot (-1)^r \cdot \left(\dfrac{1}{4}\right)^r \cdot x^{10-r} $$

である．

x^6 は，$10-r=6$ より $r=4$ の場合を考えればよく，求める係数は，
$$ {}_{10}C_4 \cdot 2^6 \cdot (-1)^4 \cdot \left(\dfrac{1}{4}\right)^4 $$
$$ =\dfrac{10\cdot 9\cdot 8\cdot 7}{4\cdot 3\cdot 2\cdot 1}\cdot 2^6 \cdot \dfrac{1}{2^8} $$
$$ =\dfrac{\mathbf{105}}{\mathbf{2}} $$

(2) $\left(x^2-\dfrac{1}{2x^3}\right)^5$ の展開式の一般項は，
$$ {}_5C_r (x^2)^{5-r}\left(-\dfrac{1}{2x^3}\right)^r = {}_5C_r \cdot x^{10-2r}\left(-\dfrac{1}{2}\right)^r \cdot \dfrac{1}{x^{3r}} $$
$$ = {}_5C_r \cdot \left(-\dfrac{1}{2}\right)^r \cdot \dfrac{x^{10-2r}}{x^{3r}} $$

である．

定数項は，$10-2r=3r$ より $r=2$ の場合を考えればよく，定数項は，
$$ {}_5C_2 \cdot \left(-\dfrac{1}{2}\right)^2 = \dfrac{5\cdot 4}{2\cdot 1}\cdot \dfrac{1}{4} = \dfrac{\mathbf{5}}{\mathbf{2}} $$

52

分母を払うか，通分して考える．

与式は，
$$\dfrac{5x+3}{(x-2)(x+9)} = \dfrac{a}{x-2} + \dfrac{b}{x+9}$$
であり，両辺に $(x-2)(x+9)$ をかけて分母を払うと，
$$5x+3=a(x+9)+b(x-2)$$
$$5x+3=(a+b)x+(9a-2b)$$
これが，x についての恒等式であればよいから，
$$\begin{cases} a+b=5 \\ 9a-2b=3 \end{cases}$$
したがって，
$$a=\dfrac{\mathbf{13}}{\mathbf{11}}, \quad b=\dfrac{\mathbf{42}}{\mathbf{11}}$$

53

まず，（右辺）$-$（左辺）を用意し，因数分解に注意して，これを分析する．

$$4(x^3+y^3)-(x+y)^3$$
$$=4(x+y)(x^2-xy+y^2)-(x+y)^3$$
$$=(x+y)\{4(x^2-xy+y^2)-(x+y)^2\}$$
$$=(x+y)(3x^2-6xy+3y^2)$$
$$=3(x+y)(x-y)^2$$

ここで，$x\geq 0$，$y\geq 0$ であるから，
$$3(x+y)(x-y)^2 \geq 0$$
したがって，$4(x^3+y^3)-(x+y)^3 \geq 0$ であるから，
$$(x+y)^3 \leq 4(x^3+y^3)$$
が成り立つ．

54

分数式の最大最小を考えるときには，相加平均と相乗平均の大小関係を利用できる場合が多い．等号成立条件の確認を忘れないように注意しよう．

(2)は分数式ではないが，$x+y$ と xy が問題文に登場しているので，相加平均と相乗平均の大小関係を利用することを考えてみればよい．

(1) $P=\left(3a+\dfrac{2}{b}\right)\left(2b+\dfrac{3}{a}\right)$ とすると,
$$P=6ab+9+4+\dfrac{6}{ab}$$
$$=6ab+\dfrac{6}{ab}+13$$
$a>0$, $b>0$ であるから, 相加平均と相乗平均の大小関係を用いると,
$$6ab+\dfrac{6}{ab}\geqq 2\sqrt{6ab\cdot\dfrac{6}{ab}}=12$$
両辺に 13 をたすと,
$$6ab+\dfrac{6}{ab}+13\geqq 12+13$$
$$P\geqq 25$$
これらの不等式で等号が成り立つ条件は,
$$6ab=\dfrac{6}{ab} \text{ より, } ab=1$$
以上より, a, b が $ab=1$ を満たすとき, P は最小になり,

最小値 25

<補足>
等号の成立する条件が $ab=1$ というのは, これを満たす a, b の組を用いると, いつでも等号が成立するということである. つまり, 等号が成立する a, b の組は複数あることになるのだが, 1組でも複数でも, 等号が成立するのであれば最小値は存在する.

(2) $x>0$, $y>0$ であるから, 相加平均と相乗平均の大小関係を用いると,
$$x+y\geqq 2\sqrt{xy}$$
となる. よって, $x+y=1$ であるから,
$$1\geqq 2\sqrt{xy}$$
$$1\geqq 4xy$$
$$\dfrac{1}{4}\geqq xy$$
これらの不等式で等号が成り立つ条件は,
$$x=y\left(=\dfrac{1}{2}\right)$$
である. 以上より,

最大値 $\dfrac{1}{4}$

55

2次式で割った余りを求めたいから, 余りを $ax+b$ とおき, 割り算についての等式を立てて考える.

整式 $P(x)$ を $(x-1)(x+1)$ で割った商を $Q_1(x)$, $(x-2)(x+2)$ で割った商を $Q_2(x)$ とすると,
$$P(x)=(x-1)(x+1)Q_1(x)+4x-3 \quad \cdots ①$$
$$P(x)=(x-2)(x+2)Q_2(x)+3x+5 \quad \cdots ②$$
が成り立つ. ①で $x=-1$ にすると,
$$P(-1)=4\cdot(-1)-3=-7 \quad \cdots ③$$
また, ②で $x=-2$ にすると,
$$P(-2)=3\cdot(-2)+5=-1 \quad \cdots ④$$
ここで, $P(x)$ を $(x+1)(x+2)$ で割った商を $Q_3(x)$, 余りを $ax+b$ とすると,
$$P(x)=(x+1)(x+2)Q_3(x)+ax+b \quad \cdots ⑤$$
が成り立つ. ⑤で $x=-1$, -2 にすると,
$$\begin{cases} P(-1)=-a+b=-7 & (③より) \cdots ⑥ \\ P(-2)=-2a+b=-1 & (④より) \cdots ⑦ \end{cases}$$
⑥, ⑦を解くと, $a=-6$, $b=-13$ となるから, 求める余りは,
$$-6x-13$$

56

α, β は $x^2-4x+5=0$ の解であることに注意して, $\alpha^2+\beta^2$ の値を計算する. その上で, 与えられた等式が成り立つような条件を考える.

α, β は $x^2-4x+5=0$ の解であるから, 解と係数の関係より,
$$\alpha+\beta=4, \quad \alpha\beta=5$$
である. これより,
$$\alpha^2+\beta^2=(\alpha+\beta)^2-2\alpha\beta$$
$$=4^2-2\cdot 5=6$$
このとき, $(y+2zi)(1+i)=\alpha^2+\beta^2$ より,
$$y+yi+2zi+2zi^2=6$$
$$(y-2z)+(y+2z)i=6$$
y, z は実数であるから,
$$\begin{cases} y-2z=6 \\ y+2z=0 \end{cases}$$
これを解くと,
$$y=3, \quad z=-\dfrac{3}{2}$$

57

$\alpha-\dfrac{1}{\alpha}, \beta-\dfrac{1}{\beta}$ を解とする2次方程式は,
$$\left\{x-\left(\alpha-\dfrac{1}{\alpha}\right)\right\}\left\{x-\left(\beta-\dfrac{1}{\beta}\right)\right\}=0$$
である.

α, β は $2x^2-4x+1=0$ の2つの解であるから, 解と係数の関係より,
$$\alpha+\beta=2,\ \alpha\beta=\dfrac{1}{2} \quad \cdots ①$$
が成り立つ.

$\alpha-\dfrac{1}{\alpha}, \beta-\dfrac{1}{\beta}$ を解とする2次方程式の1つは,
$$\left\{x-\left(\alpha-\dfrac{1}{\alpha}\right)\right\}\left\{x-\left(\beta-\dfrac{1}{\beta}\right)\right\}=0$$
すなわち,
$$x^2-\left(\alpha+\beta-\dfrac{1}{\alpha}-\dfrac{1}{\beta}\right)x+\left(\alpha-\dfrac{1}{\alpha}\right)\left(\beta-\dfrac{1}{\beta}\right)=0$$
$$\cdots ②$$
である.

ここで, ①を用いると,
$$\alpha+\beta-\dfrac{1}{\alpha}-\dfrac{1}{\beta}=\alpha+\beta-\dfrac{\beta+\alpha}{\alpha\beta}$$
$$=2-\dfrac{2}{\frac{1}{2}}$$
$$=2-4$$
$$=-2$$

$$\left(\alpha-\dfrac{1}{\alpha}\right)\left(\beta-\dfrac{1}{\beta}\right)$$
$$=\alpha\beta-\left(\dfrac{\alpha}{\beta}+\dfrac{\beta}{\alpha}\right)+\dfrac{1}{\alpha\beta}$$
$$=\alpha\beta-\dfrac{\alpha^2+\beta^2}{\alpha\beta}+\dfrac{1}{\alpha\beta}$$
$$=\alpha\beta-\dfrac{(\alpha+\beta)^2-2\alpha\beta}{\alpha\beta}+\dfrac{1}{\alpha\beta}$$
$$=\dfrac{1}{2}-\dfrac{2^2-2\cdot\frac{1}{2}}{\frac{1}{2}}+\dfrac{1}{\frac{1}{2}}$$
$$=\dfrac{1}{2}-6+2$$
$$=-\dfrac{7}{2}$$

したがって, $\alpha-\dfrac{1}{\alpha}, \beta-\dfrac{1}{\beta}$ を解とする2次方程式の1つは, ②より,

$$x^2+2x-\dfrac{7}{2}=0$$
ゆえに, x^2 の係数が2であるものは,
$$2x^2+4x-7=0$$

58

(2)は $x=1$ が解であることが分かるので, 左辺を $x-1$ で割って変形する. (3)は $x=-2$ が解であることが分かるので, 左辺を $x+2$ で割って変形する. (3)は $x=\dfrac{1}{2}$ が解になることを見つけて $x-\dfrac{1}{2}$ で割って変形してもよい.

(1)は共通因数が得られる組合せを考えて変形していくこともできる. 次の解答はその方針で解いたものになっている.

(1) $x^3-2x^2+2x-1=0$ より,
$$(x^3-1)-(2x^2-2x)=0$$
$$(x-1)(x^2+x+1)-2x(x-1)=0$$
$$(x-1)(x^2+x+1-2x)=0$$
$$(x-1)(x^2-x+1)=0$$
$$x=1,\ \dfrac{1\pm\sqrt{3}i}{2}$$

<補足>
左辺に $x=1$ を代入すると,
$$(左辺)=1-2+2-1=0$$
となるから, 左辺が $x-1$ で割り切れることに注目してもよい.

(2) $x^3+9x^2+18x-28=0 \quad \cdots ①$
左辺に $x=1$ を代入してみると,
$$(左辺)=1+9+18-28=0$$
となるから, $x=1$ は①の解である. これに注意して,
$$(x-1)(x^2+10x+28)=0$$
$$x=1,\ -5\pm\sqrt{3}i$$

(3) $6x^3+7x^2-9x+2=0 \quad \cdots ②$
左辺に $x=-2$ を代入してみると,
$$(左辺)=-48+28+18+2=0$$
となるから, $x=-2$ は②の解である. これに注意して,
$$(x+2)(6x^2-5x+1)=0$$
$$(x+2)(2x-1)(3x-1)=0$$
$$x=-2,\ \dfrac{1}{2},\ \dfrac{1}{3}$$

27

59

> 解と係数の関係を用いて，
> $\alpha+\beta+\gamma,\ \alpha\beta+\beta\gamma+\gamma\alpha,\ \alpha\beta\gamma$
> の値を用意して，これらを使って計算する．
> $\alpha^3+\beta^3+\gamma^3$ は少し難易度の高い計算であるが，
> $\alpha^3+\beta^3+\gamma^3$
> $=(\alpha+\beta+\gamma)(\alpha^2+\beta^2+\gamma^2-\alpha\beta-\beta\gamma-\gamma\alpha)$
> $\qquad\qquad\qquad\qquad +3\alpha\beta\gamma$
> と計算する．

$x^3+x^2-13x+3=0$ の解が $x=\alpha,\ \beta,\ \gamma$ であるから，解と係数の関係より，
$$\begin{cases}\alpha+\beta+\gamma=-1\\ \alpha\beta+\beta\gamma+\gamma\alpha=-13\\ \alpha\beta\gamma=-3\end{cases}$$
が成り立つ．これを用いると，
$\alpha^2+\beta^2+\gamma^2=(\alpha+\beta+\gamma)^2-2(\alpha\beta+\beta\gamma+\gamma\alpha)$
$\qquad\qquad\quad =(-1)^2-2\cdot(-13)$
$\qquad\qquad\quad =27$
また，
$\alpha^3+\beta^3+\gamma^3$
$=(\alpha+\beta+\gamma)(\alpha^2+\beta^2+\gamma^2-\alpha\beta-\beta\gamma-\gamma\alpha)$
$\qquad\qquad\qquad\qquad +3\alpha\beta\gamma$
$=(-1)\cdot(27+13)+3\cdot(-3)$
$=-40-9$
$=\mathbf{-49}$

60

> $2+\sqrt{3}i$ が与式の解なので $2-\sqrt{3}i$ も与式の解であることに注目して，解と係数の関係を使う．

$$x^3+ax^2+bx-14=0 \quad\cdots(*)$$
$x=2+\sqrt{3}i$ が実数係数の方程式 $(*)$ の解であるから，$x=2-\sqrt{3}i$ も $(*)$ の解である．
もう 1 つの解を γ とすると，解と係数の関係より，
$$\begin{cases}(2+\sqrt{3}i)+(2-\sqrt{3}i)+\gamma=-a\\ (2+\sqrt{3}i)(2-\sqrt{3}i)+(2-\sqrt{3}i)\gamma\\ \qquad\qquad\qquad +\gamma(2+\sqrt{3}i)=b\\ (2+\sqrt{3}i)(2-\sqrt{3}i)\gamma=14\end{cases}$$

が成り立つ．これを整理すると，
$$\begin{cases}4+\gamma=-a\\ 4-3i^2+4\gamma=b\\ (4-3i^2)\gamma=14\end{cases}$$
すなわち，
$$\begin{cases}a=-\gamma-4 & \cdots①\\ b=4\gamma+7 & \cdots②\\ 7\gamma=14 & \cdots③\end{cases}$$
③より，$\gamma=2$ であり，これを①，②に代入すると，
$$a=-6,\ b=15$$

61

> ω の問題なので，$\omega^2+\omega+1=0,\ \omega^3=1$ を用いて計算しよう．ただし，本問では ω^3 の値を問われているので，なぜこの値が 1 になるのかも確認しておこう．

ω は $x^2+x+1=0$ の解であるから，
$$\omega^2+\omega+1=0 \qquad\cdots①$$
①の両辺に $\omega-1$ をかけると，
$$(\omega-1)(\omega^2+\omega+1)=0$$
$$\omega^3-1=0$$
$$\omega^3=1 \qquad\cdots②$$
①，②を用いると，
$(1+\omega)(1+\omega^2)=(-\omega^2)(-\omega)$
$\qquad\qquad\qquad =\omega^3$
$\qquad\qquad\qquad =1$
$\omega+\omega^2+\dfrac{1}{\omega}+\dfrac{1}{\omega^2}=\omega+\omega^2+\dfrac{\omega+1}{\omega^2}$
$\qquad\qquad\qquad\quad =(-1)+\dfrac{-\omega^2}{\omega^2}$
$\qquad\qquad\qquad\quad =\mathbf{-2}$

62

> 求める点を $B(a,\ b)$ として，
> (Ⅰ) 線分 AB の中点が l 上にある
> (Ⅱ) (直線AB)$\perp l$
> であることから 2 つの式を作る．

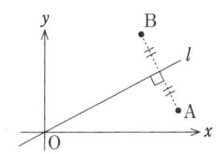

B(a, b) とする.

線分 AB の中点 $\left(\dfrac{a+7}{2}, \dfrac{b+1}{2}\right)$ が l 上にあるから,
$$\dfrac{b+1}{2}=\dfrac{1}{2}\cdot\dfrac{a+7}{2}$$
$$-a+2b=5 \qquad \cdots ①$$

また, 直線 AB の傾きは $\dfrac{b-1}{a-7}$ であるが,
直線 AB と $y=\dfrac{1}{2}x$ は直交するから,
$$\dfrac{b-1}{a-7}\times\dfrac{1}{2}=-1$$
$$2a+b=15 \qquad \cdots ②$$

①, ②より, $a=5$, $b=5$ となるから,
$$\text{B}(5, 5)$$

63

> 中心は $y=3x-1$ 上にあるから, 中心を $(t, 3t-1)$, 半径を r として円の方程式を立ててみる. その円が 2 点 A, B を通ることから t と r を求めればよい.

求める円の中心は $y=3x-1$ 上にあるから, $(t, 3t-1)$ とおける. 半径を $r(>0)$ とすると, 求める円の方程式は,
$$(x-t)^2+\{y-(3t-1)\}^2=r^2 \qquad \cdots ①$$
と表せる.

①は A$(4, -2)$, B$(1, -3)$ を通るから,
$$\begin{cases}(4-t)^2+\{-2-(3t-1)\}^2=r^2\\(1-t)^2+\{-3-(3t-1)\}^2=r^2\end{cases}$$
すなわち,
$$\begin{cases}(4-t)^2+(-3t-1)^2=r^2 &\cdots ②\\(1-t)^2+(-3t-2)^2=r^2 &\cdots ③\end{cases}$$

②, ③から r^2 を消去すると,
$$(4-t)^2+(-3t-1)^2=(1-t)^2+(-3t-2)^2$$
$$10t^2-2t+17=10t^2+10t+5$$
$$-12t=-12$$
$$t=1$$

これを②に代入すると,

$$(4-1)^2+(-3-1)^2=r^2$$
$$r^2=25$$

したがって, ①より, 求める円の方程式は,
$$(x-1)^2+(y-2)^2=25$$

64

> 方程式 C を変形すると,
> $$(x-3)^2+(y+2)^2=13-a$$
> となる. 右辺が半径の情報をもっているが, その半径は, 当然, 正の数である. よって, C が円を表すための条件は, $13-a>0$ である.

$C: x^2+y^2-6x+4y+a=0$ を変形すると,
$$(x-3)^2+(y+2)^2=13-a \qquad \cdots ①$$
となるので, これが円を表す条件は,
$$13-a>0$$
である. よって, C が円を表すような a の値の範囲は,
$$a<13$$

また, このとき, 円 C は,
中心 $(3, -2)$, 半径 $\sqrt{13-a}$
であるから, C が x 軸に接するとき,
$$\sqrt{13-a}=2$$
$$13-a=4$$
$$a=9$$

65

> 原点が中心の円の接線を求める問題なので, 接点を (a, b) とおいて接線の公式を用いることもできる. また,
> (中心から直線までの距離)=(半径)
> が円と直線が接するための条件なので, これに注目してもよい

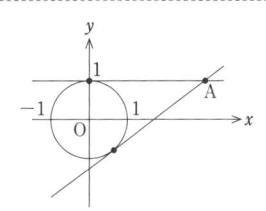

<解法1>

P(a, b) における接線の方程式は,
$ax+by=1$ …① であり, これが A$(3, 1)$ を通るから,
$$3a+b=1$$
$$b=-3a+1 \quad \text{…②}$$
また, P は円 $x^2+y^2=1$ 上にあるから,
$$a^2+b^2=1 \quad \text{…③}$$
②を③に代入すると, $a^2+(-3a+1)^2=1$
となり, 整理すると,
$$10a^2-6a=0$$
$$a(5a-3)=0$$
$$a=0, \frac{3}{5}$$
②から b の値も求めると,
$$(a, b)=(0, 1), \left(\frac{3}{5}, -\frac{4}{5}\right)$$
したがって, 求める接線は, ①より,
$$y=1, \frac{3}{5}x-\frac{4}{5}y=1$$
$$\left(y=1, y=\frac{3}{4}x-\frac{5}{4}\right)$$

<解法2>

A$(3, 1)$ を通り, 傾きが m の直線は
$y-1=m(x-3)$, すなわち,
$$mx-y-3m+1=0 \quad \text{…④}$$
と表せる. ④が円 $x^2+y^2=1$ に接するのは,
$$\frac{|0-0-3m+1|}{\sqrt{m^2+(-1)^2}}=1$$
が成り立つときであり,
$$|-3m+1|=\sqrt{m^2+1}$$
両辺を2乗して整理すると,
$$9m^2-6m+1=m^2+1$$
$$8m^2-6m=0$$
$$m(4m-3)=0$$
$$m=0, \frac{3}{4}$$
したがって, 求める接線は, ④より,
$$-y+1=0, \frac{3}{4}x-y-\frac{9}{4}+1=0$$
すなわち,
$$y=1, y=\frac{3}{4}x-\frac{5}{4}$$

66

円と直線についての問題では, 円の中心から直線までの距離が重要な役割を果たすことが多い.

(2)において「直線 l が円 C によって切り取られてできる線分」という表現が使われているが, これは円と直線が交わったときにできる弦の長さのことである. この表現にも慣れておこう.

(1) 円 C は中心が $(0, 0)$ で半径が2の円である.

中心から直線 $l:(k+1)x+y-4-3k=0$ までの距離を d とすると, 点と直線の距離の公式より,
$$d=\frac{|0+0-4-3k|}{\sqrt{(k+1)^2+1^2}}=\frac{|-4-3k|}{\sqrt{k^2+2k+2}} \quad \text{…①}$$
C と l が異なる2点で交わるのは,
$d<2$ (半径) のときであるから,
$$\frac{|-4-3k|}{\sqrt{k^2+2k+2}}<2$$
$$|-4-3k|<2\sqrt{k^2+2k+2}$$
これを2乗すると,
$$16+24k+9k^2<4(k^2+2k+2)$$
$$5k^2+16k+8<0$$
$$\frac{-8-2\sqrt{6}}{5}<k<\frac{-8+2\sqrt{6}}{5}$$

(2)

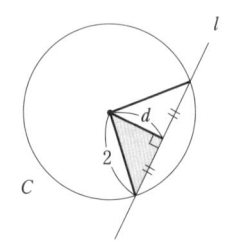

図の網掛け部分の直角三角形に三平方の定理を用いると,
$$d^2+(\sqrt{2})^2=2^2$$
$$d^2=2$$
よって,
$$\left(\frac{|-4-3k|}{\sqrt{k^2+2k+2}}\right)^2=2$$

$$\frac{16+24k+9k^2}{k^2+2k+2}=2$$
$$16+24k+9k^2=2k^2+4k+4$$
$$7k^2+20k+12=0$$
$$(k+2)(7k+6)=0$$
$$k=-2,\ -\frac{6}{7}$$

67

(2)では，底辺をPQとして三角形PQRの面積を考える．底辺PQの長さは一定である（その値は(1)で計算している）から，三角形PQRの高さが最大になるときに三角形PQRの面積も最大になる．それは，Rが線分PQの垂直二等分線と円の交点になっているときである．図を描いてみると状況が分かるだろう．

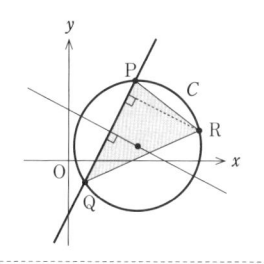

(1) $C: x^2+y^2-10x-2y+6=0$ を変形すると，
$$(x-5)^2+(y-1)^2=20 \quad \cdots ①$$
となるので，円 C は，
中心 $(5, 1)$，半径 $2\sqrt{5}$ の円
である．
中心から直線 $y=2x-4$ $(2x-y-4=0)$ までの距離を d とすると，点と直線の距離の公式より，
$$d=\frac{|2\cdot 5-1-4|}{\sqrt{2^2+(-1)^2}}=\frac{|5|}{\sqrt{5}}=\sqrt{5}$$
したがって，三平方の定理より，
$$(\sqrt{5})^2+\left(\frac{PQ}{2}\right)^2=(2\sqrt{5})^2$$
$$5+\left(\frac{PQ}{2}\right)^2=20$$
$$\left(\frac{PQ}{2}\right)^2=15$$
$$\frac{PQ}{2}=\sqrt{15}$$
$$PQ=2\sqrt{15}$$

(2) 三角形PQRの面積を S とする．Rから直線 $PQ: y=2x-4$ までの距離を h とすると，
$$S=\frac{1}{2}\cdot PQ\cdot h=\frac{1}{2}\cdot 2\sqrt{15}\cdot h=\sqrt{15}h \quad \cdots ②$$
となるから，h が最大になるときに S も最大になる．

h が最大になるのは，Rが線分PQの垂直二等分線と円 C の交点うち，線分PQから遠いほうの交点となるときである．

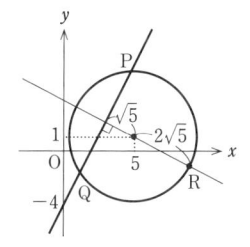

線分PQ（傾き2）の垂直二等分線は，線分PQと直交するから，傾きは $-\frac{1}{2}$ である．また，円 C の中心 $(5, 1)$ を通る．
よって，線分PQの垂直二等分線は，
$$y-1=-\frac{1}{2}(x-5)$$
$$y=-\frac{1}{2}x+\frac{7}{2} \quad \cdots ③$$
①と③の交点を求めるために，③を①に代入すると，
$$(x-5)^2+\left(-\frac{1}{2}x+\frac{7}{2}-1\right)^2=20$$
$$(x-5)^2+\left\{-\frac{1}{2}(x-5)\right\}^2=20$$
$$\frac{5}{4}(x-5)^2=20$$
$$(x-5)^2=16$$
$$x-5=4,\ -4$$
$$x=9,\ 1$$
図から S が最大になるときのRの x 座標は $x=9$ である．
さらに，③より，y 座標も求めると，
$$y=-\frac{1}{2}\cdot 9+\frac{7}{2}=-1$$
となるから，面積が最大になるときのRは，
$$R(9,\ -1)$$
このとき，

$$h = (C\text{の半径}) + d$$
$$= 2\sqrt{5} + \sqrt{5}$$
$$= 3\sqrt{5}$$
であるから，②より，S の最大値は，
$$S = \sqrt{15} \cdot 3\sqrt{5} = 15\sqrt{3}$$

68

> $P(s, t)$, $Q(X, Y)$ として，Q が線分 AP を $2:1$ に内分していることから，X, Y を s, t を用いて表してみる．
> なお，解答の後半部分の計算の工夫にも注目したい．むやみに展開すると大変になる．

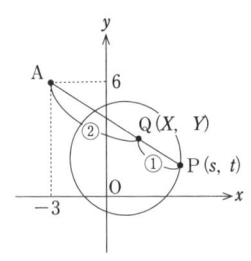

$P(s, t)$ とすると，P は，
$$円 (x-1)^2 + (y-2)^2 = 9$$
の周上にあるから，
$$(s-1)^2 + (t-2)^2 = 9 \quad \cdots ①$$
が成り立つ．
Q を (X, Y) とすると，Q は線分 AP を $2:1$ に内分するから，
$$\begin{cases} X = \dfrac{1 \cdot (-3) + 2 \cdot s}{2+1} = \dfrac{-3+2s}{3} \\ Y = \dfrac{1 \cdot 6 + 2 \cdot t}{2+1} = \dfrac{6+2t}{3} \end{cases}$$
これより，$s = \dfrac{3}{2}X + \dfrac{3}{2}$, $t = \dfrac{3}{2}Y - 3$ となるので，これを①に代入すると，
$$\left(\dfrac{3}{2}X + \dfrac{3}{2} - 1\right)^2 + \left(\dfrac{3}{2}Y - 3 - 2\right)^2 = 9$$
$$\left(\dfrac{3}{2}X + \dfrac{1}{2}\right)^2 + \left(\dfrac{3}{2}Y - 5\right)^2 = 9$$
$$\left\{\dfrac{3}{2}\left(X + \dfrac{1}{3}\right)\right\}^2 + \left\{\dfrac{3}{2}\left(Y - \dfrac{10}{3}\right)\right\}^2 = 9$$
$$\dfrac{9}{4}\left(X + \dfrac{1}{3}\right)^2 + \dfrac{9}{4}\left(Y - \dfrac{10}{3}\right)^2 = 9$$

$$\dfrac{1}{4}\left(X + \dfrac{1}{3}\right)^2 + \dfrac{1}{4}\left(Y - \dfrac{10}{3}\right)^2 = 1$$
$$\left(X + \dfrac{1}{3}\right)^2 + \left(Y - \dfrac{10}{3}\right)^2 = 4$$
以上より，Q の軌跡は，
$$円 \left(x + \dfrac{1}{3}\right)^2 + \left(y - \dfrac{10}{3}\right)^2 = 4$$

69

> 2 点 P, Q の x 座標は，$x^2 + 1 = ax$ すなわち $x^2 - ax + 1 = 0$ の 2 解である．この解を実際に解の公式で求めるとメンドウな式になるので，この解を α, β とおいて解答を進めていく．

(1)
$$\begin{cases} y = x^2 + 1 & \cdots ① \\ y = ax & \cdots ② \end{cases}$$
①，②から y を消去すると，
$$x^2 + 1 = ax$$
$$x^2 - ax + 1 = 0 \quad \cdots ③$$
③の判別式を D とすると，①，②が異なる 2 点 P, Q で交わるので，
$$D = a^2 - 4 > 0$$
$$(a+2)(a-2) > 0$$
$$a < -2,\ 2 < a$$

(2) ③の実数解を α, β とすると，解と係数の関係より
$$\alpha + \beta = a,\ \alpha\beta = 1 \quad \cdots ④$$
が成り立つ．また α, β は P, Q の x 座標になるから，
$$P(\alpha, a\alpha),\ Q(\beta, a\beta)$$
と表せる．
ここで，M(X, Y) とすると，M は線分 PQ の中点であるから，④を用いて，

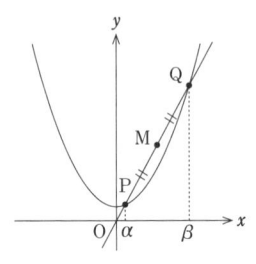

$$\begin{cases} X=\dfrac{\alpha+\beta}{2}=\dfrac{a}{2} & \cdots ⑤ \\ Y=\dfrac{a\alpha+a\beta}{2}=a\cdot\dfrac{\alpha+\beta}{2}=a\cdot\dfrac{a}{2}=\dfrac{1}{2}a^2 & \cdots ⑥ \end{cases}$$

⑤より $a=2X$ であり，⑥に代入すると，
$$Y=\dfrac{1}{2}\cdot(2X)^2$$
$$Y=2X^2$$

さらに，$a<-2$，$2<a$ であるから，
$a=2X$ より，
$$2X<-2,\ 2<2X$$
$$X<-1,\ 1<X$$

以上より，M の軌跡は，

放物線 $y=2x^2$（ただし，$x<-1$，$1<x$）

70

> P が存在する領域 D を描く．
> (1)は，$2x+y=k$ とおくと，$y=-2x+k$ となるから，傾き -2 の直線を D と共有点をもつ範囲で動かして，切片 k の最大値，最小値に注目する．
> (2)は $x^2+y^2=k$ とおくと，k は距離 OP の2乗であるから，距離 OP の最大値，最小値に注目する．

(1) 与えられた3つの不等式は，
$$y\leq -4x+9,\ y\geq -\dfrac{1}{2}x+2,\ y\leq \dfrac{2}{3}x+2$$
と変形できる．この不等式の表す領域を D とすると，D は次の図の網掛け部分で境界を含む．

図において，A(0, 2)，B(2, 1)，C$\left(\dfrac{3}{2},\ 3\right)$である．

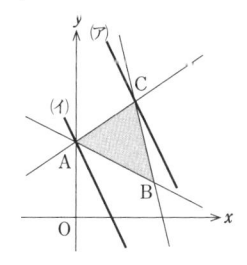

$2x+y=k$ とおくと，$y=-2x+k$ ‥‥① である．

①は傾き -2，切片 k の直線である．
①を D と共有点をもつ範囲で動かして，切片 k の最大値，最小値に注目する．

(ア) ①が C$\left(\dfrac{3}{2},\ 3\right)$ を通るときに切片 k は最大になり，
$$k=2x+y=2\cdot\dfrac{3}{2}+3=6$$

(イ) ①が A(0, 2) を通るときに切片 k は最小になり，
$$k=2x+y=0+2=2$$

(ア)，(イ)より，
最大値 6，最小値 2

(2)

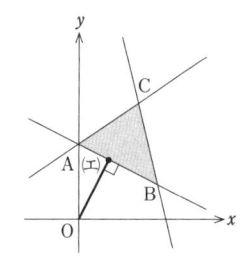

$x^2+y^2=k$ とおくと，k は「原点と点 P(x, y) との距離 OP の2乗」である．そこで P(x, y) を D 内で動かして，距離 OP の最大値，最小値に注目する．

(ウ) P$(x,\ y)$ が C$\left(\dfrac{3}{2},\ 3\right)$ であるときに k は最大になり，
$$k=x^2+y^2=\left(\dfrac{3}{2}\right)^2+3^2=\dfrac{45}{4}$$

(エ) P$(x,\ y)$ が，原点から直線 $x+2y-4=0$ に下ろした垂線の足になっているときに k は最小になる．このとき，
$$OP=\dfrac{|0+0-4|}{\sqrt{1^2+2^2}}=\dfrac{4}{\sqrt{5}}$$
となるから，$k=\left(\dfrac{4}{\sqrt{5}}\right)^2=\dfrac{16}{5}$ である．

(ウ)，(エ)より，
最大値 $\dfrac{45}{4}$，最小値 $\dfrac{16}{5}$

71

> $4x+3y=k$ とおくと，$y=-\dfrac{4}{3}x+\dfrac{k}{3}$ となり，k が最大になるのは，$y=-\dfrac{4}{3}x+\dfrac{k}{3}$ $(-4x-3y+k=0)$ が $(x-1)^2+y^2=25$ と第1象限で接するときである．そのときの k の値は，
> (中心から直線までの距離)＝(半径)
> が成り立つことを利用して求める．

(1) $\begin{cases} (x-1)^2+y^2=25 & \cdots ① \\ y=-\dfrac{1}{2}x+\dfrac{3}{2} & \cdots ② \end{cases}$

②を①に代入すると，
$$(x-1)^2+\left(-\dfrac{1}{2}x+\dfrac{3}{2}\right)^2=25$$
$$4(x-1)^2+(-x+3)^2=100$$
$$5x^2-14x-87=0$$
$$(x+3)(5x-29)=0$$
$$x=-3,\ \dfrac{29}{5}$$

$x=-3$ のとき，②より，$y=3$ である．
$x=\dfrac{29}{5}$ のとき，②より，$y=-\dfrac{7}{5}$ である．

以上より，①，②の交点の座標は，
$$(-3,\ 3),\ \left(\dfrac{29}{5},\ -\dfrac{7}{5}\right)$$

(2) 領域 D は次の図の網掛け部分で境界を含む．

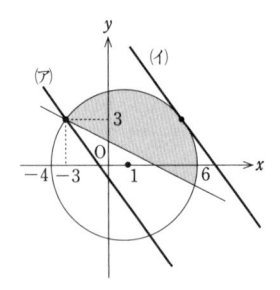

$4x+3y=k$ とおくと，$y=-\dfrac{4}{3}x+\dfrac{k}{3}$ …③ である．

③は傾き $-\dfrac{4}{3}$，切片 $\dfrac{k}{3}$ の直線である．

③を D と共有点をもつ範囲で動かして，切片 $\dfrac{k}{3}$ の最大値，最小値に注目する．

(ア) ③が $(-3,\ 3)$ を通るときに切片は最小になり，
$$k=4x+3y=4\cdot(-3)+3\cdot 3=-3$$

(イ) ③が第1象限で円 $(x-1)^2+y^2=25$ に接するときに切片は最大になる．このとき，
(中心 $(1,\ 0)$ から直線③までの距離)
　　　　＝(円の半径5)
であるから，
$$\dfrac{|-4\cdot 1-3\cdot 0+k|}{\sqrt{(-4)^2+(-3)^2}}=5$$
$$|-4+k|=25$$
$$-4+k=25,\ -25$$
$$k=29,\ -21$$

最大値を考えているので，図より，$k=29$ である．

(ア)，(イ)より，

最大値 29，最小値 -3

72

> 2倍角の公式を使って，$\cos\theta$ のみの式にして考える．

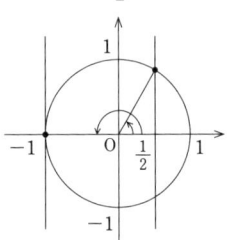

$\cos 2\theta+\cos\theta=0$ より，
$$(2\cos^2\theta-1)+\cos\theta=0$$
$$2\cos^2\theta+\cos\theta-1=0$$
$$(2\cos\theta-1)(\cos\theta+1)=0$$
$$\cos\theta=\dfrac{1}{2},\ -1$$

$0\leqq\theta\leqq\pi$ であるから，
$$\theta=\dfrac{\pi}{3},\ \pi$$

73

$\sin 2x=2\sin x\cos x$ として，与式を整理する．$\cos x$ の正負は不明なので，整

理するときに，両辺を $\cos x$ で割るという不用意な変形をしてはいけない．（負の値で割り算すると，不等号の向きは変化する）

$\sin 2x > \cos x$ より，
$$2\sin x \cos x > \cos x$$
$$2\sin x \cos x - \cos x > 0$$
$$\cos x (2\sin x - 1) > 0 \quad \cdots ①$$

①より，
$$\begin{cases} \cos x > 0 \\ 2\sin x - 1 > 0 \end{cases} \text{ または } \begin{cases} \cos x < 0 \\ 2\sin x - 1 < 0 \end{cases}$$

すなわち，
$$\begin{cases} \cos x > 0 \\ \sin x > \dfrac{1}{2} \end{cases} \text{ または } \begin{cases} \cos x < 0 \\ \sin x < \dfrac{1}{2} \end{cases}$$

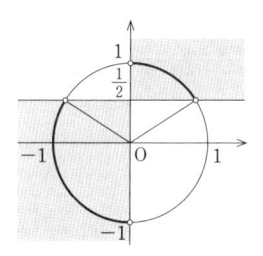

よって，単位円から，
$$\dfrac{\pi}{6} < x < \dfrac{\pi}{2}, \quad \dfrac{5}{6}\pi < x < \dfrac{3}{2}\pi$$

74

右辺を加法定理で変形してみる．その上で式を整理していく．

$$2\sin x > \cos\left(x - \dfrac{\pi}{6}\right) \quad \cdots ①$$

①の右辺を変形すると，
$$\cos\left(x - \dfrac{\pi}{6}\right) = \cos x \cos \dfrac{\pi}{6} + \sin x \sin \dfrac{\pi}{6}$$
$$= \cos x \cdot \dfrac{\sqrt{3}}{2} + \sin x \cdot \dfrac{1}{2}$$

よって，①より，
$$2\sin x > \dfrac{\sqrt{3}}{2}\cos x + \dfrac{1}{2}\sin x$$
$$\dfrac{3}{2}\sin x - \dfrac{\sqrt{3}}{2}\cos x > 0$$

$$3\sin x - \sqrt{3}\cos x > 0$$
$$\sqrt{3}\sin x - \cos x > 0$$
$$2\sin\left(x - \dfrac{\pi}{6}\right) > 0$$
$$\sin\left(x - \dfrac{\pi}{6}\right) > 0 \quad \cdots ②$$

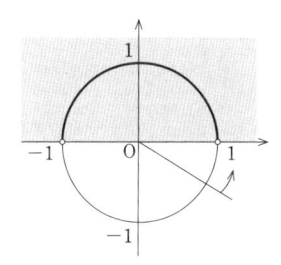

$0 \leq x < 2\pi$ より，$-\dfrac{\pi}{6} \leq x - \dfrac{\pi}{6} < \dfrac{11}{6}\pi$ であり，この範囲で②を満たす角 $x - \dfrac{\pi}{6}$ の範囲を求めると，
$$0 < x - \dfrac{\pi}{6} < \pi$$
$$\dfrac{\pi}{6} < x < \dfrac{7}{6}\pi$$

75

2倍角の公式を使って，与えられた式を 2θ で表すタイプである．

2倍角の公式を用いると，
$$y = 2\sqrt{3}\sin\theta\cos\theta + 4\cos^2\theta - 2\sin^2\theta$$
$$= 2\sqrt{3} \cdot \dfrac{1}{2}\sin 2\theta + 4 \cdot \dfrac{1}{2}(1 + \cos 2\theta)$$
$$\qquad - 2 \cdot \dfrac{1}{2}(1 - \cos 2\theta)$$
$$= \sqrt{3}\sin 2\theta + 2(1 + \cos 2\theta) - (1 - \cos 2\theta)$$
$$= \sqrt{3}\sin 2\theta + 3\cos 2\theta + 1$$
$$= 2\sqrt{3}\sin\left(2\theta + \dfrac{\pi}{3}\right) + 1$$

$0 \leq \theta \leq \dfrac{\pi}{2}$ より，$0 \leq 2\theta \leq \pi$ であり，
$$\dfrac{\pi}{3} \leq 2\theta + \dfrac{\pi}{3} \leq \dfrac{4}{3}\pi$$

このとき，単位円を用いると，

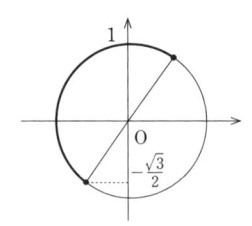

$$-\frac{\sqrt{3}}{2} \leq \sin\left(2\theta+\frac{\pi}{3}\right) \leq 1$$
$$-3 \leq 2\sqrt{3}\sin\left(2\theta+\frac{\pi}{3}\right) \leq 2\sqrt{3}$$
$$-2 \leq 2\sqrt{3}\sin\left(2\theta+\frac{\pi}{3}\right)+1 \leq 2\sqrt{3}+1$$

これより，最大値 $2\sqrt{3}+1$ をとるとき，
$$2\theta+\frac{\pi}{3}=\frac{\pi}{2} \text{ より, } \theta=\frac{\pi}{12}$$
また，最小値 -2 をとるとき，
$$2\theta+\frac{\pi}{3}=\frac{4}{3}\pi \text{ より, } \theta=\frac{\pi}{2}$$
以上より，

最大値 $2\sqrt{3}+1$ ($\theta=\frac{\pi}{12}$ のとき)，

最小値 -2 ($\theta=\frac{\pi}{2}$ のとき)

76

> y を x の式で表すと，x の2次関数になるので，グラフを描いて y の最大値を求めればよい．その際に，x のとり得る範囲（定義域）に注意する．

(1) $\sin\theta+\cos\theta=x$ を2乗すると，
$$1+2\sin\theta\cos\theta=x^2$$
$$\sin\theta\cos\theta=\frac{x^2-1}{2}$$
これを用いると，
$$y=3(\sin\theta+\cos\theta)-2\sin\theta\cos\theta$$
$$=3x-2\cdot\frac{x^2-1}{2}$$
$$=-x^2+3x+1$$
したがって，
$$y=-x^2+3x+1$$

(2) (1)の結果より，
$$y=-x^2+3x+1$$
$$=-\left(x-\frac{3}{2}\right)^2+\frac{13}{4} \qquad \cdots ①$$

ここで，$x=\sin\theta+\cos\theta$ より，
$$x=\sqrt{2}\sin\left(\theta+\frac{\pi}{4}\right)$$
である．$0\leq\theta<2\pi$ より，
$$\frac{\pi}{4} \leq \theta+\frac{\pi}{4} < \frac{9}{4}\pi$$
であるから，
$$-1 \leq \sin\left(\theta+\frac{\pi}{4}\right) \leq 1$$
$$-\sqrt{2} \leq \sqrt{2}\sin\left(\theta+\frac{\pi}{4}\right) \leq \sqrt{2}$$
よって，
$$-\sqrt{2} \leq x \leq \sqrt{2}$$
であり，この範囲で①のグラフを描くと次のようになる．

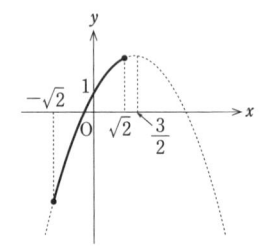

グラフより，$x=\sqrt{2}$ のときに最大になり，最大値は，
$$-(\sqrt{2})^2+3\sqrt{2}+1=3\sqrt{2}-1$$

77

> $t=2\sin\theta-3\cos\theta$ と置きかえると y は t の2次関数になるから，グラフを使って最大値，最小値を求める．
> $t=2\sin\theta-3\cos\theta$ と置きかえて考えるので，t のとり得る値の範囲をきちんと確認することを忘れてはいけない．

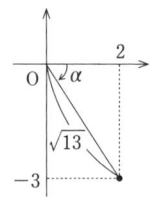

$t=2\sin\theta-3\cos\theta$ とすると，

$t = \sqrt{13}\sin(\theta+\alpha)$

となる．ただし α は，$-\dfrac{\pi}{2}<\alpha<0$ で，
$$\sin\alpha = -\dfrac{3}{\sqrt{13}},\ \cos\alpha = \dfrac{2}{\sqrt{13}}$$
を満たす角である．

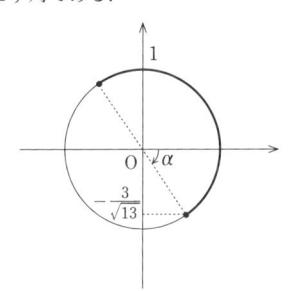

$0 \leqq \theta \leqq \pi$ より，$\alpha \leqq \theta+\alpha \leqq \pi+\alpha$ であり，上の単位円より，
$$-\dfrac{3}{\sqrt{13}} \leqq \sin(\theta+\alpha) \leqq 1$$
となるから，
$$-3 \leqq \sqrt{13}\sin(\theta+\alpha) \leqq \sqrt{13}$$
$$-3 \leqq t \leqq \sqrt{13} \quad \cdots ①$$
である．

$t = 2\sin\theta - 3\cos\theta$ とすると，
$$y = (2\sin\theta - 3\cos\theta)^2 - (2\sin\theta - 3\cos\theta) + 1$$
$$= t^2 - t + 1$$
$$= \left(t - \dfrac{1}{2}\right)^2 + \dfrac{3}{4} \quad \cdots ②$$

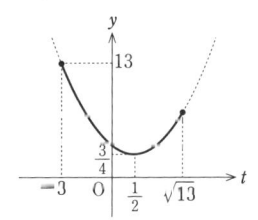

①の範囲で②のグラフを描くと，

最大値 13，最小値 $\dfrac{3}{4}$

78

(3)は，指数部分がそろっている項から順にまとめていくとよい．次の解答では，指数部分をそろえるために，

$$2^{-\frac{2}{3}} = 2^{-1+\frac{1}{3}} = 2^{-1} \cdot 2^{\frac{1}{3}} = \dfrac{1}{2} \cdot 2^{\frac{1}{3}}$$

という変形を途中で行っている．

(4)は対数の定義に基づいて考える．すなわち，
$$a^x = M \text{ のとき}, \ x = \log_a M$$
であるから，
$$a^{\log_a M} = M$$
が成り立つことが分かる．

(1) $(2^{\frac{4}{3}} \times 2^{-1})^6 \times \left\{\left(\dfrac{16}{81}\right)^{-\frac{7}{6}}\right\}^{\frac{3}{7}}$

$= (2^{\frac{4}{3}-1})^6 \times \left(\dfrac{16}{81}\right)^{-\frac{7}{6} \cdot \frac{3}{7}}$

$= (2^{\frac{1}{3}})^6 \times \left(\dfrac{16}{81}\right)^{-\frac{1}{2}}$

$= 2^2 \times \left\{\left(\dfrac{4}{9}\right)^2\right\}^{-\frac{1}{2}}$

$= 2^2 \times \left(\dfrac{4}{9}\right)^{-1}$

$= 4 \times \dfrac{9}{4}$

$= \mathbf{9}$

(2) $x^{\frac{1}{3}} = a$，$y^{\frac{1}{3}} = b$ とすると，
$$(x^{\frac{1}{3}} - y^{\frac{1}{3}})(x^{\frac{2}{3}} + x^{\frac{1}{3}}y^{\frac{1}{3}} + y^{\frac{2}{3}})$$
$$= (a-b)(a^2 + ab + b^2)$$
$$= a^3 - b^3$$
$$= x - y$$

よって，
$$(与式) = (x-y)(x+y)$$
$$= \boldsymbol{x^2 - y^2}$$

(3) $\dfrac{5}{3}\sqrt[6]{4} + \sqrt[3]{\dfrac{1}{4}} - \sqrt[3]{54}$

$= \dfrac{5}{3} \cdot (2^2)^{\frac{1}{6}} + (2^{-2})^{\frac{1}{3}} - (2 \cdot 3^3)^{\frac{1}{3}}$

$= \dfrac{5}{3} \cdot 2^{\frac{1}{3}} + 2^{-\frac{2}{3}} - 2^{\frac{1}{3}} \cdot 3^1$

$= 2^{\frac{1}{3}}\left(\dfrac{5}{3} - 3\right) + 2^{-\frac{2}{3}}$

$= -\dfrac{4}{3} \cdot 2^{\frac{1}{3}} + 2^{-1+\frac{1}{3}}$

$= -\dfrac{4}{3} \cdot 2^{\frac{1}{3}} + \dfrac{1}{2} \cdot 2^{\frac{1}{3}}$

$= \left(-\dfrac{4}{3} + \dfrac{1}{2}\right) \cdot 2^{\frac{1}{3}}$

$$= -\frac{5}{6} \cdot 2^{\frac{1}{3}}$$

(4) $27^{\log_3 4} = (3^3)^{\log_3 4}$
$$= 3^{3\log_3 4}$$
$$= 3^{\log_3 4^3}$$
$$= 3^{\log_3 64}$$
$$= 64$$

79

> 底をそろえて計算していくだけである．

(1) $4\log_4 \sqrt{2} + \frac{1}{2}\log_4 \frac{1}{8} - \frac{3}{2}\log_4 8$
$$= 4\log_4 2^{\frac{1}{2}} + \frac{1}{2}\log_4 2^{-3} - \frac{3}{2}\log_4 2^3$$
$$= 4 \cdot \frac{1}{2}\log_4 2 + \frac{1}{2} \cdot (-3)\log_4 2 - \frac{3}{2} \cdot 3\log_4 2$$
$$= 2\log_4 2 - \frac{3}{2}\log_4 2 - \frac{9}{2}\log_4 2$$
$$= \left(2 - \frac{3}{2} - \frac{9}{2}\right)\log_4 2$$
$$= -4\log_4 2$$
$$= -\log_4 2^4$$
$$= -\log_4 4^2$$
$$= -2\log_4 4$$
$$= -2$$

(2) $(\log_3 125 + \log_9 5)\log_5 3$
$$= \left(\log_3 5^3 + \frac{\log_3 5}{\log_3 9}\right) \cdot \frac{\log_3 3}{\log_3 5}$$
$$= \left(3\log_3 5 + \frac{\log_3 5}{2}\right) \cdot \frac{1}{\log_3 5}$$
$$= 3 + \frac{1}{2}$$
$$= \frac{7}{2}$$

80

> (1) $2^{\frac{1}{2}} = 4^{\frac{1}{4}}$ であることに気づけば，これらと $3^{\frac{1}{3}}$, $5^{\frac{1}{5}}$ の大小を比べるだけである．
> (2) 底を9にそろえて考える．底が1より大きいから，真数の大小に注目すればよい．

(1) まず，
$$4^{\frac{1}{4}} = (2^2)^{\frac{1}{4}} = 2^{\frac{1}{2}}$$
である．

(ア) $2^{\frac{1}{2}}$ と $3^{\frac{1}{3}}$ を比べるために，これらを6乗すると，
$$(2^{\frac{1}{2}})^6 = 2^3 = 8,$$
$$(3^{\frac{1}{3}})^6 = 3^2 = 9$$
これより，$(2^{\frac{1}{2}})^6 < (3^{\frac{1}{3}})^6$ となるから，
$$2^{\frac{1}{2}} < 3^{\frac{1}{3}}$$

(イ) $2^{\frac{1}{2}}$ と $5^{\frac{1}{5}}$ を比べるために，これらを10乗すると，
$$(2^{\frac{1}{2}})^{10} = 2^5 = 32,$$
$$(5^{\frac{1}{5}})^{10} = 5^2 = 25$$
これより，$(5^{\frac{1}{5}})^{10} < (2^{\frac{1}{2}})^{10}$ となるから，
$$5^{\frac{1}{5}} < 2^{\frac{1}{2}}$$

(ア), (イ)より，
$$5^{\frac{1}{5}} < 2^{\frac{1}{2}} = 4^{\frac{1}{4}} < 3^{\frac{1}{3}}$$
となるから，

最大のものは $3^{\frac{1}{3}}$, 最小のものは $5^{\frac{1}{5}}$

(2) $\log_3 5 = \frac{\log_9 5}{\log_9 3} = \frac{\log_9 5}{\log_9 9^{\frac{1}{2}}}$
$$= \frac{\log_9 5}{\frac{1}{2}} = 2\log_9 5 = \log_9 25$$

$\frac{1}{2} + \log_9 8 = \frac{1}{2}\log_9 9 + \log_9 8$
$$= \log_9 9^{\frac{1}{2}} + \log_9 8$$
$$= \log_9 3 + \log_9 8$$
$$= \log_9 24$$

底が1より大きいことに注意すると，
$$24 < 25 < 26$$
より，
$$\log_9 24 < \log_9 25 < \log_9 26$$
である．

したがって，小さい順に並べると，
$$\frac{1}{2} + \log_9 8, \ \log_3 5, \ \log_9 26$$

81

> (2)では，対数の定義にも注意する．つまり，
> $$2^x = M \text{ のとき，} x = \log_2 M$$
> である．
> (3)の不等式で底を $\frac{1}{3}$ でそろえたとき，

38

> 指数部分の比較をする際に不等号の向きが逆転することに注意する.

(1) $2^{2x+1}+2^x-1=0$

$2^{2x+1}=2^{2x}\cdot 2^1=(2^x)^2\cdot 2$ であるから, 与式より,

$$2\cdot(2^x)^2+2^x-1=0 \quad \cdots ①$$

$2^x=t$ とすると, $t>0$ であり, ①より,

$$2t^2+t-1=0$$
$$(2t-1)(t+1)=0$$

$t>0$ であるから, $t=\dfrac{1}{2}$ である. よって,

$$2^x=\dfrac{1}{2}(=2^{-1})$$
$$x=-1$$

(2) $4^x+2^{1-x}-5=0$

$2^{1-x}=2^1\cdot 2^{-x}=2\cdot\dfrac{1}{2^x}$ であるから, 与式より,

$$(2^x)^2+2\cdot\dfrac{1}{2^x}-5=0 \quad \cdots ②$$

$2^x=t$ とすると, $t>0$ であり, ②より,

$$t^2+2\cdot\dfrac{1}{t}-5=0$$
$$t^3-5t+2=0$$
$$(t-2)(t^2+2t-1)=0$$
$$t=2,\ -1\pm\sqrt{2}$$

$t>0$ であるから, $t=2,\ -1+\sqrt{2}$ である.

$t=2$ より,
$$2^x=2$$
$$x=1$$

$t=-1+\sqrt{2}$ より,
$$2^x=-1+\sqrt{2}$$
$$x=\log_2(-1+\sqrt{2})$$

以上より,
$$x=1,\ \log_2(-1+\sqrt{2})$$

(3) $\dfrac{1}{27^{x-1}}=\left(\dfrac{1}{27}\right)^{x-1}=\left\{\left(\dfrac{1}{3}\right)^3\right\}^{x-1}=\left(\dfrac{1}{3}\right)^{3x-3}$

$\dfrac{1}{9^x}=\left(\dfrac{1}{9}\right)^x=\left\{\left(\dfrac{1}{3}\right)^2\right\}^x=\left(\dfrac{1}{3}\right)^{2x}$

これより, 与式は,

$$\left(\dfrac{1}{3}\right)^{3x-3}<\left(\dfrac{1}{3}\right)^{2x}$$

となる. 底が $0<\dfrac{1}{3}<1$ であることに注意して,

$$3x-3>2x$$
$$x>3$$

(4) $9^x+3^{x+1}-4\leqq 0$ より,

$$(3^x)^2+3\cdot 3^x-4\leqq 0 \quad \cdots ③$$

$3^x=t$ とすると, $t>0$ であり, ③より,

$$t^2+3t-4\leqq 0$$
$$(t+4)(t-1)\leqq 0 \quad \cdots ④$$

$t>0$ より $t+4>0$ であるから, ④において,

$$t-1\leqq 0$$

である. よって, $t\leqq 1$ となるから,

$$3^x\leqq 1(=3^0)$$
$$x\leqq 0$$

82

> (3)は, $x^{\log_5 x}=25x$ の両辺で底が5の対数を考えてみるとよい. $x^{\log_5 x}=25x$ より,
> $$\log_5 x^{\log_5 x}=\log_5 25x$$
> となり, 左辺は対数の性質を用いて変形でき,
> $$(\log_5 x)(\log_5 x)=\log_5 25x$$
> $$(\log_5 x)^2=\log_5 25x$$
> となる.
>
> これは対数の定義を用いて導くこともできる. つまり,
> $$a^p=M \text{ のとき},\ p=\log_a M$$
> であるから,
> $$x^{\log_5 x}=25x \text{ のとき},\ \log_5 x=\log_x 25x$$
> となる. これは, a を x, p を $\log_5 x$, M を $25x$ と考えただけである. さらに, 右辺の底を5にすると,
> $$\log_5 x=\dfrac{\log_5 25x}{\log_5 x}$$
> $$(\log_5 x)^2=\log_5 25x$$
> と変形できる.

(1) $\log_6(x-4)+\log_6(2x-7)=2 \quad \cdots ①$

真数は正であるから,

$$x-4>0 \text{ かつ } 2x-7>0$$
$$x>4 \text{ かつ } x>\dfrac{7}{2}$$
$$x>4 \quad \cdots ②$$

①より,

$$\log_6(x-4)(2x-7)=\log_6 6^2$$
$$\log_6(2x^2-15x+28)=\log_6 36$$

これより，
$$2x^2-15x+28=36$$
$$2x^2-15x-8=0$$
$$(x-8)(2x+1)=0$$
②を考えると，
$$x=8$$

(2) $\log_2(x-1)-\log_{\frac{1}{2}}(x-3)<3$ …③

真数は正であるから，
$$x-1>0 \quad かつ \quad x-3>0$$
$$x>1 \quad かつ \quad x>3$$
$$x>3 \qquad …④$$

③において，
$$\log_{\frac{1}{2}}(x-3)=\frac{\log_2(x-3)}{\log_2\frac{1}{2}}=\frac{\log_2(x-3)}{-1}$$

であるから，③より，
$$\log_2(x-1)+\log_2(x-3)<3$$
$$\log_2(x-1)(x-3)<\log_2 2^3$$
$$\log_2(x^2-4x+3)<\log_2 8$$

底は1より大きいので，
$$x^2-4x+3<8$$
$$x^2-4x-5<0$$
$$(x+1)(x-5)<0$$
$$-1<x<5 \qquad …⑤$$

④，⑤より，
$$3<x<5$$

(3) $x^{\log_5 x}=25x$ …⑥

真数は正であるから，$x>0$ である．
⑥において，底が5の対数を考えると，
$$\log_5 x^{\log_5 x}=\log_5 25x$$
となる．これより，
$$(\log_5 x)(\log_5 x)=\log_5 25x$$
$$(\log_5 x)^2=\log_5 25x$$
$$(\log_5 x)^2=\log_5 25+\log_5 x$$
$$(\log_5 x)^2=2+\log_5 x$$

ここで，$\log_5 x=t$ とすると，
$$t^2=2+t$$
$$t^2-t-2=0$$
$$(t+1)(t-2)=0$$
$$t=-1, 2$$
よって，
$$\log_5 x=-1, 2$$
$$x=5^{-1}, 5^2$$

$$x=\frac{1}{5}, 25$$

83

$2^x+2^{-x}=t$ とおいて $f(x)$ を t で表してみる．また，t のとり得る値の範囲は，相加平均と相乗平均の大小関係を用いて考える．

$$f(x)=2^x+2^{-x}-(2^{2x+2}+2^{-2x+2})$$
$$=2^x+2^{-x}-(2^{2x}\cdot 2^2+2^{-2x}\cdot 2^2)$$
$$=2^x+2^{-x}-4(2^{2x}+2^{-2x}) \qquad …①$$

$2^x+2^{-x}=t$ とすると，
$$(2^x)^2+2+(2^{-x})^2=t^2$$
$$2^{2x}+2^{-2x}=t^2-2$$

これを用いると，①より，
$$f(x)=t-4(t^2-2)$$
$$=-4t^2+t+8$$
$$=-4\left(t-\frac{1}{8}\right)^2+\frac{129}{16}(=g(t)とする)$$

ここで，$2^x>0$，$2^{-x}>0$ であり，相加平均と相乗平均の大小関係を用いると，
$$2^x+2^{-x}\geqq 2\sqrt{2^x\cdot 2^{-x}}=2$$
$$t\geqq 2$$
(等号は $2^x=2^{-x}$ より $x=0$ で成立)

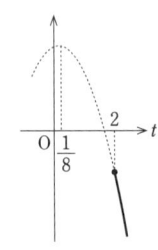

したがって，$f(x)$ の最大値は，$t\geqq 2$ における $g(t)$ の最大値を求めればよく，頂点が $t\geqq 2$ に含まれないことに注意すると，求める最大値は，
$$g(2)=-4\cdot 2^2+2+8=\mathbf{-6}$$

84

(1)は，$\log_3 x=t$ とおけば，t の2次関数になる．

(2)は，条件式から $x=18-3y$ となる

ので，x を消去して y だけの式にして考える．

(1) $\log_3 x = t$ とおくと，
$$\log_3 x^2 + (\log_3 x)^2 = 2\log_3 x + (\log_3 x)^2$$
$$= 2t + t^2$$
$$= (t+1)^2 - 1 \quad \cdots ①$$
t はすべての実数をとるから，①より，

最小値 -1

(2) $x + 3y = 18$ より，
$$x = 18 - 3y \quad \cdots ②$$
$x > 0$ なので，②において，
$$18 - 3y > 0$$
$$y < 6$$
これと $y > 0$ から，
$$0 < y < 6$$
②を用いると，
$$\log_3 x + \log_3 y = \log_3 (18 - 3y) + \log_3 y$$
$$= \log_3 (18y - 3y^2)$$
$$= \log_3 \{-3(y^2 - 6y)\}$$
$$= \log_3 \{-3(y-3)^2 + 27\} \cdots ③$$
$0 < y < 6$ の範囲において，③の真数は最大値 27 をとる．
したがって，求める最大値は，
$$\log_3 27 = \log_3 3^3 = 3$$

85

知りたい数の常用対数を計算して考える．その際に，
$$\log_{10} 5 = \log_{10} \frac{10}{2} = \log_{10} 10 - \log_{10} 2$$
であることを利用する．

(1) $\log_{10} 15^{31} = 31 \log_{10} 15$
$$= 31(\log_{10} 3 + \log_{10} 5)$$
$$= 31(\log_{10} 3 + 1 - \log_{10} 2)$$
$$= 31(0.4771 + 1 - 0.3010)$$
$$= 36.4591$$
これより，$36 < \log_{10} 15^{31} < 37$ が成り立つから，
$$\log_{10} 10^{36} < \log_{10} 15^{31} < \log_{10} 10^{37}$$
$$10^{36} < 15^{31} < 10^{37}$$
したがって，

15^{31} は **37 桁**

(2) $\log_{10} \left(\frac{3}{5}\right)^{100} = 100 \cdot \log_{10}\left(\frac{3}{5}\right)$
$$= 100(\log_{10} 3 - \log_{10} 5)$$
$$= 100(\log_{10} 3 - 1 + \log_{10} 2)$$
$$= 100(0.4771 - 1 + 0.3010)$$
$$= -22.19$$
これより，$-23 < \log_{10} \left(\frac{3}{5}\right)^{100} < -22$ が成り立つから，
$$\log_{10} 10^{-23} < \log_{10}\left(\frac{3}{5}\right)^{100} < \log_{10} 10^{-22}$$
$$10^{-23} < \left(\frac{3}{5}\right)^{100} < 10^{-22}$$
したがって，はじめて 0 でない数が現れるのは，

小数第 23 位

86

接点が不明の接線の問題は，接点を自分で設定して考える．

$f(x) = x^3 - x$ とすると，$f'(x) = 3x^2 - 1$ である．接点を $(t, f(t))$ とすると，この点における接線は，
$$y = f'(t)(x - t) + f(t)$$
$$y = (3t^2 - 1)(x - t) + (t^3 - t)$$
$$y = (3t^2 - 1)x - 2t^3 \quad \cdots ①$$
①の傾きが 2 になるとき，
$$3t^2 - 1 = 2$$
$$t = 1, \ -1$$
ゆえに，求める接線は，①で $t = 1, \ -1$ として，
$$y = 2x - 2, \ y = 2x + 2$$

87

3次関数が極値をもつのは，$f'(x)$ の符号が，「正→負→正」のように変化するときであり，これは「2次方程式 $f'(x) = 0$ が異なる2つの実数解をもつとき」である．

41

(1) $f(x)=x^3+(a-2)x^2+3x$ より,
$$f'(x)=3x^2+2(a-2)x+3$$
$f(x)$ が極値をもつのは, $f'(x)$ の符号が変化するとき, すなわち, $f'(x)=0$ が異なる2つの実数解をもつときである.

よって, $3x^2+2(a-2)x+3=0$ の判別式を D とすると,
$$\frac{D}{4}=(a-2)^2-9>0$$
$$a^2-4a-5>0$$
$$(a+1)(a-5)>0$$
$$a<-1,\ 5<a$$

(2) $f(x)$ が $x=-a$ で極値をもつとき,
$$f'(-a)=0$$
であることが必要であり,
$$3a^2+2(a-2)(-a)+3=0$$
$$a^2+4a+3=0$$
$$(a+3)(a+1)=0$$
$a<-1,\ 5<a$ より,
$$a=-3$$
このとき,
$$f(x)=x^3-5x^2+3x,$$
$$f'(x)=3x^2-10x+3=(3x-1)(x-3)$$
となり, 増減表は次のようになる.

x	$\cdots$	$\frac{1}{3}$	$\cdots$	3	$\cdots$
$f'(x)$	$+$	0	$-$	0	$+$
$f(x)$	↗	極大	↘	極小	↗

増減表より, 極大値は,
$$f\left(\frac{1}{3}\right)=\frac{1}{27}-\frac{5}{9}+1=\frac{13}{27}$$
以上より,
$$a=-3,\ 極大値\ \frac{13}{27}$$

88

3倍角の公式, 2倍角の公式を用いて, $f(x)$ を $\sin x$ のみで表してみる. その後, $\sin x=t$ とおけば, t についての3次関数の最大最小問題に帰着する. t のとり得る範囲に注意して, 増減表を書いてみれば, 最大値, 最小値は容易に求められる.

$\sin 3x=3\sin x-4\sin^3 x,\ \cos 2x=1-2\sin^2 x$ より,
$$f(x)=3\sin x-4\sin^3 x+2(1-2\sin^2 x)+4\sin x$$
$$=-4\sin^3 x-4\sin^2 x+7\sin x+2 \quad \cdots ①$$
$\sin x=t$ とすると, ①より,
$$f(x)=-4t^3-4t^2+7t+2$$
と表される.

また, $0\leqq x<2\pi$ より, $-1\leqq t\leqq 1$ である.

よって, $g(t)=-4t^3-4t^2+7t+2$ とすると, $0\leqq x<2\pi$ における $f(x)$ の最大値, 最小値は, $-1\leqq t\leqq 1$ における $g(t)$ の最大値, 最小値を求めればよい.

$g(t)=-4t^3-4t^2+7t+2$ より,
$$g'(t)=-12t^2-8t+7=-(2t-1)(6t+7)$$
となり, $g(t)$ の増減表は次のようになる.

t	-1	$\cdots$	$\frac{1}{2}$	$\cdots$	1
$g'(t)$		$+$	0	$-$	
$g(t)$	-5	↗	4	↘	1

増減表より, $t=\frac{1}{2}$ で最大値 4, $t=-1$ で最小値 -5 をとることが分かる.

$t=\frac{1}{2}$ のとき, $\sin x=\frac{1}{2}$ より $x=\frac{\pi}{6},\ \frac{5}{6}\pi$ である. また, $t=-1$ のとき, $\sin x=-1$ より $x=\frac{3}{2}\pi$ である.

以上より,
$$最大値\ 4\ \left(x=\frac{\pi}{6},\ \frac{5}{6}\pi\ のとき\right)$$
$$最小値\ -5\ \left(x=\frac{3}{2}\pi\ のとき\right)$$

89

「整数 k がいくつあるか」という問題に惑わされずに落ち着いて考えればよい. まず, 異なる3つの実数解をもつような k の範囲を求め, その範囲に含まれる整数の個数を数えるだけである.

$x^3-3x^2-9x-k=0$ より,
$$x^3-3x^2-9x=k \quad \cdots ①$$

となる．

これより，与式，すなわち①が異なる3つの実数解をもつのは，「$y=x^3-3x^2-9x$ と $y=k$ が3つの交点をもつとき」である．

ここで，$f(x)=x^3-3x^2-9x$ とすると，
$$f'(x)=3x^2-6x-9=3(x+1)(x-3)$$
となり，$f(x)$ の増減表は次のようになる．

x	$\cdots$	-1	$\cdots$	3	$\cdots$
$f'(x)$	+	0	−	0	+
$f(x)$	↗	5	↘	-27	↗

増減表より，$y=f(x)$ のグラフは，次のようになる．

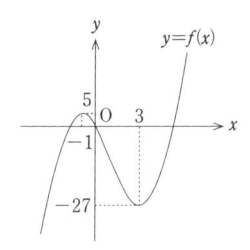

グラフより，$y=f(x)$ と $y=k$ が3つの交点をもつ k の範囲は，
$$-27<k<5 \quad \cdots ②$$
である．

したがって，②に含まれる整数 k の個数を求めればよいから，

31個

90

接点を (t, t^3-3t) として，この点における接線が $(2, a)$ を通るための t の条件を考えよう．1つの接点に1本の接線が対応するから，その条件を満たす t がちょうど3個存在するときに，$(2, a)$ を通る接線が3本存在することになる．

$f(x)=x^3-3x$ とすると，$f'(x)=3x^2-3$ である．接点を $(t, f(t))$ とすると，この点における接線は，
$$y=f'(t)(x-t)+f(t)$$
$$y=(3t^2-3)(x-t)+(t^3-3t)$$

$$y=(3t^2-3)x-2t^3 \quad \cdots ①$$

①が $(2, a)$ を通るとき，
$$a=(3t^2-3)\cdot 2-2t^3$$
$$a=-2t^3+6t^2-6 \quad \cdots ②$$

$(2, a)$ を通る接線が3本存在するのは，

「②を満たす実数 t が3個存在するとき」

すなわち，

「$u=-2t^3+6t^2-6$ と $u=a$ が3点で交わるとき」

である．

ここで，$g(t)=-2t^3+6t^2-6$ とすると，
$$g'(t)=-6t^2+12t=-6t(t-2)$$
となり，増減表は次のようになる．

t	$\cdots$	0	$\cdots$	2	$\cdots$
$g'(t)$	−	0	+	0	−
$g(t)$	↘	-6	↗	2	↘

これより，$u=g(t)$ のグラフは次のようになる．

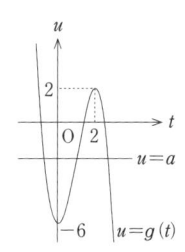

グラフより，求める a の値の範囲は，
$$-6<a<2$$

91

$f(x)=ax^3+bx^2+cx+d$ とおいて考えると大変になる．$f'(x)=0$ の2解が $x=1\pm\sqrt{3}$ であるが，このような2解が得られる2次方程式がどのようなものかを考えるとよい．解と係数の関係を用いると，
$$\begin{cases} (1+\sqrt{3})+(1-\sqrt{3})=2 \\ (1+\sqrt{3})(1-\sqrt{3})=-2 \end{cases}$$
であるから，$x=1\pm\sqrt{3}$ を解とする2次方程式は，
$$a(x^2-2x-2)=0$$

と分かる．
そこで，
$$f'(x)=a(x^2-2x-2)$$
と設定して考える．

(1) $f'(x)=0$ の 2 解が $x=1\pm\sqrt{3}$ であるから，
$$f'(x)=a(x^2-2x-2)\ (a\neq 0)$$
とおける．ここで，$f'(3)=4$ より，
$$a(9-6-2)=4$$
$$a=4$$
よって，
$$f'(x)=4(x^2-2x-2)$$
$$=4x^2-8x-8$$
となるから，
$$f(x)=\frac{4}{3}x^3-4x^2-8x+C$$
（C は定数）
である．

ところで，$y=4x-27$ において $x=3$ とすると，$y=-15$ となる．よって，接点は $(3,\ -15)$ であり，$y=f(x)$ はこの点を通るから，$f(3)=-15$ であり，
$$\frac{4}{3}\cdot 27-4\cdot 9-8\cdot 3+C=-15$$
$$-24+C=-15$$
$$C=9$$
したがって，
$$f(x)=\frac{4}{3}x^3-4x^2-8x+9$$

(2) $f(x)\geqq 3x^2-14x$ を整理すると，
$$\frac{4}{3}x^3-4x^2-8x+9\geqq 3x^2-14x$$
$$\frac{4}{3}x^3-7x^2+6x+9\geqq 0 \quad \cdots ①$$
$x\geqq 0$ において，①が成り立つことを示せばよい．

そこで，$g(x)=\frac{4}{3}x^3-7x^2+6x+9$ とすると，
$$g'(x)=4x^2-14x+6$$
$$=2(2x^2-7x+3)$$
$$=2(2x-1)(x-3)$$
となり，$g(x)$ の増減表は次のようになる．

x	0	$\cdots$	$\frac{1}{2}$	$\cdots$	3	$\cdots$
$g'(x)$		$+$	0	$-$	0	$+$
$g(x)$	9	↗		↘	0	↗

したがって，$x\geqq 0$ において，
$$g(x)\geqq 0$$
であるから，①，すなわち与式が成り立つことが示された．

92

(1)は，$\int_{-1}^{1}xf(t)dt=k$（定数）とおいてはいけない．この定積分は文字 t に関するものであり，定積分の計算をしたときに文字 t はなくなるが，文字 x は残るので"定数 k"とは設定できない．文字 x は定積分の計算とは無関係であるから，
$$\int_{-1}^{1}xf(t)dt=x\int_{-1}^{1}f(t)dt$$
と，x をインテグラルの前に出してから $\int_{-1}^{1}f(t)dt=k$ とおいて考える．

(1) $$f(x)=\int_{-1}^{1}xf(t)dt+1$$
$$=x\int_{-1}^{1}f(t)dt+1 \quad \cdots ①$$
$\int_{-1}^{1}f(t)dt=k$（定数）$\cdots ②$ とおくと，①より，
$$f(x)=kx+1 \quad \cdots ③$$
である．

よって，$f(t)=kt+1$ であるから，②に代入すると，
$$\int_{-1}^{1}(kt+1)dt=k$$
$$\left[\frac{1}{2}kt^2+t\right]_{-1}^{1}=k$$
$$\left(\frac{1}{2}k+1\right)-\left(\frac{1}{2}k-1\right)=k$$
$$k=2$$
したがって，③より，
$$f(x)=2x+1$$

(2) $$\int_{-3}^{x}f(t)dt=x^3-3x^2+4ax+3a \quad \cdots ④$$
④の両辺を x で微分すると，

$$\frac{d}{dx}\int_{-3}^{x} f(t)dt = 3x^2 - 6x + 4a$$
$$f(x) = 3x^2 - 6x + 4a \quad \cdots ⑤$$

また，④で $x=-3$ とすると，
$$\int_{-3}^{-3} f(t)dt = -27 - 3\cdot 9 + 4a(-3) + 3a$$
$$0 = -54 - 9a$$
$$a = -6$$

これを⑤に代入して，
$$f(x) = 3x^2 - 6x - 24$$

93

$y = |x^2 - t^2| = |(x+t)(x-t)|$ のグラフは，$x = \pm t$ のところで折り返しが起こる．t は0以上であるから，折り返しの起こる $x = t$ が，積分区間の0から1の範囲に含まれるか含まれないかで場合分けをして考える．

(1) $F(t) = \int_0^1 |x^2 - t^2| dx$

(ア) $0 \leq t < 1$ のとき

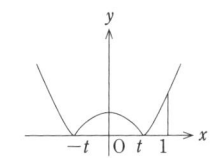

$$F(t) = \int_0^t (-x^2 + t^2)dx + \int_t^1 (x^2 - t^2)dx$$
$$= \left[-\frac{1}{3}x^3 + t^2 x\right]_0^t + \left[\frac{1}{3}x^3 - t^2 x\right]_t^1$$
$$= \left(-\frac{1}{3}t^3 + t^3\right) - 0 + \left(\frac{1}{3} - t^2\right) - \left(\frac{1}{3}t^3 - t^3\right)$$
$$= \frac{4}{3}t^3 - t^2 + \frac{1}{3}$$

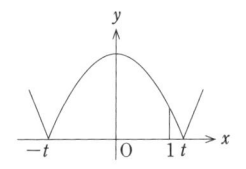

(イ) $1 \leq t$ のとき

$$F(t) = \int_0^1 (-x^2 + t^2)dx$$
$$= \left[-\frac{1}{3}x^3 + t^2 x\right]_0^1$$
$$= -\frac{1}{3} + t^2$$

以上より，
$$F(t) = \begin{cases} \frac{4}{3}t^3 - t^2 + \frac{1}{3} & (0 \leq t < 1 \text{ のとき}) \\ t^2 - \frac{1}{3} & (1 \leq t \text{ のとき}) \end{cases}$$

(2) (1)の結果から，$F'(t)$ を求める．

$0 \leq t < 1$ のとき，
$$F'(t) = 4t^2 - 2t = 2t(2t - 1)$$

$1 \leq t$ のとき
$$F'(t) = 2t$$

これより，$t \geq 0$ における $F(t)$ の増減表は次のようになる．

t	0	$\cdots$	$\frac{1}{2}$	$\cdots$	1	$\cdots$
$F'(t)$		$-$	0	$+$		$+$
$F(t)$		↘	最小	↗		↗

増減表より，$F(t)$ を最小にする t の値は，
$$t = \frac{1}{2}$$

また，最小値は，
$$F\left(\frac{1}{2}\right) = \frac{4}{3} \cdot \frac{1}{8} - \frac{1}{4} + \frac{1}{3} = \frac{1}{4}$$

94

2つの放物線で囲まれる部分の面積は，6分の1公式を使って計算できることに注意する．

$$\begin{cases} y = x^2 - 2ax + 4a & \cdots ① \\ y = -x^2 + 6x - 2a & \cdots ② \end{cases}$$

①，②から y を消去すると，
$$x^2 - 2ax + 4a = -x^2 + 6x - 2a$$
$$2x^2 - 2(a+3)x + 6a = 0$$
$$x^2 - (a+3)x + 3a = 0$$
$$(x-a)(x-3) = 0$$
$$x = a, \ 3$$

これより，①と②の交点の x 座標は，$x = a, \ 3$ である．

よって，①と②で囲まれる部分の面積を S とすると，
$$S=\int_a^3 \{(-x^2+6x-2a)-(x^2-2ax+4a)\}dx$$
$$=\int_a^3 \{-2x^2+2(a+3)x-6a\}dx$$
$$=-2\int_a^3 (x-a)(x-3)dx$$
$$=-2\left\{-\frac{1}{6}(3-a)^3\right\}$$
$$=\frac{1}{3}(3-a)^3$$

$S=9$ になるとき，
$$\frac{1}{3}(3-a)^3=9$$
$$(3-a)^3=27$$

a は実数であるから，
$$3-a=3$$
$$a=0$$

95

> C_1 と C_2 の交点は文字を含む式で表されるので，α，β とおいて計算していく．2つの放物線で囲まれる部分の面積は，6分の1公式を使って計算できることにも注意する．

$$C_1: y=-x^2+2x+4 \quad \cdots ①$$
$$C_2: y=(x-p)^2+q$$

(1) (p, q) が直線 $y=-2x+1$ の上を動くから，$q=-2p+1$ である．これより，C_2 の放物線は，
$$y=(x-p)^2-2p+1 \quad \cdots ②$$

である．①，②から y を消去すると，
$$(x-p)^2-2p+1=-x^2+2x+4$$
$$x^2-2px+p^2-2p+1=-x^2+2x+4$$
$$2x^2-2(p+1)x+p^2-2p-3=0 \quad \cdots ③$$

③の判別式を D とすると，C_1 と C_2 が共有点をもつのは，$D \geqq 0$ のときであるから，
$$\frac{D}{4}=(p+1)^2-2(p^2-2p-3)\geqq 0$$
$$-p^2+6p+7\geqq 0$$
$$p^2-6p-7\leqq 0$$
$$(p+1)(p-7)\leqq 0$$
$$-1\leqq p\leqq 7$$

(2) ③より，$x=\dfrac{(p+1)\pm\sqrt{-p^2+6p+7}}{2}$ である．ここで，
$$\alpha=\frac{(p+1)-\sqrt{-p^2+6p+7}}{2},$$
$$\beta=\frac{(p+1)+\sqrt{-p^2+6p+7}}{2}$$

とすると，α，β は③の解であるから，
$$2x^2-2(p+1)x+p^2-2p-3$$
$$=2(x-\alpha)(x-\beta) \quad \cdots ④$$

が成り立つ．

このとき，C_1 と C_2 で囲まれた図形の面積を S とすると，
$$S=\int_\alpha^\beta \{(-x^2+2x+4)-(x^2-2px+p^2-2p+1)\}dx$$
$$=-\int_\alpha^\beta \{2x^2-2(p+1)x+p^2-2p-3\}dx$$
$$=-2\int_\alpha^\beta (x-\alpha)(x-\beta)dx$$
$$=-2\cdot\left\{-\frac{1}{6}(\beta-\alpha)^3\right\}$$
$$=\frac{1}{3}(\beta-\alpha)^3$$
$$=\frac{1}{3}\left(\sqrt{-p^2+6p+7}\right)^3$$
$$=\frac{1}{3}\left(\sqrt{-(p-3)^2+16}\right)^3 \quad \cdots ⑤$$

$-1\leqq p\leqq 7$ において，⑤の根号内が最大になるときに S も最大である．根号内は $p=3$ のときに最大値 16 をとるから，S の最大値は，
$$\frac{1}{3}(\sqrt{16})^3=\frac{1}{3}\cdot 4^3=\frac{64}{3}$$

96

> 直線と放物線が接することは，微分を使ってもよいし，y を消去した x の2次方程式の判別式に注目してもよい．
> また，面積の計算では，
> $$\int (x-1)^2 dx=\frac{1}{3}(x-1)^3+C$$
> のように積分できることを利用しよう．

(1) $f(x)=\dfrac{x^2}{2}$，$g(x)=\dfrac{x^2}{2}-2x+4$ とする．

$f'(x)=x$ より，$y=f(x)$ 上の点 $(t, f(t))$ における接線は，
$$y-\frac{t^2}{2}=t(x-t)$$

$$y = tx - \frac{t^2}{2} \quad \cdots ①$$

①と $y=g(x)$ から y を消去すると，
$$\frac{x^2}{2} - 2x + 4 = tx - \frac{t^2}{2}$$
$$x^2 - 4x + 8 = 2tx - t^2$$
$$x^2 - 2(t+2)x + 8 + t^2 = 0 \quad \cdots ②$$

①と $y=g(x)$ が接するので，②において，
判別式 $\frac{D}{4} = (t+2)^2 - (8+t^2) = 0$
$$4t - 4 = 0$$
$$t = 1$$

よって，$t=1$ のときに①は $y=g(x)$ にも接するから，それが求めるべき接線 l である．

したがって，①で $t=1$ として，
$$y = x - \frac{1}{2}$$

<別解>

$f(x) = \frac{x^2}{2}$, $g(x) = \frac{x^2}{2} - 2x + 4$ とすると，
$$f'(x) = x, \quad g'(x) = x - 2$$

$y=f(x)$ 上の点 $(t, f(t))$ における接線は，
$$y - \frac{t^2}{2} = t(x - t)$$
$$y = tx - \frac{t^2}{2} \quad \cdots ①$$

$y=g(x)$ 上の点 $(s, g(s))$ における接線は，
$$y - \left(\frac{s^2}{2} - 2s + 4\right) = (s-2)(x-s)$$
$$y = (s-2)x - \frac{1}{2}s^2 + 4 \quad \cdots ③$$

①と③が一致するから，傾きと切片について，
$$\begin{cases} t = s - 2 \\ -\frac{1}{2}t^2 = -\frac{1}{2}s^2 + 4 \end{cases}$$

t を消去すると，
$$-\frac{1}{2}(s-2)^2 = -\frac{1}{2}s^2 + 4$$
$$2s - 2 = 4$$
$$s = 3$$

このとき，$t = s - 2 = 3 - 2 = 1$ である．
したがって，①より，接線 l は，
$$y = x - \frac{1}{2}$$

(2) $t=1$ のとき，②より，
$$x^2 - 6x + 9 = 0$$
$$x = 3$$

以上より，C_1 と l は $x=1$, C_2 と l は $x=3$ で接している．さらに，C_1 と C_2 の交点は，
$$\frac{x^2}{2} = \frac{x^2}{2} - 2x + 4 \text{ より，} x = 2$$
であり，C_1, C_2, l は次の図のようになっている．

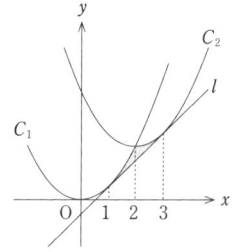

したがって，求める面積を S とすると，
$$S = \int_1^2 \left\{\frac{1}{2}x^2 - \left(x - \frac{1}{2}\right)\right\}dx$$
$$\quad + \int_2^3 \left\{\left(\frac{1}{2}x^2 - 2x + 4\right) - \left(x - \frac{1}{2}\right)\right\}dx$$
$$= \frac{1}{2}\int_1^2 (x-1)^2 dx + \frac{1}{2}\int_2^3 (x-3)^2 dx$$
$$= \frac{1}{2}\left[\frac{1}{3}(x-1)^3\right]_1^2 + \frac{1}{2}\left[\frac{1}{3}(x-3)^3\right]_2^3$$
$$= \frac{1}{2} \cdot \frac{1}{3} \cdot 1^3 - 0 + 0 - \frac{1}{2} \cdot \frac{1}{3} \cdot (-1)^3$$
$$= \frac{1}{3}$$

97

2直線の交点のベクトルを求めるときには，2通りに表して係数比較をする．$\overrightarrow{OP}$ は，
・P が線分 AN 上にあること
・P が線分 BM 上にあること

に注目して考える．そのときに，P は線分 AN, BM を内分していることに注目し，
$$AP : PN = s : (1-s)$$
$$BP : PM = t : (1-t)$$

と設定するとよい．

(1)

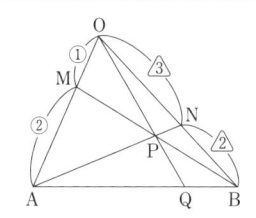

AP：PN$=s:(1-s)$ とおくと，
$$\vec{OP}=(1-s)\vec{OA}+s\vec{ON}$$
$$=(1-s)\vec{OA}+\frac{3}{5}s\vec{OB} \quad \cdots ①$$
BP：PM$=t:(1-t)$ とおくと，
$$\vec{OP}=t\vec{OM}+(1-t)\vec{OB}$$
$$=\frac{1}{3}t\vec{OA}+(1-t)\vec{OB} \quad \cdots ②$$
①，②において，$\vec{OA}$，$\vec{OB}$ は1次独立であるから，
$$\begin{cases} 1-s=\frac{1}{3}t \\ \frac{3}{5}s=1-t \end{cases}$$
これを解くと，$s=\frac{5}{6}$，$t=\frac{1}{2}$ となるので，
①（または②）より，
$$\vec{OP}=\frac{1}{6}\vec{OA}+\frac{1}{2}\vec{OB}$$

(2) Q は直線 OP 上にあるから，
$$\vec{OQ}=k\vec{OP}=\frac{1}{6}k\vec{OA}+\frac{1}{2}k\vec{OB} \quad \cdots ③$$
一方，AQ：QB$=u:(1-u)$ とすると，
$$\vec{OQ}=(1-u)\vec{OA}+u\vec{OB} \quad \cdots ④$$
③，④において，$\vec{OA}$，$\vec{OB}$ は1次独立であるから，
$$\begin{cases} \frac{1}{6}k=1-u \\ \frac{1}{2}k=u \end{cases}$$
これを解くと，$k=\frac{3}{2}$，$u=\frac{3}{4}$ となるので，
③（または④）より，
$$\vec{OQ}=\frac{1}{4}\vec{OA}+\frac{3}{4}\vec{OB}$$

98

> H は線分 FG，CE を内分していることに注目し，
> FH：HG$=s:(1-s)$
> CH：HE$=t:(1-t)$
> と設定して考える．

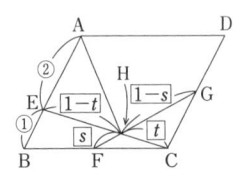

四角形 ABCD は平行四辺形なので，
$$\vec{AC}=\vec{AB}+\vec{AD}$$
さらに，条件より，
$$\vec{AE}=\frac{2}{3}\vec{AB},$$
$$\vec{AF}=\vec{AB}+\frac{1}{2}\vec{AD},$$
$$\vec{AG}=\vec{AD}+\vec{DG}=\frac{1}{2}\vec{AB}+\vec{AD}$$
である．
FH：HG$=s:(1-s)$ とおくと，
$$\vec{AH}=(1-s)\vec{AF}+s\vec{AG}$$
$$=(1-s)\left(\vec{AB}+\frac{1}{2}\vec{AD}\right)+s\left(\frac{1}{2}\vec{AB}+\vec{AD}\right)$$
$$=\left(1-\frac{1}{2}s\right)\vec{AB}+\left(\frac{1}{2}+\frac{1}{2}s\right)\vec{AD} \quad \cdots ①$$
CH：HE$=t:(1-t)$ とおくと，
$$\vec{AH}=(1-t)\vec{AC}+t\vec{AE}$$
$$=(1-t)(\vec{AB}+\vec{AD})+t\cdot\frac{2}{3}\vec{AB}$$
$$=\left(1-\frac{1}{3}t\right)\vec{AB}+(1-t)\vec{AD} \quad \cdots ②$$
①，②において，$\vec{AB}$，$\vec{AD}$ は1次独立であるから，
$$\begin{cases} 1-\frac{1}{2}s=1-\frac{1}{3}t \\ \frac{1}{2}+\frac{1}{2}s=1-t \end{cases}$$
これを解くと，$s=\frac{1}{4}$，$t=\frac{3}{8}$ となるので，
①（または②）より，
$$\vec{AH}=\frac{7}{8}\vec{AB}+\frac{5}{8}\vec{AD}$$

99

> (2)は，
> ・D が直線 AP 上にあること
> ・D が辺 BC 上にあること
> に注目して考える．

(1) $7\vec{PA}+5\vec{PB}+3\vec{PC}=\vec{0}$ より，
$$-7\vec{AP}+5(\vec{AB}-\vec{AP})+3(\vec{AC}-\vec{AP})=\vec{0}$$
$$-15\vec{AP}=-5\vec{AB}-3\vec{AC}$$
$$\vec{AP}=\frac{1}{3}\vec{AB}+\frac{1}{5}\vec{AC}$$

(2) D は直線 AP 上にあるから，

$\vec{AD} = k\vec{AP}$
$= \dfrac{1}{3}k\vec{AB} + \dfrac{1}{5}k\vec{AC}$ ……①

一方，BD：DC$=s:(1-s)$ とすると，
$\vec{AD} = (1-s)\vec{AB} + s\vec{AC}$ ……②

①，②において，$\vec{AB}$，$\vec{AC}$ は1次独立であるから，

$$\begin{cases} \dfrac{1}{3}k = 1-s \\ \dfrac{1}{5}k = s \end{cases}$$

これを解くと，$k = \dfrac{15}{8}$，$s = \dfrac{3}{8}$ となるので，
①（または②）より，
$\vec{AD} = \dfrac{5}{8}\vec{AB} + \dfrac{3}{8}\vec{AC}$

また，$s = \dfrac{3}{8}$ より，
BD：DC $= \dfrac{3}{8} : \dfrac{5}{8}$
$= 3 : 5$

<補足>

$k = \dfrac{15}{8}$，$s = \dfrac{3}{8}$ であることから，次のような位置関係になっていることが分かる．

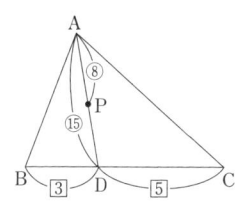

100

> ベクトルの成分を使った計算を確認しよう．
> 成分が与えられているとき，ベクトルの大きさは成分を用いて計算できる．すなわち，
> $\vec{a} = (a_1, a_2)$ のとき，$|\vec{a}| = \sqrt{a_1{}^2 + a_2{}^2}$
> である．

(1) $\begin{cases} \vec{a} + \vec{b} = (3, 0) & \cdots ① \\ \vec{a} - \vec{b} = (1, 2) & \cdots ② \end{cases}$

①＋②より，

$2\vec{a} = (4, 2)$
$\vec{a} = (2, 1)$

①－②より，
$2\vec{b} = (2, -2)$
$\vec{b} = (1, -1)$

よって，
$2\vec{a} + 3\vec{b} = (4, 2) + (3, -3)$
$= (7, -1)$

であるから，
$|2\vec{a} + 3\vec{b}| = \sqrt{7^2 + (-1)^2}$
$= 5\sqrt{2}$

(2) $\vec{a} = (1, 3)$，$\vec{b} = (2, -1)$ より，
$\vec{a} + t\vec{b} = (1, 3) + t(2, -1)$
$= (1+2t, 3-t)$

これより，
$|\vec{a} + t\vec{b}| = \sqrt{(1+2t)^2 + (3-t)^2}$
$= \sqrt{5t^2 - 2t + 10}$
$= \sqrt{5\left(t^2 - \dfrac{2}{5}t\right) + 10}$
$= \sqrt{5\left(t - \dfrac{1}{5}\right)^2 + \dfrac{49}{5}}$

したがって，$|\vec{a} + t\vec{b}|$ の最小値は，
$\sqrt{\dfrac{49}{5}} = \dfrac{7}{\sqrt{5}}$

また，そのときの t の値は，
$t = \dfrac{1}{5}$

101

> $|\vec{a} - \vec{b}|^2 = |\vec{a}|^2 - 2\vec{a} \cdot \vec{b} + |\vec{b}|^2$ のように，ベクトルでも普通の文字式と同様の"展開"のような操作が可能である．
> $\vec{a} \cdot \vec{b}$ は，$\vec{a}$ と $\vec{b}$ のなす角が不明なので $|\vec{a} - \vec{b}| = 6$ を2乗して求める．
> また，2つのベクトルが直交する条件は「内積＝0」と考える．

(1) $|\vec{a} - \vec{b}| = 6$ を2乗すると，
$|\vec{a}|^2 - 2\vec{a} \cdot \vec{b} + |\vec{b}|^2 = 36$

となるから，$|\vec{a}| = 3$，$|\vec{b}| = 4$ を代入すると，

$$9 - 2\vec{a}\cdot\vec{b} + 16 = 36$$
$$-2\vec{a}\cdot\vec{b} = 11$$
$$\vec{a}\cdot\vec{b} = -\frac{11}{2}$$

(2) $\vec{a}\cdot\vec{b} = |\vec{a}||\vec{b}|\cos\theta$ であるから,
$$\cos\theta = \frac{\vec{a}\cdot\vec{b}}{|\vec{a}||\vec{b}|} = \frac{-\frac{11}{2}}{3\cdot 4} = -\frac{11}{24}$$

(3) $(\vec{a}+t\vec{b})\perp\vec{b}$ になるとき,
$$(\vec{a}+t\vec{b})\cdot\vec{b}=0$$
であるから,
$$\vec{a}\cdot\vec{b}+t|\vec{b}|^2=0$$
よって,
$$-\frac{11}{2}+16t=0$$
$$t=\frac{11}{32}$$

102

> Q は OA 上にあるから, $\overrightarrow{OQ}=k\overrightarrow{OA}$ とおける. そして, $\overrightarrow{PQ}$ を $\overrightarrow{OA}$, $\overrightarrow{OB}$ で表し, $\overrightarrow{PQ}\cdot\overrightarrow{OA}=0$ であることを利用して k の値を決定すればよい.

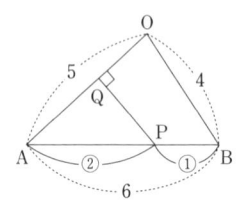

AP:PB=2:1 より,
$$\overrightarrow{OP}=\frac{1}{3}\overrightarrow{OA}+\frac{2}{3}\overrightarrow{OB}$$

また, Q は直線 OA 上にあるから,
$$\overrightarrow{OQ}=k\overrightarrow{OA} \quad \cdots\text{①}$$
とおけるので,
$$\overrightarrow{PQ}=\overrightarrow{OQ}-\overrightarrow{OP}$$
$$=k\overrightarrow{OA}-\left(\frac{1}{3}\overrightarrow{OA}+\frac{2}{3}\overrightarrow{OB}\right)$$
$$=\left(k-\frac{1}{3}\right)\overrightarrow{OA}-\frac{2}{3}\overrightarrow{OB} \quad \cdots\text{②}$$

と表せる.
条件より, $\overrightarrow{PQ}\perp\overrightarrow{OA}$ なので,

$$\overrightarrow{PQ}\cdot\overrightarrow{OA}=0$$
である. よって, ②を用いると,
$$\left\{\left(k-\frac{1}{3}\right)\overrightarrow{OA}-\frac{2}{3}\overrightarrow{OB}\right\}\cdot\overrightarrow{OA}=0$$
$$\left(k-\frac{1}{3}\right)|\overrightarrow{OA}|^2-\frac{2}{3}\overrightarrow{OA}\cdot\overrightarrow{OB}=0 \quad \cdots\text{③}$$

ここで, $|\overrightarrow{AB}|=6$ より, $|\overrightarrow{OB}-\overrightarrow{OA}|=6$ なので,
$$|\overrightarrow{OB}|^2-2\overrightarrow{OA}\cdot\overrightarrow{OB}+|\overrightarrow{OA}|^2=36$$
$$16-2\overrightarrow{OA}\cdot\overrightarrow{OB}+25=36$$
$$-2\overrightarrow{OA}\cdot\overrightarrow{OB}=-5$$
$$\overrightarrow{OA}\cdot\overrightarrow{OB}=\frac{5}{2}$$

$|\overrightarrow{OA}|=5$, $\overrightarrow{OA}\cdot\overrightarrow{OB}=\frac{5}{2}$ を③に代入すると,
$$\left(k-\frac{1}{3}\right)\cdot 25-\frac{2}{3}\cdot\frac{5}{2}=0$$
$$25k-\frac{25}{3}-\frac{5}{3}=0$$
$$k=\frac{2}{5}$$

したがって, ②より,
$$\overrightarrow{PQ}=\left(\frac{2}{5}-\frac{1}{3}\right)\overrightarrow{OA}-\frac{2}{3}\overrightarrow{OB}$$
$$=\frac{1}{15}\overrightarrow{OA}-\frac{2}{3}\overrightarrow{OB}$$

103

> 外接円の中心 (外心) を始点とする条件が与えられている頻出タイプの問題である.
> (1)では ∠BOC が問われているので, 内積 $\overrightarrow{OB}\cdot\overrightarrow{OC}$ の値を求めて考えればよい.
> (2)の点 H は, 直線 CO と直線 AB の交点であるから,「2 通りに表して係数比較」という方針が有効である.

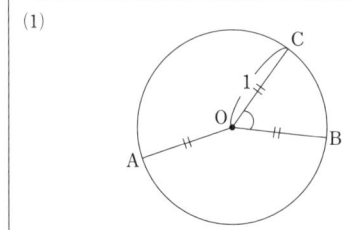

(1)

$7\vec{OA}+5\vec{OB}+3\vec{OC}=\vec{0}$ より，
$$5\vec{OB}+3\vec{OC}=-7\vec{OA}$$
となるから，両辺の大きさについて，
$$|5\vec{OB}+3\vec{OC}|=|-7\vec{OA}|$$
が成り立つ．これを2乗すると，
$$25|\vec{OB}|^2+30\vec{OB}\cdot\vec{OC}+9|\vec{OC}|^2=49|\vec{OA}|^2$$
となり，$|\vec{OA}|=|\vec{OB}|=|\vec{OC}|=1$ であるから，
$$25+30\vec{OB}\cdot\vec{OC}+9=49$$
$$\vec{OB}\cdot\vec{OC}=\frac{1}{2}$$
これより，$\vec{OB}\cdot\vec{OC}=|\vec{OB}||\vec{OC}|\cos\angle BOC$ であるから，
$$\cos\angle BOC=\frac{\vec{OB}\cdot\vec{OC}}{|\vec{OB}||\vec{OC}|}=\frac{1}{2}$$
したがって，
$$\angle BOC=60°$$

(2)

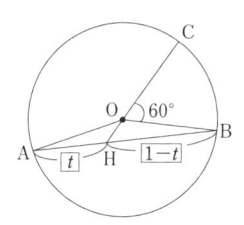

$7\vec{OA}+5\vec{OB}+3\vec{OC}=\vec{0}$ より，
$$\vec{OC}=-\frac{7}{3}\vec{OA}-\frac{5}{3}\vec{OB}$$
Hは直線OC上にあるから，
$$\vec{OH}=k\vec{OC} \quad \cdots ①$$
$$=-\frac{7}{3}k\vec{OA}-\frac{5}{3}k\vec{OB} \quad \cdots ②$$
一方，AH:HB=t:($1-t$) とすると，
$$\vec{OH}=(1-t)\vec{OA}+t\vec{OB} \quad \cdots ③$$
②，③において，$\vec{OA}$，$\vec{OB}$ は1次独立であるから，
$$\begin{cases}-\dfrac{7}{3}k=1-t\\ -\dfrac{5}{3}k=t\end{cases}$$
これを解くと，$k=-\dfrac{1}{4}$，$t=\dfrac{5}{12}$ となるので，①より，
$$\vec{OH}=-\frac{1}{4}\vec{OC}$$

(3) $\angle BOC=60°$，$\vec{OH}=-\dfrac{1}{4}\vec{OC}$ より，次の図のようになっていることが分かる．

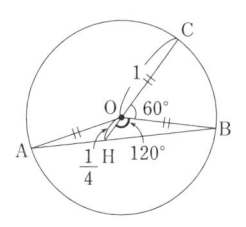

したがって，$\angle HOB=120°$，$OH=\dfrac{1}{4}$，$OB=1$ であるから，
$$\triangle OHB=\frac{1}{2}\cdot OH\cdot OB\cdot \sin 120°$$
$$=\frac{1}{2}\cdot\frac{1}{4}\cdot 1\cdot\frac{\sqrt{3}}{2}$$
$$=\frac{\sqrt{3}}{16}$$

104

4点A，B，C，Dが同一平面上にあるのは，
$$\vec{AD}=s\vec{AB}+t\vec{AC}\ (s,\ t\text{ は実数})$$
が成り立つときである．

与えられた座標の条件より，
$$\vec{AB}=\vec{OB}-\vec{OA}$$
$$=(2,\ 1,\ 0)-(1,\ 2,\ 3)=(1,\ -1,\ -3)$$
$$\vec{AC}=\vec{OC}-\vec{OA}$$
$$=(3,\ 2,\ 1)-(1,\ 2,\ 3)=(2,\ 0,\ -2)$$
$$\vec{AD}=\vec{OD}-\vec{OA}$$
$$=(-1,\ 2,\ z)-(1,\ 2,\ 3)=(-2,\ 0,\ z-3)$$
4点A，B，C，Dが同一平面上にあるとき，
$$\vec{AD}=s\vec{AB}+t\vec{AC}$$
が成り立つから，
$$(-2,\ 0,\ z-3)=s(1,\ -1,\ -3)+t(2,\ 0,\ -2)$$
これより，各成分を比較することにより，
$$\begin{cases}-2=s+2t & \cdots ①\\ 0=-s & \cdots ②\\ z-3=-3s-2t & \cdots ③\end{cases}$$
②より，$s=0$ であり，①に代入すると $t=-1$ となる．
したがって，③より，

$z-3=2$
$z=5$

105

(2)の点Sは直線ARと平面OBCの交点であるから，
・Sが直線AR上にあること
・Sが平面OBC上にあること
に注目して2つの式を立てて考える．

(1)

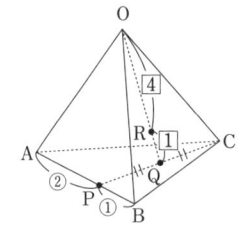

$AP:PB=2:1$ より，
$$\overrightarrow{OP}=\frac{1}{3}\overrightarrow{OA}+\frac{2}{3}\overrightarrow{OB}$$

Qは線分PCの中点なので，
$$\overrightarrow{OQ}=\frac{1}{2}\overrightarrow{OP}+\frac{1}{2}\overrightarrow{OC}$$
$$=\frac{1}{2}\left(\frac{1}{3}\overrightarrow{OA}+\frac{2}{3}\overrightarrow{OB}\right)+\frac{1}{2}\overrightarrow{OC}$$
$$=\frac{1}{6}\overrightarrow{OA}+\frac{1}{3}\overrightarrow{OB}+\frac{1}{2}\overrightarrow{OC}$$

さらに，$OR:RQ=4:1$ であるから，
$$\overrightarrow{OR}=\frac{4}{5}\overrightarrow{OQ}$$
$$=\frac{4}{5}\left(\frac{1}{6}\overrightarrow{OA}+\frac{1}{3}\overrightarrow{OB}+\frac{1}{2}\overrightarrow{OC}\right)$$
$$=\frac{2}{15}\overrightarrow{OA}+\frac{4}{15}\overrightarrow{OB}+\frac{2}{5}\overrightarrow{OC}$$

(2)

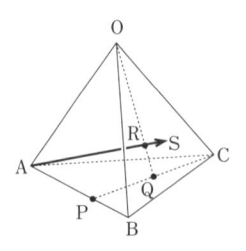

Sは直線AR上にあるから，
$$\overrightarrow{AS}=k\overrightarrow{AR}$$
と表せる．これより，
$$\overrightarrow{OS}-\overrightarrow{OA}=k(\overrightarrow{OR}-\overrightarrow{OA})$$
よって，(1)の結果を用いると，
$$\overrightarrow{OS}=(1-k)\overrightarrow{OA}+k\overrightarrow{OR}$$
$$=(1-k)\overrightarrow{OA}+\frac{2}{15}k\overrightarrow{OA}+\frac{4}{15}k\overrightarrow{OB}+\frac{2}{5}k\overrightarrow{OC}$$
$$=\left(1-\frac{13}{15}k\right)\overrightarrow{OA}+\frac{4}{15}k\overrightarrow{OB}+\frac{2}{5}k\overrightarrow{OC} \cdots ①$$

一方，Sは平面OBC上の点であるから，
$$\overrightarrow{OS}=s\overrightarrow{OB}+t\overrightarrow{OC} \quad \cdots ②$$
と表せる．

①，②において，$\overrightarrow{OA}$, $\overrightarrow{OB}$, $\overrightarrow{OC}$ は1次独立であるから，
$$\begin{cases} 1-\frac{13}{15}k=0 \\ \frac{4}{15}k=s \\ \frac{2}{5}k=t \end{cases}$$

これより，$k=\frac{15}{13}$, $s=\frac{4}{13}$, $t=\frac{6}{13}$ となる．

よって，$k=\frac{15}{13}$ より，
$$\overrightarrow{AS}=\frac{15}{13}\overrightarrow{AR}$$
となるので，
$$AR:RS=13:2$$

106

$\overrightarrow{OH}$は平面αすなわち平面ABCに垂直であるが，これは，
$$\overrightarrow{OH} \perp \overrightarrow{AB} \text{ かつ } \overrightarrow{OH} \perp \overrightarrow{AC}$$
が成り立っていると考える．

(1) 条件より，
$$\overrightarrow{AB}=(-1, 1, 3), \overrightarrow{AC}=(1, 2, 1)$$
となるから，
$$|\overrightarrow{AB}|=\sqrt{1+1+9}=\sqrt{11},$$
$$|\overrightarrow{AC}|=\sqrt{1+4+1}=\sqrt{6},$$
$$\overrightarrow{AB}\cdot\overrightarrow{AC}=-1+2+3=4$$
である．これより，
$$\text{面積}S=\frac{1}{2}\sqrt{|\overrightarrow{AB}|^2|\overrightarrow{AC}|^2-(\overrightarrow{AB}\cdot\overrightarrow{AC})^2}$$
$$=\frac{1}{2}\sqrt{11\cdot 6-4^2}$$

$$= \frac{1}{2}\sqrt{50}$$
$$= \frac{5\sqrt{2}}{2}$$

(2)

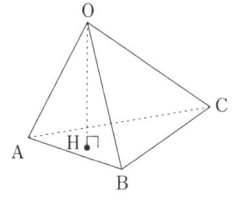

$\overrightarrow{AH} = s\overrightarrow{AB} + t\overrightarrow{AC}$ より,
$$\overrightarrow{OH} = \overrightarrow{OA} + \overrightarrow{AH}$$
$$= \overrightarrow{OA} + s\overrightarrow{AB} + t\overrightarrow{AC} \quad \cdots ①$$

である.

このとき, $\overrightarrow{OH} \perp$ (平面 α) であるから,
$$\overrightarrow{OH} \perp \overrightarrow{AB} \text{ かつ } \overrightarrow{OH} \perp \overrightarrow{AC}$$

である.

まず, $\overrightarrow{OH} \cdot \overrightarrow{AB} = 0$ より,
$$(\overrightarrow{OA} + s\overrightarrow{AB} + t\overrightarrow{AC}) \cdot \overrightarrow{AB} = 0$$
$$\overrightarrow{OA} \cdot \overrightarrow{AB} + s|\overrightarrow{AB}|^2 + t\overrightarrow{AB} \cdot \overrightarrow{AC} = 0$$

ここで,
$$\overrightarrow{OA} \cdot \overrightarrow{AB} = 0 \cdot (-1) + (-1) \cdot 1 + 2 \cdot 3 = 5$$

であるから,
$$5 + 11s + 4t = 0 \quad \cdots ②$$

次に, $\overrightarrow{OH} \cdot \overrightarrow{AC} = 0$ より,
$$(\overrightarrow{OA} + s\overrightarrow{AB} + t\overrightarrow{AC}) \cdot \overrightarrow{AC} = 0$$
$$\overrightarrow{OA} \cdot \overrightarrow{AC} + s\overrightarrow{AB} \cdot \overrightarrow{AC} + t|\overrightarrow{AC}|^2 = 0$$

ここで,
$$\overrightarrow{OA} \cdot \overrightarrow{AC} = 0 \cdot 1 + (-1) \cdot 2 + 2 \cdot 1 = 0$$

であるから,
$$4s + 6t = 0 \quad \cdots ③$$

②, ③を解くと,
$$s = -\frac{3}{5}, \quad t = \frac{2}{5}$$

(3) ①から,
$$\overrightarrow{OH} = \overrightarrow{OA} - \frac{3}{5}\overrightarrow{AB} + \frac{2}{5}\overrightarrow{AC}$$
$$= (0, -1, 2) - \frac{3}{5}(-1, 1, 3)$$
$$+ \frac{2}{5}(1, 2, 1)$$

$$= \left(0 + \frac{3}{5} + \frac{2}{5}, -1 - \frac{3}{5} + \frac{4}{5}, 2 - \frac{9}{5} + \frac{2}{5}\right)$$
$$= \left(1, -\frac{4}{5}, \frac{3}{5}\right)$$

したがって,
$$H\left(1, -\frac{4}{5}, \frac{3}{5}\right)$$

(4) (3)の結果から,
$$OH = \sqrt{1 + \left(-\frac{4}{5}\right)^2 + \left(\frac{3}{5}\right)^2}$$
$$= \sqrt{\frac{25 + 16 + 9}{25}}$$
$$= \sqrt{2}$$

よって, 三角形 ABC を底面, OH を高さと考えると,
$$(\text{体積}) = \frac{1}{3} \times \frac{5\sqrt{2}}{2} \times \sqrt{2} = \frac{5}{3}$$

107

初項が正の値で和 S_n が $n=15$ で最大になることから,
 (ア) 公差 d は負
 (イ) a_{15} までが正で, a_{16} からは負
と分かる. もし, a_{16} 以降も正の値が続くのであれば, S_{15} よりも S_{16} の方が大きくなるはずである.

和 S_n が $n=15$ のとき最大になるから, 公差を d とすると, $d<0$ であり,
$$\begin{cases} a_{15} = 305 + 14d > 0 & \cdots ① \\ a_{16} = 305 + 15d < 0 & \cdots ② \end{cases}$$

が成り立つ.

①より, $d > -\dfrac{305}{14} = -21.78\cdots$ となる.

②より, $d < -\dfrac{305}{15} = -20.33\cdots$ となる.

したがって,
$$-21.78 < d < -20.33$$

であり, d は整数であるから,
$$\text{公差 } d = -21$$

108

初項を a, 公比を r とおいて, 和についての条件式を立てる. その後の計算を,

> $r^{4n}-1=(r^{2n}-1)(r^{2n}+1)$
> であることに注意して、要領良く進めよう。

初項を a, 公比を $r(>0)$ とすると,
$$\begin{cases} \dfrac{a(r^{2n}-1)}{r-1}=2 & \cdots ① \\ \dfrac{a(r^{4n}-1)}{r-1}=164 & \cdots ② \end{cases}$$

② より,
$$\dfrac{a(r^{2n}-1)}{r-1}(r^{2n}+1)=164$$

これに① を代入すると,
$$2\cdot(r^{2n}+1)=164$$
$$r^{2n}=81$$
$$r^n=9 \quad \cdots ③$$

このとき, ① より,
$$\dfrac{a(81-1)}{r-1}=2$$
$$\dfrac{a}{r-1}=\dfrac{1}{40} \quad \cdots ④$$

③, ④ を用いると,
$$S_n=\dfrac{a(r^n-1)}{r-1}$$
$$=\dfrac{a}{r-1}(r^n-1)$$
$$=\dfrac{1}{40}(9-1)$$
$$=\dfrac{1}{5}$$

109

> (1)の数列の第 k 項の分母は,
> $$1+2+3+\cdots+k=\dfrac{1}{2}k(k+1)$$
> となるので, 第 k 項は,
> $$\dfrac{1}{\frac{1}{2}k(k+1)}=\dfrac{2}{k(k+1)}$$
> である. 分母が因数分解されているので, この数列の和は, 部分分数分解を利用して考える.

(1) 与えられた数列の第 k 項を a_k とすると,
$$a_k=\dfrac{1}{1+2+3+\cdots+k}$$
$$=\dfrac{1}{\frac{1}{2}k(k+1)}$$
$$=\dfrac{2}{k(k+1)}$$

したがって, この数列の第 20 項 a_{20} は,
$$a_{20}=\dfrac{2}{20\cdot 21}=\dfrac{1}{210}$$

また, 初項から第 100 項までの和を S_{100} とすると,
$$S_{100}=\sum_{k=1}^{100}\dfrac{2}{k(k+1)}$$
$$=\sum_{k=1}^{100}2\left(\dfrac{1}{k}-\dfrac{1}{k+1}\right)$$
$$=2\left(1-\dfrac{1}{2}\right)+2\left(\dfrac{1}{2}-\dfrac{1}{3}\right)$$
$$+\cdots+2\left(\dfrac{1}{100}-\dfrac{1}{101}\right)$$
$$=2\left(1-\dfrac{1}{101}\right)$$
$$=\dfrac{200}{101}$$

(2) 与えられた数列の第 k 項は,
$$\dfrac{1}{(3k-2)(3k+1)}=\dfrac{1}{3}\left(\dfrac{1}{3k-2}-\dfrac{1}{3k+1}\right)$$
であるから,
$$(与式)=\dfrac{1}{3}\left(\dfrac{1}{1}-\dfrac{1}{4}\right)+\dfrac{1}{3}\left(\dfrac{1}{4}-\dfrac{1}{7}\right)$$
$$+\cdots+\dfrac{1}{3}\left(\dfrac{1}{100}-\dfrac{1}{103}\right)$$
$$=\dfrac{1}{3}\left(1-\dfrac{1}{103}\right)$$
$$=\dfrac{1}{3}\cdot\dfrac{102}{103}$$
$$=\dfrac{34}{103}$$

110

> $\sum_{k=1}^{n}(k\cdot 2^k)$ を具体的に書いてみると,
> $$1\cdot 2+2\cdot 2^2+3\cdot 2^3+\cdots+n\cdot 2^n$$
> となっていて, (等差)×(等比) の和であるから, $S-rS$ を計算してみる.

$S_n=\sum_{k=1}^{n}a_k=a_1+a_2+a_3+\cdots+a_n$ とすると,
$$S_n=1\cdot 2+2\cdot 2^2+3\cdot 2^3+\cdots+n\cdot 2^n$$
$$2S_n=\quad 1\cdot 2^2+2\cdot 2^3+\cdots+(n-1)2^n+n\cdot 2^{n+1}$$
辺々引くと,
$$-S_n=2+2^2+2^3+\cdots+2^n-n\cdot 2^{n+1}$$
$$=\dfrac{2(2^n-1)}{2-1}-n\cdot 2^{n+1}$$

$$= 2^{n+1} - 2 - n \cdot 2^{n+1}$$
$$= -2 - (n-1) \cdot 2^{n+1}$$
したがって,
$$-S_n = -2 - (n-1) \cdot 2^{n+1}$$
$$S_n = \boldsymbol{2 + (n-1) \cdot 2^{n+1}}$$

111

> $a_{n+1} - a_n = 3$ から, 数列 $\{a_n\}$ は隣り合う項の差がつねに 3 であるから, 公差が 3 の等差数列と分かる.
>
> 一方, $b_{n+1} - b_n = -4n + 2$ は, 数列 $\{b_n\}$ の階差数列の第 n 項が $-4n+2$ であることを教えてくれている.「公差 $-4n+2$ の等差数列」という間違いをしてはいけない. 等差数列は n がいくつであっても隣り合う項の差が等しい(一定の)数列である. 隣り合う項の差である $-4n+2$ が n の値によって変化するので, これは等差ではない.

(1) $a_{n+1} = a_n + 3$ より, $a_{n+1} - a_n = 3$ である.
よって, 数列 $\{a_n\}$ は公差 3 の等差数列であり, 初項は 10 なので,
$$a_n = 10 + (n-1) \cdot 3 = \boldsymbol{3n+7}$$

(2) $b_{n+1} = b_n - 4n + 2$ より,
$$b_{n+1} - b_n = -4n + 2 \quad \cdots ①$$
①より, 数列 $\{b_n\}$ の階差数列を $\{c_n\}$ とすると, $c_n = -4n + 2$ である.
$n \geq 2$ のとき,
$$b_n = b_1 + \sum_{k=1}^{n-1}(-4k+2)$$
$$= b_1 - 4\sum_{k=1}^{n-1} k + 2\sum_{k=1}^{n-1} 1$$
$$= 100 - 4 \cdot \frac{1}{2}(n-1)n + 2(n-1)$$
$$= -2n^2 + 4n + 98 \quad \cdots ②$$
②で $n=1$ とすると,
$$-2 + 4 + 98 = 100 (= b_1)$$
となるので, ②は $n=1$ でも成り立つ.
ゆえに,
$$b_n = \boldsymbol{-2n^2 + 4n + 98}$$

(3) $a_n \geq b_n$ が成り立つ n の範囲を求めると,
$$3n + 7 \geq -2n^2 + 4n + 98$$
$$2n^2 - n - 91 \geq 0$$
$$(2n+13)(n-7) \geq 0$$
$$n \leq -\frac{13}{2}, \ 7 \leq n$$
n は自然数であるから, $n = 7, 8, 9, \cdots$ である.
ゆえに, $a_n \geq b_n$ となる最小の n は,
$$\boldsymbol{n = 7}$$

112

> 和の条件から一般項 a_n を求めたいので, $a_n = S_n - S_{n-1}$ を用いる. ただし, この関係は「$n \geq 2$ のとき」という条件つきで使用できる関係なので, この関係を用いて得られた a_n の式は, $n=1$ でも正しいのかを確認しなければならない. 正しくないのであれば, $n=1$ の場合を別に扱う必要がある.

$$S_n = n \cdot 3^{n+1} - 1 \quad \cdots ①$$
①で $n=1$ にすると,
$$S_1 = 1 \cdot 3^2 - 1 = 9 - 1 = 8$$
となり, $S_1 = a_1$ なので,
$$a_1 = 8$$
$n \geq 2$ のとき,
$$a_n = S_n - S_{n-1}$$
$$= n \cdot 3^{n+1} - 1 - \{(n-1) \cdot 3^n - 1\}$$
$$= n \cdot 3^{n+1} - (n-1) \cdot 3^n$$
$$= 3n \cdot 3^n - n \cdot 3^n + 3^n$$
$$= (2n+1) \cdot 3^n$$
以上より,
$$\begin{cases} \boldsymbol{a_1 = 8} \\ \boldsymbol{a_n = (2n+1) \cdot 3^n} \ (n \geq 2) \end{cases}$$

<補足>
$a_n = (2n+1) \cdot 3^n$ において $n=1$ にすると,
$$a_1 = (2 \cdot 1 + 1) \cdot 3 = 9$$
となるので, $a_1 = 8$ は得られない. つまり, $a_n = (2n+1) \cdot 3^n$ は $n=1$ の場合には成り立たないので, 上の解答のように, $a_1 = 8$ を別扱いにして答える.

113

この問題の数列は, 1, 2, 3, … と並んでいるから,「先頭から数えて p 番目

の項が p」というシンプルな設定になっている.

(1)は，第 n 群の最初の数が先頭から数えて何番目か分かれば，それがそのまま第 n 群の最初の数になる.

(3)は，365 がこの数列の 365 番目の項であることから，365 が第 N 群に属するとすれば，
(第 $N-1$ 群の末項までの項数)＜365
≦(第 N 群の末項までの項数)
となるので，これを満たす N を求める.

(1) 第 k 群の項数 $2k-1$ 個なので，第 m 群の末項までの項数は，
$$1+3+5+\cdots+(2m-1)$$
$$=\sum_{k=1}^{m}(2k-1)$$
$$=2\cdot\frac{1}{2}m(m+1)-m$$
$$=m^2 \quad \cdots ①$$
よって，第 $n-1$ 群の末項までの項数は，①で m を $n-1$ にして，$(n-1)^2$ である.
したがって，第 n 群の 1 番目の数は，
$$(n-1)^2+1=\boldsymbol{n^2-2n+2}$$

(2) 第 n 群は，
初項 n^2-2n+2，末項 n^2，項数 $2n-1$
の等差数列であるから，求める和は等差数列の和の公式を用いると，
$$\frac{2n-1}{2}\{(n^2-2n+2)+n^2\}$$
$$=\boldsymbol{(2n-1)(n^2-n+1)}$$

(3) 365 が第 N 群に入っているとすると，
(第 $N-1$ 群の末項)＜365≦(第 N 群の末項)
となるので，
$$(N-1)^2<365\leq N^2 \quad \cdots ②$$
ここで，$19^2=361$，$20^2=400$ であるから，②を満たす N は，$N=20$ である.
第 19 群の末項は 361 であるから，
$365-361=4$ より，
365 は第 20 群の 4 番目

114

2 個の 2 を第 1 群，4 個の 4 を第 2 群，…と群に分けて考える．このとき，
第 k 群には $2k$ 個の $2k$
が含まれるから，第 k 群の和を S_k とすると，
$$S_k=2k\times 2k=4k^2$$
となる．(2)は，この S_k を使って和の計算を行う.

(1) 2 個の 2 を第 1 群，4 個の 4 を第 2 群，…と群に分けて考える．このとき，第 k 群には $2k$ 個の $2k$ が含まれるから，第 m 群の末項までの項数は，
$$2+4+6+\cdots+2m$$
$$=2(1+2+3+\cdots+m)$$
$$=2\cdot\frac{1}{2}m(m+1)$$
$$=m(m+1)$$
a_{100} が第 N 群に入っているとすると，
(第 $N-1$ 群の末項)＜a_{100}≦(第 N 群の末項)
となるので，項数に関して，
$$(N-1)N<100\leq N(N+1) \quad \cdots ①$$
ここで，$9\cdot 10=90$，$10\cdot 11=110$ であるから，①を満たす N は，$N=10$ である.
第 9 群の末項は a_{90} であるから，
$100-90=10$ より，
a_{100} は第 10 群の 10 番目
であり，a_{100} は第 10 群に含まれることから，
$$\boldsymbol{a_{100}=20}$$

(2) 第 k 群の $2k$ 個の項の和を S_k とすると，
$$S_k=2k\times 2k=4k^2$$
である．よって，求める和は，
$$S_1+S_2+\cdots+S_9+(20\times 10)$$
$$=\sum_{k=1}^{9}S_k+200$$
$$=\sum_{k=1}^{9}4k^2+200$$
$$=4\cdot\frac{1}{6}\cdot 9\cdot(9+1)(2\cdot 9+1)+200$$
$$=\boldsymbol{1340}$$

115

$a_{n+1}=pa_n+q$ の形の漸化式は，
$$\alpha=p\alpha+q$$
を満たす α を用いて，

$$a_{n+1}-\alpha=p(a_n-\alpha)$$
の形に変形して考える．

(1) $\alpha=-2\alpha+3$ を満たす α を求めると，$\alpha=1$ である．そこで，
$$a_{n+1}=-2a_n+3,$$
$$1=-2\cdot1+3$$
の差をとると，
$$a_{n+1}-1=-2(a_n-1) \quad \cdots ①$$
となる．

①より，数列 $\{a_n-1\}$ は公比 -2 の等比数列であり，
初項 $a_1-1=2-1=1$
である．よって，
$$a_n-1=1\cdot(-2)^{n-1}$$
$$\boldsymbol{a_n=(-2)^{n-1}+1}$$

(2) $\alpha=3\alpha+2$ を満たす α を求めると，$\alpha=-1$ である．そこで，
$$a_{n+1}=3a_n+2,$$
$$-1=3\cdot(-1)+2$$
の差をとると，
$$a_{n+1}+1=3(a_n+1) \quad \cdots ②$$
となる．

②より，数列 $\{a_n+1\}$ は公比 3 の等比数列であり，
初項 $a_1+1=1+1=2$
である．よって，
$$a_n+1=2\cdot3^{n-1}$$
$$\boldsymbol{a_n=2\cdot3^{n-1}-1}$$

116

(1)は，与えられた漸化式の両辺を 3^{n+1} で割る．
(2)は，与えられた漸化式の逆数を考える．

(1) $a_{n+1}=2a_n+3^n$ の両辺を 3^{n+1} で割ると，
$$\frac{a_{n+1}}{3^{n+1}}=2\cdot\frac{a_n}{3^{n+1}}+\frac{3^n}{3^{n+1}}$$
$$\frac{a_{n+1}}{3^{n+1}}=\frac{2}{3}\cdot\frac{a_n}{3^n}+\frac{1}{3} \quad \cdots ①$$

ここで，$\frac{a_n}{3^n}=b_n \cdots ②$ とおくと
$b_1=\frac{a_1}{3}=\frac{1}{3}$ であり，①より，

$$b_{n+1}=\frac{2}{3}b_n+\frac{1}{3} \quad \cdots ③$$

が得られる．③を変形すると，
$$b_{n+1}-1=\frac{2}{3}(b_n-1)$$

これより，数列 $\{b_n-1\}$ は公比 $\frac{2}{3}$ の等比数列であり，
初項 $b_1-1=\frac{1}{3}-1=-\frac{2}{3}$
よって，
$$b_n-1=-\frac{2}{3}\cdot\left(\frac{2}{3}\right)^{n-1}=-\left(\frac{2}{3}\right)^n$$
$$b_n=1-\left(\frac{2}{3}\right)^n$$

②より，$a_n=3^n\cdot b_n$ であるから，
$$\boldsymbol{a_n=3^n\left\{1-\left(\frac{2}{3}\right)^n\right\}=3^n-2^n}$$

(2) $$a_{n+1}=\frac{a_n}{3a_n+1} \quad \cdots ④$$

与えられた漸化式から，帰納的に $a_n\neq0$ であり，④の逆数を考えると，
$$\frac{1}{a_{n+1}}=\frac{3a_n+1}{a_n}$$
$$\frac{1}{a_{n+1}}=\frac{1}{a_n}+3$$

ここで，$\frac{1}{a_n}=b_n$ とすると，
$$b_{n+1}=b_n+3$$

これより，数列 $\{b_n\}$ は公差 3 の等差数列であり，
初項 $b_1=\frac{1}{a_1}=4$
である．よって，
$$b_n=4+(n-1)\cdot3=3n+1$$
ゆえに，
$$\boldsymbol{a_n=\frac{1}{b_n}=\frac{1}{3n+1}}$$

117

まず b_{n+1} と b_n の関係を求めてみる．b_{n+1} と b_n の関係は基本形の漸化式となるので，これを解けば b_n が得られる．

なお，$b_1=a_2-a_1$ であるが，a_2 は与えられた漸化式で n を 1 にすれば手に入れることができる．

(1) $$a_{n+2}=\frac{3}{4}a_{n+1}+\frac{n+1}{2} \quad \cdots ①$$

$$a_{n+1} = \frac{3}{4}a_n + \frac{n}{2} \quad \cdots ②$$

①−②から
$$a_{n+2} - a_{n+1} = \frac{3}{4}(a_{n+1} - a_n) + \frac{1}{2} \quad \cdots ③$$

ここで，$a_{n+1} - a_n = b_n$ とおくと，③から，
$$b_{n+1} = \frac{3}{4}b_n + \frac{1}{2} \quad \cdots ④$$

であり，初項 b_1 は，
$$\begin{aligned}
b_1 &= a_2 - a_1 \\
&= \left(\frac{3}{4}a_1 + \frac{1}{2}\right) - a_1 \\
&= \left(\frac{3}{4} \cdot 2 + \frac{1}{2}\right) - 2 \\
&= 0
\end{aligned}$$

④を変形すると，
$$b_{n+1} - 2 = \frac{3}{4}(b_n - 2)$$

これより，数列 $\{b_n - 2\}$ は公比 $\frac{3}{4}$ の等比数列であり，
初項 $b_1 - 2 = 0 - 2 = -2$
である．よって，
$$b_n - 2 = -2 \cdot \left(\frac{3}{4}\right)^{n-1}$$
$$b_n = 2 - 2\left(\frac{3}{4}\right)^{n-1}$$

(2) (1)の結果より，
$$a_{n+1} - a_n = 2 - 2\left(\frac{3}{4}\right)^{n-1}$$

これに②を代入すると，
$$\frac{3}{4}a_n + \frac{n}{2} - a_n = 2 - 2\left(\frac{3}{4}\right)^{n-1}$$
$$-\frac{1}{4}a_n = 2 - 2\left(\frac{3}{4}\right)^{n-1} - \frac{n}{2}$$
$$a_n = -8 + 8\left(\frac{3}{4}\right)^{n-1} + 2n$$

118

前問と同じタイプの漸化式であるが，別の誘導になっている．このような誘導も入試ではしばしば見られるので，本問で慣れておこう．

数列 $\{b_n\}$ が等比数列になるのは，r を定数として，
$$b_{n+1} = rb_n$$
が成り立つときである．このとき，r が公比になる．

(1)
$$a_{n+1} = 3a_n + 8n \quad \cdots ①$$
$$b_n = a_n + pn + q \quad \cdots ②$$ とすると，
$$a_n = b_n - pn - q,$$
$$a_{n+1} = b_{n+1} - p(n+1) - q$$

であるから，これらを①に代入すると，
$$b_{n+1} - p(n+1) - q = 3(b_n - pn - q) + 8n$$
$$b_{n+1} - pn - (p+q) = 3b_n + (-3p+8)n - 3q$$
$$\cdots ③$$

数列 $\{b_n\}$ が等比数列になるのは，r を定数として，
$$b_{n+1} = rb_n$$
が成り立つときであるから，③において，
$$\begin{cases} -p = -3p + 8 \\ p + q = 3q \end{cases}$$
であればよい．これを解くと，
$$p = 4, \quad q = 2$$

(2) $p = 4$, $q = 2$ のとき，③から，
$$b_{n+1} = 3b_n$$
となるから，数列 $\{b_n\}$ は公比 3 の等比数列である．
また，$p = 4$, $q = 2$ のとき，②より，
$$b_n = a_n + 4n + 2 \quad \cdots ④$$
であり，初項 b_1 は，
$$\begin{aligned}
b_1 &= a_1 + 4 \cdot 1 + 2 \\
&= -2 + 4 + 2 \\
&= 4
\end{aligned}$$
よって，
$$b_n = 4 \cdot 3^{n-1}$$
ゆえに，④から，
$$4 \cdot 3^{n-1} = a_n + 4n + 2$$
となるから，
$$a_n = 4 \cdot 3^{n-1} - 4n - 2$$

119

$4^{n+1} + 5^{2n-1} = 21 \times$(整数) となることを，数学的帰納法を用いて証明する．指数の計算もミスをしないように注意しよう．

すべての自然数 n に対して，命題
「$a_n = 4^{n+1} + 5^{2n-1}$ は 21 で割り切れる」$\cdots$(*)

が成り立つことを数学的帰納法で証明する．
（i）$n=1$ のとき
$$a_1=4^2+5^1=21$$
であるから，$n=1$ において（＊）は成り立つ．
（ii）$n=k$ のときに（＊）が成り立つと仮定すると，
$$a_k=4^{k+1}+5^{2k-1}=21M\ (M\ は整数)$$
このとき，
$$\begin{aligned}a_{k+1}&=4^{(k+1)+1}+5^{2(k+1)-1}\\&=4\cdot 4^{k+1}+5^{2k+1}\\&=4\cdot(21M-5^{2k-1})+5^2\cdot 5^{2k-1}\\&=4\cdot 21M-4\cdot 5^{2k-1}+25\cdot 5^{2k-1}\\&=4\cdot 21M+21\cdot 5^{2k-1}\\&=21\cdot(4M+5^{2k-1})\\&=21\times(整数)\end{aligned}$$
これより，$n=k+1$ でも（＊）は成り立つ．
（i），（ii）より，すべての自然数 n に対して，（＊）は成り立つ．

120

> $n=k$ のときに $2^k>k^2$ が成り立つと仮定して，
> $$2^{k+1}>(k+1)^2$$
> が成り立つことを示すところをきちんと考えたい．
> 　仮定を用いると，とりあえず，
> $$2^{k+1}>2k^2$$
> が得られる．次に，$2k^2$ と $(k+1)^2$ の大小を考え，
> $$2k^2>(k+1)^2$$
> を導いて，この2式から，最終的に，
> $$2^{k+1}>(k+1)^2$$
> が成り立つことを示す．

$$2^n>n^2 \quad\cdots ①$$
（i）$n=5$ のとき
　（左辺）$=2^5=32$，（右辺）$=5^2=25$
　これより，$n=5$ において①は成り立つ．
（ii）$n=k\,(\geqq 5)$ のときに①が成り立つと仮定すると，
$$2^k>k^2 \quad\cdots ②$$

②の両辺に2をかけると，
$$2^{k+1}>2k^2 \quad\cdots ③$$
ここで，
$$\begin{aligned}2k^2-(k+1)^2&=k^2-2k-1\\&=(k-1)^2-2\\&\geqq(5-1)^2-2\\&=14>0\end{aligned}$$
であるから，
$$2k^2>(k+1)^2 \quad\cdots ④$$
が成り立つ．③，④より，
$$2^{k+1}>2k^2>(k+1)^2$$
となるから，
$$2^{k+1}>(k+1)^2$$
よって，$n=k+1$ でも①が成り立つ．
（i），（ii）より，$n\geqq 5$ を満たす自然数 n に対して，①は成り立つ．